全国高校网络与新媒体专业规划教材

丛书主编 石长顺
丛书副主编 郭 可 支庭荣

U0336646

新媒体网页设计与制作

惠悲荷 主 编
徐春峰 梁冬梅 副主编

北京大学出版社
PEKING UNIVERSITY PRESS

图书在版编目 (CIP) 数据

新媒体网页设计与制作/惠悲荷主编. —北京:北京大学出版社,2015.8
(全国高校网络与新媒体专业规划教材)
ISBN 978-7-301-26123-1

Ⅰ.①新… Ⅱ.①惠… Ⅲ.①主页制作—高等学校—教材 Ⅳ.① TP393.092

中国版本图书馆 CIP 数据核字 (2015) 第 166813 号

书　　　　名	新媒体网页设计与制作
著作责任者	惠悲荷　主编
丛 书 主 持	李淑方
责 任 编 辑	唐知涵
标 准 书 号	ISBN 978-7-301-26123-1
出 版 发 行	北京大学出版社
地　　　　址	北京市海淀区成府路 205 号　100871
网　　　　址	http://www.jycb.org　http://www.pup.cn
电 子 信 箱	zpup@ pup.cn
电　　　　话	邮购部 62752015　发行部 62750672　编辑部 62767857
印 刷 者	北京溢漾印刷有限公司
经 销 者	新华书店
	787 毫米 × 1092 毫米　16 开本　23.75 印张　500 千字
	2015 年 8 月第 1 版　2015 年 8 月第 1 次印刷
定　　　　价	49.00 元

全国高校网络与新媒体专业规划教材

编 委 会

总　序

　　国家教育部在 2012 年公布的本科专业目录中，首次在新闻传播学学科中列入特设专业"网络与新媒体"，这是自 1998 年以来为适应社会发展需要，该学科新增的两个专业（其中包括数字出版专业）之一。实际上，早在 1998 年，华中科技大学就面对互联网新媒体的迅速崛起和新闻传播业界对网络新媒体人才的急迫需求，率先在全国开办了网络新闻专业（方向）。当时，该校新闻与信息传播学院在新闻学本科专业中采取"2＋2"方式，开办了一个网络新闻专业（方向）班，即面向华中科技大学理工科招考二年级学生，然后在新闻学院继续学习两年新闻学专业课程。首届学生毕业时受到了业界的特别青睐，并成为新华社等媒体报道的新闻。

　　2013 年，在教育部新颁布《普通高等学校本科专业目录（2012）》之后，全国首次有 28 所高校申办了"网络与新媒体"专业并获得教育部批准，继而开始正式对外招生。招生学校涵盖"985"高校、"211"高校和省属高校、独立学院四个层次。这 28 所高校的网络与新媒体专业，不包括同期批复的 45 个相关专业"数字媒体艺术"和此前全国高校业已存在的 31 个基本偏向网络新闻方向的传播学专业。2014 年，教育部又公布了第二批确定的普通高等学校"网络与新媒体"专业，计有 20 所高校。

　　过去的一年正是现代互联网诞生 30 周年的年份。30 年的发展，网络与新媒体已成为当代人们生活的一部分，并逐渐走向 21 世纪的商业和文化中心。数字化媒体不但改变了世界，改变了人们的通讯手段和习惯，也改变了媒介传播生态，推动着基于网络与新媒体的新闻传播学教育改革与发展，成为当代社会与高等教育研究的重要领域。尼葛洛庞蒂于《数字化生存》一书中提出的"数字化将决定我们的生存"的著名预言（1995年），在网络与新媒体的快速发展中得到应验。

　　据中国互联网络信息中心（2014 年 7 月）在京发布的第 34 次《中国互联网络发展状况统计报告》显示，截至 2014 年 6 月，我国网民规模达 6.32 亿，互联网普及率为 46.9％（见图 1），与 10 年前的 8700 万网民[①]规模相比，增长了近 7.3 倍，成为中国互联网发展的一大亮点。

---

① 2004 年 7 月 20 日，中国互联网络信息中心（CNNIC）在京发布的"第十四次中国互联网络发展状况统计报告"。

网络与新媒体技术正处在一个不断变化的流动状态,其低门槛的进入使人与人之间的交往变得更为便捷,世界已从"地球村"走向了"小木屋",时空概念的消解正在打破国家与跨地域之间的界限。加上我国手机网民数量持续增长,手机网民规模目前首次超越传统 PC 网民规模,达到 5.27 亿用户,网民中使用手机上网的人群比例也由 2013 年的 81.0％提升至 83.4％,这是否标志着移动互联网时代的到来,让"人人都是记者"成为现实呢?

网络与新媒体的发展重新定义了新媒体形态。新媒体作为一个相对的概念,已从早期的广播与电视转向互联网。随着数字技术的发展,新媒体更新的速度与形态的变化时间越来越短(见图2)。当代新媒体的内涵与外延已从单一的互联网发展到网络广播电视、手机电视、博客、微信、互联网电视等。在网络环境下,一种新的媒体格局正在出现。

图 1   中国互联网发展规模图

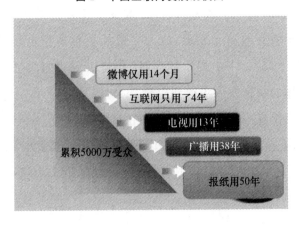

图 2   各类媒体形成"规模"的标志时间

基于网络与新媒体的全媒体转型也正在迅速推行,并在四个方面改变着新闻业,即改变着新闻内容、改变着记者的工作方式、改变着新闻编辑室和新闻业的结构、改变着新闻机构与公众和政府之间的关系。[①] 相应地也改变着新闻和大众传播教育,包括新闻和大众传播教育的结构、教育者的工作方式和新闻传播学专业讲授的内容。

为使新设的"网络与新媒体"专业从一开始就走向规范化、科学化的发展建设之路,加强和完善课程体系建设,探索新专业人才培养模式,促进学界之间的教学交流,共同推进"网络与新媒体"专业教育,由华中科技大学广播电视与新媒体研究院及华中科技大学武昌分校主办,北京大学出版社承办的"全国高校网络与新媒体专业学科建设"研讨会,于2013年5月25—26日在华中科技大学举办。参加会议的70多名高校代表就议题"网络与新媒体"专业培养模式、"网络与新媒体"专业主干课程体系等展开了研讨,通过全国高校之间的学习对话,在网络与新媒体专业主干课和专业选修课的设置方面初步达成一致意见,形成了"网络与新媒体"专业新建课程体系。

"网络与新媒体"主干课程共14门:网络与新媒体(传播)概论、网络与新媒体发展史、网络与新媒体研究方法、网络与新媒体技术、网页设计与制作、网络与新媒体编辑、全媒体新闻采写、视听新媒体节目制作教程、融合新闻学、网络与新媒体运营与管理、网络与新媒体用户分析、网络与新媒体广告策划、网络法规与伦理、新媒体与社会。

选修课程初定8门:西方网络与新媒体理论、网络与新媒体舆情监测、网络与新媒体经典案例、网络与新媒体文学、动画设计、数字出版、数据新闻挖掘与报道、网络媒介数据分析与应用。

这些课程的设计是基于全国28所高校"网络与新媒体"新专业申报目录、网络与新媒体专业的社会调查,以及长期相关教学研究的经验讨论而形成的,也算是这次首届会议的一大收获。新专业建设应教材先行,因此,在这次会议上应各高校的要求,组建了全国高校"网络与新媒体"专业"十二五"规划教材编辑委员会,全国参会的26所高校中有50多位学者申报参编教材。在北京大学出版社及李淑方编辑的大力支持下,经过个人申报、会议集体审议,初步确立了30种教材编写计划,并现场与北京大学出版社签订了教材编写合同,这套网络与新媒体专业"十二五"规划系列教材,计划近三年内完成。出版教材包括:

《网络与新媒体概论》《西方网络与新媒体理论》《新媒体研究方法》《融合新闻学》《网页设计与制作》《全媒体新闻采写》《网络与新媒体编辑》《网络与新媒体评论》《新媒体视听节目制作》《网络与新媒体技术应用》《网络与新媒体经营》《网络与新媒体广告》《网络与新媒体用户分析》《网络法规与伦理》《新媒体与社会》《数字媒体导论》《数字出版导论》《网络与新媒体游戏导论》《网络媒体实务》《网络舆情监测与分析》《网络与新媒体经典案例评析》《网络媒介数据分析与应用》《网络播音主持》《网络与新媒体文学》《网络与新媒体营销传播》《网络与新媒体实验教学》《网络文化教程》《全媒体动画设计赏析》《突发新

---

① [美]约翰·V.帕夫利克.新闻业与新媒介[M].张军芳,译.北京:新华出版社,2005:5。

闻报道》《文化产业概论》。

这套教材是我国高校新闻教育工作者探索"网络与新媒体"专业建设规范化的初步尝试，它将在网络与新媒体的高等教育中不断创新实践，不断修订完善。希望广大师生、学者、业界人士不吝赐教，以便这套教材更加符合网络与新媒体的发展规律和教学改革理念。

石长顺

2014 年 7 月

（作者系华中科技大学广播电视与新媒体研究院院长、教授）

前　言

　　网页设计与制作技术是随着互联网的发展而出现的,新媒体网页设计与制作技术是网络发展和新媒体环境相结合的产物,掌握新媒体网页设计与制作的相关技能在当前社会中显得越发重要,这项技术将对互联网的发展起到极其重要的促进作用。

　　新媒体网页设计与制作需要用户同时掌握 Dreamweaver、Photoshop、Flash、Fireworks 及 Asp 等相关软件技术。网页设计与制作人员需要详细了解各个软件的功能及操作方法,同时也需要了解新媒体环境下网页的主要构成要素、结合相关软件技术,才能从整体上掌握新媒体网页设计与制作技术。

　　本书并不着重介绍网页设计与制作的各个软件的详细使用方法,而是针对实际的网页制作的各个核心组成部分及技术,使读者从整体上理解网页制作,然后从各个部分一一掌握其核心要点。书中除对新媒体网页设计与制作的多媒体、图像、文本、列表、表单、链接、框架、模板和库等核心技术做了重点介绍外,还对 HTML、CSS、DIV 及 ASP 等技术做了必要的讲解。

　　本书在内容组织上共分为五章:第一章主要介绍新媒体网页设计的理念,其中包括新媒体网页设计的特性、原则、风格、标志及设计元素等,使读者系统掌握新媒体环境下网页设计的理念及主要元素。第二章主要介绍了网页编辑软件及其应用,其中包括SharePoint Designer 2010 和 Dreamweaver CS5 工具软件的基本功能、新增功能及基本操作,使读者能够轻松掌握与网站制作相关的内容及网页设计的相关工具软件的基本操作方法。为更加详细的了解其他技术奠定基础,该章内容需要读者透彻理解并多次操作方能达到理想的学习效果。第三章讲述网页中图形、动画设计及应用,分别介绍了Photoshop CS5、Flash CS5、Fireworks CS5 等各个软件在制作网页中图形及动画的重要操作技法、使用技巧及核心技术等,每一种技术都是通过相关的完整的实例分析和制作过程详解。第四章主要讲述网页设计语言,重点讲述了 HTML、HTML5、PHP 及 ASP等知识,抛砖引玉地向读者介绍设计思路及制作步骤,从而让读者真正掌握其方法及技巧,通过范例学习,达到举一反三的目的。该章内容需要读者透彻理解及多次操作方能达到理想的学习效果。第五章通过两个典型案例分析了网页制作中的一些技能及其使用方法,该章内容融合了前四章的所有网页设计的相关技术、技法,需要熟练掌握各种软件及各种语言的操作和使用,通过案例学习更能加深学生对网页设计技能的巩固和理解。

　　本书融合了传统教程、实例教程和实训教程的优点,但又不是简单的三合一,而是根据读者的实际需求和今后在工作中的应用,使三个环节相辅相成,巧妙结合,既有效地减轻了读者的学习负担,又能让读者在较短的时间内掌握新媒体不断发展环境下网页设计与制作的核心技术。

　　本书由惠悲荷、徐春峰及梁冬梅执笔,其中第一章由梁冬梅完成,共计五万字,第二章、第三章由惠悲荷完成,共计三十万字;第四章、第五章由徐春峰完成,共计十五万字。由于编著时间仓促,编者水平有限,书中疏漏及不妥之处希望广大读者批评指正。

目　　录

第一章　网页设计概述

学习目标

1. 全面了解网页与网站的基础知识及制作流程。
2. 熟练掌握各种网页制作工具的基本使用方法。
3. 了解网站维护的相关知识。

第一节　网页与网站

一、网页与网站的基础知识

网络世界充满了丰富多彩的内容，吸引着越来越多的网民，网民对网站的要求也随之越来越大，而网站的建设首先要从网页开始，网页与网站有着怎样的区别呢？接下来让我们初步了解网页与网站的基础知识，为网页与网站的建设奠定坚实的基础。

（一）网页与网站的区别

简单来说，通过浏览器看到的页面就是网页。在因特网上应用最广的是网页浏览，浏览器窗口中显示的一个页面称作一个网页，网页可以包括文字、图片、动画以及视频、音频等内容。网页具体来说是一个 HTML 文件，浏览器是用来解读这种文件的工具。图 1-1-1 所示为某网站中的一个页面。

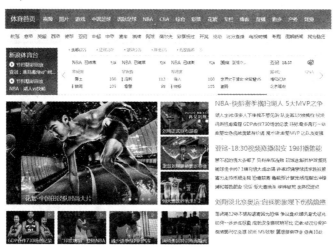

图 1-1-1　某网站中的一个页面

网站是集众多网页组合而成的，不同的用户被有组织地整合在一起，为浏览者提供更丰富的信息。网站由域名(Domain Name,又称为网址)、网站源程序和网站空间三部分构成。图 1-1-2 所示为搜狐网站首页截图。

图 1-1-2　搜狐网站首页截图

(二) 什么是网页设计与制作

一个单一的网页就是一个 HTML 文件,学习网页设计与制作,就是学习如何编辑这个文件。多个 HTML 文件集合而成就是网站,制作一个网站需要编辑多个 HTML 文件,通过"超链接"构成网站中网页间的连接。

(三) 主页面

通常情况下,每个网站都相应地制作一个被称作主页(Home Page)的页面,它被看作是该网站的大门,用来展示网站的主要功能、结构和内容等,起着引导访问者浏览及利用网站的作用。图 1-1-3 所示为新浪网站主页截图。

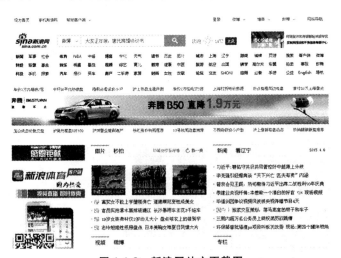

图 1-1-3　新浪网站主页截图

二、网站的类型

网站根据划分标准的不同可以被分为多种类型。接下来具体介绍网站的分类。

（一）根据网站的用途分类

根据网站的用途可以分为门户网站（综合网站）、行业网站、娱乐网站等。

1. 门户网站（Portal Web，Directindustry Web）

门户网站是指通向某类综合性互联网信息资源并提供有关信息服务的应用系统。门户网站最初提供搜索服务、目录服务，后来由于市场竞争日益激烈，门户网站不得不快速地拓展各种新的业务类型，希望通过门类众多的业务来吸引和留住互联网用户，以至于目前门户网站的业务包罗万象，成为网络世界的"百货商场"和"网络超市"。图 1-1-4 所示为网易的主页。

图 1-1-4　网易的主页

2. 行业网站（Industry Web，Directindustry Web）

行业网站即所谓的行业门户。可以理解为"门＋户＋路"三者的集合体，即包含为更多行业及企业设计服务的大门、丰富的资讯信息以及强大的搜索引擎。"门"，即为更多的行业及企业提供服务的大门。图 1-1-5 所示的为行业中国网站的主页。

图 1-1-5　行业中国网站的主页

3. 娱乐网站

娱乐网站是具有让人追求快乐、缓解压力功能的网站。网站内容涵盖影视、八卦、新闻、明星等娱乐性服务和相关资讯。图 1-1-6 所示为中国娱乐网的主页。

图 1-1-6　中国娱乐网的主页

（二）根据网站的持有者分类

根据网站的持有者可将网站分为个人网站、商业网站、政府网站、企业网站、教育网站等。

1. 个人网站（包括博客、个人论坛、个人主页等）

个人网站是一个可以发布个人信息及相关内容的网站。通俗地说，个人网站就是指网站内容是介绍自己的或以自己的信息为中心的网站，不一定是自己做的网站，但强调的是以个人信息为中心。个人网站是指个人或团体因某种兴趣、拥有某种专业技术、提供某种服务或把自己的作品、商品展示销售而制作的具有独立空间域名的网站。图 1-1-7 所示为某个人网站主页。

图 1-1-7　某个人网站主页

2. 商业网站

商业网站是指以营利为目的的网站。在 2000 年左右,商业网站随着互联网一并崛起,并开始蓬勃发展成另一种商业模式。以前既有的许多交易形态或商业行为,都逐渐受到网络化的影响,而将交易机制逐渐转移到网站上。图 1-1-8 所示的为某商业网站主页。

图 1-1-8　某商业网站主页

3. 政府网站

政府网站是指一级政府在各部门的信息化建设基础之上,建立起跨部门的、综合的业务应用系统,使公民、企业与政府工作人员都能快速、便捷地接入所有相关政府部门的政务信息与业务应用,使合适的人能够在恰当的时间获得恰当的服务。图 1-1-9 所示的为政府网站。

图 1-1-9　政府网站

4. 企业网站

企业网站是企业在互联网上进行网络营销和形象宣传的平台,相当于企业的网络名片。企业网络不但对企业的形象是一个良好的宣传,同时可以辅助企业的销售,通过网络直接帮助企业实现产品的销售,企业可以利用网站来进行宣传、发布产品资讯、招聘等。图 1-1-10 所示的为某企业网站。

图 1-1-10　某企业网站

5. 教育网站

教育网站是专门提供教学、招生、学校宣传和教材共享的网站。各大学和教育机构都有自己的网站。图 1-1-11 所示为某教育网站。

图 1-1-11　某教育网站

（三）按照性质分类

按照性质分类可将网站分为静态网站和动态网站。

1. 静态网站

静态网站是指全部由 HTML 代码格式页面组成的网站，所有的内容包含在网页文件中。网页上也可以出现各种视觉动态效果，如 Gif 动画、Flash 动画和滚动字幕等。

2. 动态网站

动态网站并不是指具有动画功能的网站，而是指网站内容可根据不同情况动态变更的网站。一般情况下，动态网站通过数据库进行架构，除了要设计网页外，还要通过数据库和编程来使网站具有更多自动的和高级的功能。

另外，根据功能可分为单一网站和多功能网站；按照商业目的可分为营利型网站和非营利型网站；按照编程语言可分为 ASP 网站、PHP 网站、JSP 网站和 ASP-NET 网站；按照内容可分为搜索网站、资讯网站、音乐网站和视频网站等。

三、静态及动态网站制作流程

（一）静态网站制作流程

由于目前所见即所得类型的工具越来越多，使用也越来越方便，所以制作网页已经变成了一件轻松的工作，不像以前要手工编写一行行的源代码。一般初学者经过短暂的学习就可以学会制作网页，于是他们认为网页制作非常简单，就匆匆忙忙制作自己的网站，可是做出来之后与别人一比，才发现自己的网站非常粗糙，这是为什么呢？常言道："心急吃不了热豆腐。"建立一个网站就像盖一幢大楼一样，它是一个系统工程，有自己特定的工作流程，只有遵循这个步骤，按部就班地一步步来，才能设计出一个满意的网站。

1. 确定网站主题

网站主题就是建立的网站所要包含的主要内容，一个网站必须有一个明确的主题。特别是对于个人网站，不可能像综合网站那样做得内容大而全，包罗万象。网站的主题无定则，只要是感兴趣的，任何内容都可以，但主题要鲜明，在主题范围内，内容做到大而全、精而深。

2. 搜集材料

明确了网站的主题以后，就要围绕主题开始搜集材料了。材料既可以从图书、报纸、光盘和多媒体上得来，也可以从互联网上搜集，然后把搜集的材料去粗取精，去伪存真，作为自己制作网页的素材。

3. 规划网站

一个网站设计得成功与否，很大程度决定于设计者是否有较高的规划水平。规划网站就像设计师设计大楼一样，图纸设计好了，才能建成一座漂亮的楼房。网站规划包含的内容很多，如网站的结构、栏目的设置、网站的风格、颜色搭配、版面布局和文字图片的运用等，如何规划网站的每一项具体内容，在下面会有详细介绍。

4. 选择合适的制作工具

网页制作涉及的工具比较多,首先涉及的就是网页制作工具了,目前大多数网民选用的都是所见即所得的编辑工具,这其中的优秀者当然是 Dreamweaver 和 Frontpage 了,如果是初学者,Frontpage2000 是首选。除此之外,还有图片编辑工具,如 Photoshop、PhotoImpact 等;动画制作工具,如 Flash、Cool3D、Gif Animator 等;还有网页特效工具,如有声有色等,网上有许多这方面的软件,可以根据需要灵活运用。

5. 制作网页

材料有了,工具也选好了,下面就需要按照规划一步步地把自己的想法变成现实了,这是一个复杂而细致的过程,一定要按照先大后小、先简单后复杂来进行制作。所谓先大后小,就是说在制作网页时,先把大的结构设计好,然后逐步完善小的结构设计。所谓先简单后复杂,就是先设计出简单的内容,然后设计复杂的内容,以便出现问题时进行修改。在制作网页时要灵活运用模板,这样可以大大提高制作效率。

6. 上传测试

网页制作完毕,最后要发布到 Web 服务器上,才能够让全世界的朋友观看,现在上传的工具有很多,有些网页制作工具本身就带有 Ftp 功能,利用这些 Ftp 工具,可以很方便地把网站发布到自己申请的主页存放服务器上。网站上传以后,要在浏览器中打开自己的网站,逐页逐个链接地进行测试,发现问题,及时修改,然后上传测试。全部测试完毕就可以把网址告诉给朋友,让他们来浏览。

7. 推广宣传

网页做好之后,还要不断地进行宣传,这样才能让更多的朋友认识它,提高网站的访问率和知名度。推广的方法有很多,如到搜索引擎上注册、与别的网站交换链接、加入广告链接等。

8. 维护更新

网站要注意经常维护更新内容,保持内容的新鲜,不要一做好就放在那不变了,只有不断地给它补充新的内容,才能够吸引浏览者。

(二)动态网站制作流程

对于动态网站来说,其制作流程与静态网站基本相似,只是因为需要应用脚本语言来完成更强大的功能,所以增加了网站建设的难度。动态网站比静态网站的制作要复杂,要完成更多的工作,主要有以下几个方面。

1. 整体规划

首先是动态程序语言的选择,在选择程序语言之前,要先了解 ASP、JSP、PHP、CGJ、.NET 等,通常情况下会选择使用 ASP＋ACC 数据库或者 PHP＋MYSQL 来完成,根据动态网站功能的不同,使用不同的制作工具来完成网站的制作。其次是网站模块或栏目的规划。网站需要哪些模块或哪些栏目来完成相应的功能,在网站制作之前必须先设计完成。

2.数据库规划

在选择了程序语言和数据库类型之后,就需要对数据的内容做具体的规划,数据库结构的设计与内容的规划对网站的数据管理至关重要。

3.网站制作

根据已经策划完成的网站内容及功能,选择相应的编写工具,完成网站后台和前台的编写工作,网站后台与数据库的相关工作对于整个网站非常重要,前台网页内容通过程序编写而成,通过后台进行管理。

4.网站测试

网站制作完成之后,为了防止有些问题发生,需要进行网站测试,这里包括网站的内容是否全面、功能是否完善及服务器的负载能力是否强大等。对于出现的问题要及时进行修改,不断完善。

5.网站发布

网站测试成功之后,就要进行网站发布,这里需要考虑购买虚拟空间和域名,同时要租赁服务器或托管服务器等,应根据网站性质的不同做具体的安排。

第二节　网页设计的特性及原则

一、新媒体网页设计的特性

(一) 自由性和交互性

首先,网页是互动平台。网页是"灵动"的,通过鼠标单击传递指令变化显示出不同的信息页面内容,此时它的互动性就产生了。用户打开网页浏览时,网页本身就是一个互动界面,它搭建起了用户与网络信息的"平台"。传统媒体只是让读者被动地接受他们已经存在了的内容与形式,而新媒体网页则不同,读者可以根据自己的主观意愿,有选择地查看任何页面,也可以将它下载或收藏到网络文件夹里,以便下次继续进行浏览。

其次,网页因自身与用户的互动性而发生改变。网页互动性能够让浏览者按照自己的需求有选择地单击浏览,这点与传统媒体完全相反。传统媒体是自上而下的单程方式罗列信息内容,而在网络媒介中受众可单程选择,也可跳开条条框框的限制直接单击录入感兴趣的标签,也就是说他们可以控制一个网站的信息加工处理和发布。用户可以借助留言板、电子邮件、网络电话和网络视频等互动工具发表自己的观点和意见,让使用者感觉他的每一步都确实得到适当的回应,所有的操作都是主动的。

(二) 综合性和多媒体性

与传统媒体相比之下,网页不仅仅只有静止不动的文字元素和图像元素,还有能让用户听到的声音元素和看到的视频与动画元素,形态多样。随着网络技术的提高,从业人员在设计网页时能够自由地运用多媒体元素,从而丰富网页的整体效果。这样既能紧跟时代的技术潮流,又能满足和丰富浏览者对网络信息传输质量的更新要求。目前网络上有很多专业的音频和视频服务性网站,如网络电台、网络电视和网络音乐等。

(三) 空间性和动感性

网页的空间性首先是指网页的承载空间之大。信息不受传统纸张大小的限制,在计算机屏幕上可以通过拖动上下的滚动条查看信息内容。虽然很多商业性网站要求页面不要超过三屏,重要信息放在一屏里,让用户最快、最直接地看到商业信息。但是,近来网络上出现很多超出三屏的信息类网站,可以称作"单页排列式结构"的网站版式。例如:设计师们可以在自己的个人网站中使用"单页排列式结构",尽情展示自己的作品。网页的空间性还表现在它缩短了用户之间的距离,即使远隔千山万水,不同国度的人也可以面对面地"交谈"。这种交流是继手机电信业务之后的又一种交流手段,如电子邮箱和网络聊天室等。

网页的动感性来源于它的音频、视频和动画等元素的运用。这个特点在网页诞生之初是没有的,因为网页是技术与艺术的结合体,所以信息技术的进步提高了网页的技术表现力。虽然它们发展时间非常短,现在被运用得却非常广泛,笔者相信未来的发展中它们会被运用得更加淋漓尽致。

二、新媒体网页设计的原则

(一) 明确目的

网站的建设是展现企业形象、介绍产品和服务、体现企业发展战略的重要途径,因此必须根据消费者的需求、市场的状况和企业自身的情况等进行综合分析,做出切实可行的设计计划,对网站的整体风格和特色做出定位,规划网站的组织结构。采用多媒体表现还是图文结合或者纯文本说明,都要做到主题鲜明、突出,要点明确,简单易懂。调动一切手段充分表现网站的个性和情趣,办出网站的特点。

(二) 主题鲜明

网页作为一种传播信息的载体,进行视觉设计时应该有明确的主题,并根据人类视觉心理规律和形式将主题简明地呈现在观赏者面前。网页艺术设计也归类于视觉设计范畴,其最终追求就是实现最佳的主题诉求效果。什么样的网页设计取决于什么性质内容的网站,优秀的网页结构设计必然与网站主题相贴合,根据站点在性质和目的等方面的差异,评论标准也会有所不同。

(三) 强调整体

网页是传播信息的载体,它要表达的是一定的内容、主题和意念,在适当的时间和空间环境里为人们所理解和接受,它以满足人们的实用和需求为目标。设计时强调其整体性,可以使浏览者更快捷、更准确、更全面地认识它和掌握它,并给人一种内部有机联系、外部和谐完整的美感。整体性也是体现一个站点独特风格的重要手段之一。网页的结构形式是由各种视听要素组成的。在设计网页时,强调页面各组成部分的共性因素或者使各部分共同含有某种形式特征,是求得整体性的常用方法。这主要从版式、色彩和风格等方面入手。例如:在版式上,将页面中各视觉要素做通盘考虑,以周密的组织和精确的定位来获得页面的秩序感,即使运用"散"的结构,也是经过深思熟虑之后的决定;一个站点通常只使用2～3种标准色,并注意色彩搭配的和谐;对于分屏的长页面,不可设计完第一屏再考虑下一屏。同样,整个网页内部的页面,都应统一规划、统一风格,让浏览者体会到设计者完整的设计思想。因此,在强调网页整体性设计的同时必须注意:过于强调整体性可能会使网页呆板、沉闷,以致影响访问者的兴趣和继续浏览的欲望。"整体"是"多变"基础上的整体。

(四)形式与内容统一

任何设计都有一定的内容和形式。设计的内容是指主题、外形和题材等方面,形式是指风格、结构和语言等。内容被誉为"设计的灵魂",是构成设计的一切内在要素的总和,是设计存在的基础;形式是内容的外部表现方式,所以说一个优秀的设计必定是形式对内容的完美表现。另一方面,为了确保浏览者快速地打开网页,设计者必须舍去冗余无用的技术,尽量减小网页数据。一个网页尽管艺术性丰满,能够达到形式美的效果,但过大的网页数据延长了浏览者打开它的时间,那么这种网页版式设计也是失败的。

第三节 网页的风格及标志设计

一、风格设计

网页设计的整体风格要靠图形图像、文字、色彩、版式和动画来表现。从网页设计特殊性的角度分析主页风格,大体可以分为平面风格、矢量风格、像素风格和三维风格。

(一)平面风格

平面设计是二维的设计,平面风格始终是基于一个二维视图来工作的,侧重于构图、色彩及表达的思维主旨,往往给人以空灵的意境和透气爽快的感觉,这种构图形式可以在有限的页面中表现出无限的空间感。此种风格在网页设计中最常见且最实用。门户与新闻类网站、商业企业类网站、娱乐游戏类网站、运动休闲类网站、文化教育类网站、生活时尚类网站、兴趣爱好和个人网站,平面风格已经渗透到以上各个类型的网站。

(二)矢量风格

矢量图使用直线和曲线来描述图形,这些图形的元素大多是一些点、线、矩形、多边形、圆和弧线等基础元素,它们都是通过数学公式计算获得的,所以文件体积一般很小。矢量图最大的优点是无论放大、缩小或者旋转都不会失真,最大的缺点就是难以表现色彩层次丰富的逼真图像效果。

(三)像素风格

计算机软件上的图标及现在手机上的屏保等都是像素画。像素画属于点阵式图像,它是一种图标风格的图像,更强调清晰的轮廓和明快的色彩。几乎不用混叠的方法来绘制光滑的线条,由许多不同颜色的点一个个巧妙地组合排列在一起,构成一幅完整的图像,这些点称为 Pixel 像素,图像称为 Icon 图标或像素画。

（四）三维风格

三维是在顶视图、正视图、侧视图及透视图中来创作编辑物体的，以一个具有长、宽、高三种度量的立体物质形态出现，这种形态可以表现在商品的外形上，也可以表现在商品的容器或其他地方。在网页设计里三维风格的表现简单得多。三维空间的设计可借助于三维的造型手法，通过折叠、凹凸的处理，使画面产生浮雕和立体等三维效果。三维构成以丰富厚重的内涵、深度及多层次、全方位的展现，给人以深厚、强烈的视觉感受。

二、标志(LOGO)设计

（一）LOGO 的作用

（1）LOGO 主要是互联网上各个网站用来与其他网站链接的图形标志。

（2）LOGO 是网站形象的重要体现。

（3）一个好的 LOGO 往往会反映网站及制作者的某些信息。

（二）LOGO 的国际规范

（1）88＊31 这是互联网上最普遍的 LOGO 规格。

（2）120＊60 这种规格用于一般大小的 LOGO。

（3）120＊90 这种规格用于大型 LOGO。

（4）200＊70 这种规格的 LOGO 也已经出现。

（三）LOGO 的设计要素

1. 速度

在现代快节奏生活的情况下，设计标志(LOGO)要一目了然、简洁明了。

2. 准确性

需要反映内涵的准确性，集团、商社、机构、公司、企业和商品的性质特点，要紧紧地把握住。

3. 信息量

需要反映内容的深度和广度。

4. 美感

即形式美感，需要艺术美的感染力。

（四）LOGO 设计原则

1. 识别性

设计标志(LOGO)须有独特的个性，这样容易使公众认识及记忆，留下良好、深刻的印象。相对来说，若标志(LOGO)设计与别人的相类似，看上去似曾相识，没有特征而面目模糊，一定不会给人留有印象。

2. 原创性

设计贵乎具有原创的意念与造型，标志(LOGO)亦如是。

3. 时代性

设计标志(LOGO)不可与时代脱节，否则会给人陈旧落后的印象。现代企业的标志

(LOGO)，当然要具有现代感；富有历史传统的企业，也要注入时代品位，继往开来，引领潮流。

4. 地域性

每个公司、机构、企业都具有不同的地域性，它可能反映机构的历史背景、产品或服务背后的文化根源以及市场的范围和对象等。标志(LOGO)可具有明显的地域特征；但相对来说，也可以具有较强的国际视觉形象。

5. 适用性

标志(LOGO)必须适用于机构、企业所采用的视觉传递媒体。每种媒体都具有不同的特点，或者具有各自的局限性，标志(LOGO)的应用必须适应各媒体的条件。无论形状、大小、色彩和机理，都要考虑周详，或者做有弹性的变通，增强 LOGO 的适用性。

第四节　新媒体网页的设计元素

一、文字

文字是网页中必不可少的构成元素，也是网页中主要信息的描述要素，它主要的功能是向浏览者传达网站的信息。文字效果处理的好与坏将直接影响到网站信息的传播效果，所以在网页设计中应避免繁杂零乱，尽量使整个版面文字清晰悦目，有效地表达设计的主题和构想意图。网页中文字的设计要取得良好的版面效果关键在于找出文字与其他网页设计元素之间的内在联系，在保持文字特征的同时协调页面的整体关系，使整个页面能够给人以美的享受，给浏览者留下美好的印象。

二、图片

图片是文字以外最早引入网站中的多媒体元素。图片的引入大大美化了网站页面，使网页在纯文本基础上变得更有趣味。它的视觉冲击力明显大于文字，并且能具体、直接地把所需传达的信息高素质、高境界地表现出来。对于一条信息来说，图片对浏览者的吸引也远远超过单纯的文字，合适的图形加上优美的文字，能成倍地增加所传达的信息量。页面图片的合理选用，特别是处理与相关文字编排在一起的图片时，一要注意整体风格统一，二要注意传递信息的悦目性，三要注意突出重点。合理安排组合各类图片，使整个页面充满层次和美感，可给浏览者耳目一新的感觉。

三、色彩

色彩在网页设计中占有非常重要的地位，它是调适浏览者视觉心理、引起受众注意的重要手段。它的运用和组织，所体现的情感语义要与整个网站的主题思想相吻合，与网站的其他元素一致，在同一主题下做到形与色的共鸣。网页设计中色彩要素的运用可以从两个方面加以考虑。首先是整个页面的色彩选择，必须选择一个有利于体现网站主题宗旨的主色调,再搭配以其他的颜色效果,使整个网站做到整体而又有变化。其次,网页背景色调搭配尽量避免强烈的对比,过于丰富的背景色彩会影响前景图片和文字的选色,严重时会使文字融于背景中,不易辨识,所以背景一般应单色为宜。如果需要一定的变化以增加背景的厚重度与纵深感,那么也应在尽量统一的前提下寻求可行的色彩变化。

四、动画

网络动画的出现是多媒体网站不同于平面设计和印刷媒体的一个特征,目前三维动画在网络中的运用还比较窄,网络动画还是以二维动画为主。我们常见的网络动画有网站形象动画、网页 banner 动画、功能按钮动画、导航动画和彩信动画,这些动画元素的使用对网页设计起到了画龙点睛的视觉效果,使网站一改过去单调死板的面貌,变得更加动感时尚、更加有人情味。

五、音频和视频

音频与视频在传达信息方面有着不可比拟的优势,也是多媒体网站重要的组成要素之一,是视觉形态的立体表达,选择合适的音频与视频能使网站内容的感染力倍增。传统的网络传输视频等多媒体文件的方式是完全下载后再播放,下载常常要花数分钟甚至数小时,所以像音频与视频这样比较大的文件在网络中的应用一直受到限制。随着流媒体技术的发展,采用流媒体技术,就可实现流式传输,将声音、影像或动画由服务器向用户计算机连续、不间断地传送,用户不必等到整个文件全部下载完毕,而只需经过几秒或十几秒的启动延时即可进行观看,当声音、视频等在用户的计算机上播放时,文件的剩余部分还会从服务器上继续下载。流媒体技术为音频与视频信息在互联网上的传播开辟了更广阔的空间,像视频点播、视频广播、视频监视、视频会议和远程教学等多媒体元素已经开始大量搬到网络上来,极大地丰富了多媒体网站的内容。

六、互动

"互动"是一个从社会心理学引入信息领域的概念。网络的互动性实现了远距离实时传递,可极大地拓展人际交流领域、节约交流成本和跨越交流的时空障碍。互动设计赋予了网页生命特征,使页面不再冷漠而有了智慧和情感,它可以根据浏览者的需要和动作做出反应,影响和改变着网页的设计。网站的服务对象是人,在 Web 环境下,人们不再是一个传统媒体方式的被动接受者,而是以一个主动参与者的身份加入信息的加工处理和发布中。

◎ 第五节　网页设计的新理念与新技术

一、新理念

（一）固定与移动

在移动设备能够访问互联网之前，用于浏览网页和收发邮件等操作的设备仅仅局限于电脑（PC），因此，此前的所有关于网页设计与制作的技术，也都仅仅针对 PC 而言。相对于 PC 这样的固定设备，当前出现的移动设备（如手机、Pad 等）访问传统的网页难免会出现一些问题，诸如网页显示不全、部分功能无法使用等，主要是因为当前移动设备内置的浏览器或第三方浏览器大多是 Webkit 引擎，一般都是用 HTML＋CSS 的方式组织站点的。在网页设计上也需要调整导航、内容、链接以及输出的屏幕尺寸等因素。

（二）多屏适配

多屏互动技术所指的是在不同的操作系统（iOS 、Android、Win7 和 WindowsXP 等），以及不同的终端设备（智能手机、智能平板、计算机和 TV）之间可以相互兼容、跨越操作，通过无线网络连接的方式，实现数字多媒体（高清视频、音频和图片）内容的传输，可以同步不同屏幕的显示内容，可以通过智能终端实现控制设备等一系列操作。因此，在新媒体网页的设计中，首先要考虑到多屏适配的问题，即云适配，设计完成的网页不仅仅能在 PC 上浏览使用，更可以在其他设备中应用。

（三）开放功能

新媒体是一个高度开放的媒体形式，它能允许各种优、良、中、差的内容都被检索到。互联网因其自由度、灵活度和开放度，使得信息资源高度共享，利用连接全球的互联网和通信卫星系统使新媒体完全不受地理区域的限制，受众可以自由地访问各种网络信息资源，和世界各地联网的人交流。另外，无线网络的发展还使新媒体摆脱了有线网络的限制，用户可以随时随地地接收信息。

二、新技术简介

（一）HTML5

1. HTML5 简介

HTML 标准自 1999 年 12 月发布的 HTML4.01 后，后继的 HTML5 和其他标准被束之高阁，为了推动 Web 标准化运动的发展，一些公司联合起来，成立了一个名为 Web Hypertext Application Technology Working Group（Web 超文本应用技术工作组，WHATWG）的组织。WHATWG 致力于 Web 表单和应用程序，而 W3C（World Wide Web Consortium，万维网联盟）专注于 XHTML2.0。在 2006 年，双方决定进行合作来创建一个新版本的 HTML。

HTML5 草案的前身名为 Web Applications 1.0，于 2004 年被 WHATWG 提出，于

15

2007 年被 W3C 接纳,并成立了新的 HTML 工作团队。

HTML5 的第一份正式草案已于 2008 年 1 月 22 日公布。HTML5 仍处于完善之中。然而,大部分现代浏览器已经具备了支持某些 HTML5 的能力。

2013 年 5 月 6 日,HTML 5.1 正式草案公布。该规范定义了第五次重大版本,第一次要修订万维网的核心语言:超文本标记语言(HTML)。在这个版本中,新功能不断推出,以帮助 Web 应用程序的作者,努力提高新元素的互操作性。

本次草案的发布,从 2012 年 12 月 27 日至今,进行了多达近百项的修改,包括 HTML 和 XHTML 的标签、相关的 API 和 Canvas 等,同时 HTML5 的图像 img 标签及 svg 也进行了改进,性能得到进一步提升。

支持 HTML5 的浏览器包括 Firefox(火狐浏览器)、IE9 及其更高版本、Chrome(谷歌浏览器)、Safari、Opera 等;国内的遨游浏览器(Maxthon)以及基于 IE 或 Chromium(Chrome 的工程版或称实验版)所推出的 360 浏览器、搜狗浏览器、QQ 浏览器、猎豹浏览器等国产浏览器,同样具备支持 HTML5 的能力。

2. HTML5 特性

(1)语义特性(Class:Semantic)。

HTML5 赋予网页更好的意义和结构。更加丰富的标签将随着对 RDFa、微数据与微格式等方面的支持,构建对程序、对用户都更有价值的数据驱动的 Web。

(2)本地存储特性(Class:Offline Storag)。

基于 HTML5 开发的网页 APP 拥有更短的启动时间、更快的联网速度,这些全得益于 HTML5 APP Cache,以及本地存储功能。Indexed DB(HTML5 本地存储最重要的技术之一)和 API 说明文档。

(3)设备兼容特性(Class:Device Access)。

从 Geolocation 功能的 API 文档公开以来,HTML5 为网页应用开发者们提供了更多功能上的优化选择,带来了更多体验功能的优势。HTML5 提供了前所未有的数据与应用接入开放接口,使外部应用可以直接与浏览器内部的数据相联,如视频、影音可直接与 Microphones 及摄像头相联。

(4)连接特性(Class:Connectivity)。

更有效的连接工作效率,使得基于页面的实时聊天、更快速的网页游戏体验、更优化的在线交流得到了实现。HTML5 拥有更有效的服务器推送技术,Server-Sent Event 和 WebSockets 就是其中的两个特性,这两个特性能够帮助我们实现服务器将数据“推送”到客户端的功能。

(5)网页多媒体特性(Class:Multimedia)。

支持网页端的 Audio、Video 等多媒体功能,与网站自带的 APPS、摄像头和影音功能相得益彰。

(6)三维、图形及特效特性(Class:3D, Graphics Effects)。

基于 SVG、Canvas、WebGL 及 CSS3 的 3D 功能,用户会惊叹于浏览器所呈现的惊人视觉效果。

（7）性能与集成特性（Class：Performance Integration）。

没有用户会永远等待你的 Loading——HTML5 会通过 XML Http Request2 等技术，帮助 Web 应用和网站在多样化的环境中更快速地工作。

（8）CSS3 特性（Class：CSS3）。

在不牺牲性能和语义结构的前提下，CSS3 中提供了更多的风格和更强的效果。此外，较之以前的 Web 排版，Web 的开放字体格式（WOFF）也提供了更高的灵活性和控制性。

（二）PHP＋MySQl＋Apache

1. PHP 的特点

"PHP"的英文全名为"Hypertext Preprocessor"，它起源于 1994 年，在 1998 年开始有 PHP3 的出现。这种内嵌在网页中由服务器端来执行的程序，在 Linux 的操作环境下能够有相当优越的性能表现。下面来看看到底它有哪些不平凡的特点。

（1）跨平台的特性。

除了在 Linux 环境下面配合 Apache 服务器，PHP 有其最大的发挥空间。它也能兼容 Microsoft Windows 的操作平台，如 Windows 98 的 PWS 以及 Windows NT 的 IIS，这一跨平台的特色，降低了程序开发的限制及门槛。

（2）语法具有灵活性。

PHP 程序的语法类似 C 及 Perl 语言，同时也一样适用于面向对象的程序设计概念。对于一些有程序设计基础的人来说，该语言是相当容易学习的一种语言。此外，PI-IP 还提供了大量的内建函数，如处理各类数据的函数和网络函数等。

（3）数据库的超强集成功能。

PHP 支持各种形式的数据库，如 MySQL、Oracle、dBase 和 Sybase 等，并且通过内建的数据库函数简化了与数据库沟通的手续，缩短了读取与存储的时间。

（4）PHP4 搭配 Zend 引擎展现更强大的性能。

目前 PHP 的版本已经发展到 PHP4。这一版本有"Zend"网页内嵌程序引擎的支持，使得 PHP 程序的执行性能有了更进一步的突破，下面是 PHP4 的几个重要的新增功能及特色。

◆ 增强 API（Application Programming Interface）模块的支持。

◆ 在 UNIX 系统下集成进程（Process）的功能。

◆ 程序语法上的加强。

◆ 支持 HTTP 的 Session 功能。

◆ 简化及增强 PHP 的系统设置。

由于以上的几个特点，使得 PHP 在构建一个交互式网站方面依然大为流行。而且，由于在 Linux 这样一个程序代码开放的操作系统下，PHP 版本的更新及改进也持续地在进行当中，相信以后会有功能更完备的 PHP 版本出现。

2. MySQL 数据库

"MySQL"可以说是一套精简、快速的数据库管理程序。它采用了关系数据库的结构,并提供了多人使用的管理功能,且支持标准的 SQL 语法,能在 Linux、Windows 95/98/NT 下面来运行,和 PHP 一样拥有跨越操作平台的能力。

MySQL 的程序代码同样是开放的。在 Linux 及 OS/2 操作平台上,它是免费的软件。而在 Windows 的操作系统上则必须付费,不过有 30 天试用期的版本。试用期限一到,用户可自行选择卸载或者是注册。

MySQL 适用于一般入门及进阶的用户,和中、小型的程序配合能有不错的性能。基本上,MySQL 数据库在执行的速度上较一般其他的数据库更为出色,是一种相当容易学习及使用的系统。

3. Apache

Apache 服务器程序,早在 1995 年由 Rob Hartill 所率领的工作小组首次开发完成,在当时可以说是数一数二的 Web 服务器。而今在历经数次的改版之后,它已经是全球超过半数网站所使用的服务器,其强大的功能绝不能等闲视之。

Apache 是以模块化的方式来设计的,且它有较高的负荷上限,稳定及快速是其主要的特点。世界上许多知名的网站,如 Yahoo,便是采用 Apache 服务器的架构。在 Linux 下面,PHP 程序的执行必须通过 Apache 服务器来处理,而数据管理方面则交由 MySQL 数据库来管理。

PHP、MySQL 和 Apache 被誉为是开源软件中用来开发基于数据库的交互式动态网站的最佳组合,用该系统开发 WAP 网站和数据库系统,可以说是完全免费的,同时系统的稳定性能也相当好,对数据库的管理操作可以通过友好的 Web 页面来完成,为广大动态 Web 开发人员所青睐。

本章小结

新媒体与传统媒体的网页设计和制作存在很大区别,只有了解新媒体网页设计的特点,遵循新媒体网页的设计原则,充分展现新媒体网页的设计元素,设计并制作吸引受众的新媒体网页,满足多元化的受众需求,才能适应新媒体时代的网络发展要求。

思考与练习

1. 新媒体网页设计的原则有哪些?
2. 新媒体网页设计的元素包括什么?
3. 新媒体网页设计的风格类型有几种?

第二章　网页编辑软件及应用

学习目标

1. 学会利用 SharePoint Designer 2010 软件建立及管理站点的基本方法。
2. 掌握 Dreamweaver CS5 软件的基本操作和使用技巧。
3. 能够利用 Dreamweaver CS5 软件设计简单网页。

第一节　SharePoint Designer 2010 网页制作

一、SharePoint Designer 2010 简介

SharePoint Designer 2010 是开发网页的工具,前身是 FrontPage,与 SharePoint Workspace 完全不同。

SharePoint Designer 2010 是快速开发 SharePoint 应用程序的理想工具。使用 SharePoint Designer,高级用户和开发人员可以根据业务需求快速创建 SharePoint 解决方案。高级用户可以利用 SharePoint 中提供的构建基块在易于使用的环境中撰写无代码解决方案,其中包括各种常见方案,从协作网站和 Web 发布到业务线数据集成、商业智能解决方案和有人参与的工作流。此外,开发人员还可以使用 SharePoint Designer 2010 来快速启动 SharePoint 开发项目。

（一）SharePoint Designer 2010 的主要特点

使用工作流的主要好处是推动业务流程发展和改善协作。企业使用的业务流程取决于信息或文档流。这些业务流程需要有信息工作者的积极参与,才能完成有助于工作组进行决策或交付工作成果的任务。在 SharePoint Designer 2010 中,这些类型的业务流程是使用工作流来实现和管理的。

（二）SharePoint Designer 2010 的新增功能

1. 全新用户体验,包含摘要页、功能区和导航窗格

和其他 Office 组件一样,SharePoint Designer 现在也采用了 Ribbon 界面。SharePoint Designer 中的 Ribbon 会根据我们当前焦点对象(站点、列表和工作流等)的不同而变化,它将大大提高工作效率。摘要页可以显示出当前查看对象的常用设置和摘要。导航窗口可以方便地使我们在站点内选择各种类型的对象(列表、工作流和网站页面等)。

2. 创建 SharePoint 内容结构

当我们在 SharePoint 站点里工作时,往往需要创建很多子站点、存储内容的列表和显示信息的页面等。我们可以通过浏览器页面做所有这些事情,更有效率的是可以通过 SharePoint Designer 来做。这样能体会到客户端程序的优越性,非常快速。

3. 配置网站权限

在 SharePoint 2007 里,我们只能通过浏览器来管理网站的权限设置。现在完全可以直接通过 SharePoint Designer 来进行操作了。包括创建 SharePoint 组、指派权限级别和添加用户等操作,SharePoint Designer 都支持。

4. 网站内容类型和列表内容类型的操作

统一的内容类型设计对于 SharePoint 应用影响很大。通过 SharePoint Designer 2010,我们可以完全摆脱浏览器来操作内容类型了。包括创建网站栏、添加栏、列表内容类型添加,都可以直接用 SharePoint Designer 来操作。

5. 管理网站资产

SharePoint 2010 包含了一种新的库类型,称为网站资产(Site Assets)。这种库主要用来存储站点中用到的一些资源文件,如样式表、JavaScript、xml 文件,甚至是页面上所需的图片。我们可以直接在 SharePoint Designer 中创建这些文件。SharePoint Designer 提供的 JavaScript、css、xml 代码提示和自动完成功能还是相当好用的。

6. 使用 XSLT 列表视图 WebPart 灵活组织数据视图

通过 SharePoint Designer 可视化的操作数据,可以实现 XSLT 层非常灵活的数据展现定制。但是,这样就会丧失在浏览器页面中视图列表视图修改的方便性。似乎扩展性和易用性是一对无法解决的矛盾。XSLTList View WebPart 恰恰很好地解决了这个问题。这种新型的数据视图可以方便地基于 XSLT 实现 SharePoint Designer 定制,同时还可以像列表视图一样在浏览器中进行编辑。

7. 连接到 SharePoint 外部数据源

实际项目中,我们更多的是需要将 SharePoint 以外的数据显示到 SharePoint 页面里。SharePoint Designer 提供了方便的界面来辅助我们连接到数据源。通过向导可以连接到许多外部数据源,如数据库、xml 文件、服务器端脚本(包括 RSS 源)和 Web Service(也包括对 REST 服务的支持)。更妙的是,我们可以把这些数据源关联起来,展示一个统一的视图。

8. 外部内容类型和 Business Connectivity Services

使用 Business Connectivity Services(BCS),我们可以从 Microsoft SQL Server、Web 服务或 NET 程序集连接到外部数据。此外,还可以从联机或脱机的客户端或服务器连接到这些外部数据,并可以创建、读取、更新和删除这些外部数据源中的数据。

9. 创建强大的、可重用的工作流

SharePoint Designer 2010 工作流方面有了重大的改进。新增了许多功能强大的功能,能够对更复杂的业务逻辑和流程进行建模,能够创建可重用的工作流。这种类型的工作流可以方便地附加到列表、库或内容类型。

10. 根据需要限制 SharePoint Designer 的使用权限

可以在 Web 应用程序或网站集的层次限制 SharePoint Designer 功能的使用。对于每个 Web 应用程序或网站集,我们可以控制用户是否可以使用 SharePoint Designer,是否可以自定义页面,是否可以自定义母版页和页面布局,以及是否可以使用 SharePoint Designer 中的"所有文件"视图(这对于规范网站体系的结构,保证所有页面都放在相应的库中很有帮助)。

(三) SharePoint Designer 2010 的操作界面

1. 后台视图

打开 SharePoint Designer 后看到的第一个界面就是后台视图(Backstage),如图 2-1-1 所示。

图 2-1-1　后台视图

后台视图是 Office 2010 的标准 UI 元素,可以类比为 Office 2003 时代的文件菜单。事实上,显示后台视图的标签也称为文件。当首次使用 SharePoint Designer 时,需要通过后台视图来打开一个已有的 SharePoint 2010 站点,或者新建一个。这里有两个要点要注意。

第一,只有 SharePoint 站点才可以用 SharePoint Designer 2010 来管理和定制。

第二,SharePoint Designer 2010 并不能向后兼容,也就是说无法打开 SharePoint 2007 或更早版本的站点。

后台视图在我们已经打开一个站点后仍然有用(这时可以通过文件标签访问它)。站点实际上是一个存储信息和业务过程的容器。而后台视图正好允许我们快速地给这个容器添加内容(页面、列表和工作流等)。

2. 导航窗格

SharePoint Designer 提供的左侧导航窗格可以访问 SharePoint 站点里的所有组件。该窗格中的链接都是经过安全修剪的。如果对某个功能(如网站集管理员对 SharePoint Designer 进行了设置,不允许定制母版页和页面布局)没有访问权限,则它将不显示,如

图 2-1-2 所示。

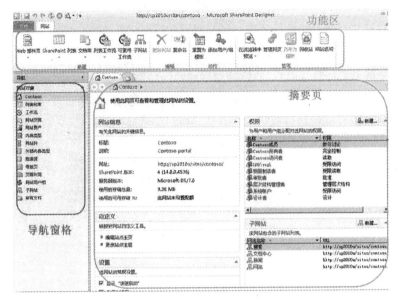

图 2-1-2　导航窗格

3. 功能区

功能区(Ribbon)显示在 SharePoint Designer 2010 界面顶部,用于为用户提供流畅的使用体验,作为一项新特性,现在已经用在所有的 Office 2010 应用程序中。功能区可以使用户简单快速地完成针对当前内容想要做的工作。例如:如果正在查看导航中工作流一节的内容,则功能区将显示创建工作流以及工作流编辑相关的操作,如图 2-1-3 所示。

图 2-1-3　功能区

二、站点的建立与管理

(一) 站点的建立

在 SharePoint Designer 2010 中,用户可以打开服务器上现有的 SharePoint 网站并开始自定义它们,也可以根据 SharePoint 网站模板新建网站或从头开始新建可自定义的空网站。

1. 打开网站

若要打开现有网站,请单击"文件"选项卡,选择"网站",然后执行下列操作之一。

(1) 单击"打开网站",以浏览服务器上的可用网站。

(2) 单击"自定义'我的网站'",以打开并自定义"我的网站"。

（3）在"最近访问过的网站"下，选择一个以前使用过的网站。

2. 创建网站

若要创建新网站，请单击"文件"选项卡，选择"网站"，然后执行下列操作之一。

（1）单击"新建空白网站"，创建一个空白 SharePoint 网站。

（2）单击"将子网站添加到我的网站"，在"我的网站"下创建一个新网站。

（3）在"网站模板"下，选择一个模板以根据 SharePoint 模板创建新网站。

注意：除了从 SharePoint Designer 2010 中打开和创建网站外，还可以使用浏览器打开一个 SharePoint 网站，然后使用"网站操作"菜单中的可用链接、功能区以及 SharePoint 中的其他位置在 SharePoint Designer 2010 中打开该网站。

（二）站点的设置管理

SharePoint Designer 2010 是一个强大的工具，能帮助用户快速创建解决方案。通过连接到站点，用户可以自由对站点做出更改，包括外观、工作流和连接到外部源。

这个功能带来的问题是，通过创建自定义不经意地给服务器造成负担，可能会产生大破坏。结果可能是 SharePoint 场相应降级，相应地影响网站性能。

另一个问题是，用户可能修改单个网站的外观，脱离公司的标准。这样的情况再乘以用户数，便是一个大问题。

SharePoint 2010 有个解决方案，要么限制用户使用 SharePoint Designer，要么完全剥夺。本文介绍如何以及在何处进行设置。

准备：

你必须具备场级别的管理权限。

开始：

（1）打开管理中心。

（2）单击应用程序管理——管理 Web 应用程序。

（3）单击要管理的 Web 应用程序右侧选中，如图 2-1-4 所示。

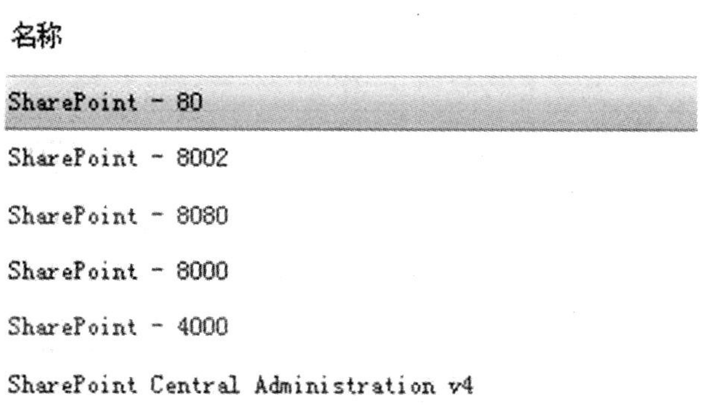

名称

SharePoint - 80

SharePoint - 8002

SharePoint - 8080

SharePoint - 8000

SharePoint - 4000

SharePoint Central Administration v4

图　2-1-4

（4）在功能区单击常规设置——选择 SharePoint Designer。

（5）你会看到如图 2-1-5 所示的 SharePoint Designer 设置。

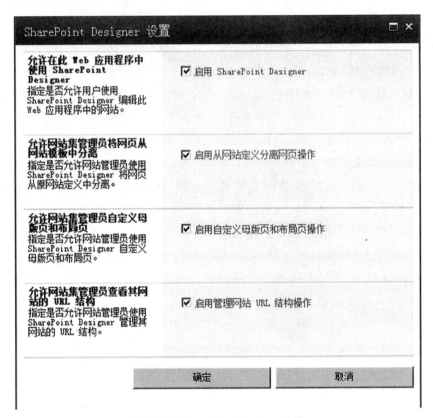

图 2-1-5　SharePoint Designer 设置

允许在此 Web 应用程序中使用 SharePoint Designer：清除选择会在整个 Web 应用程序中禁用 SharePoint Designer。

允许网站集管理员将网页从网站模板中分离：清除选择后，网站管理员将不能分离页面，在 SharePoint Designer 中编辑它们。

允许网站集管理员自定义母版页和布局页：清除选择后，网站管理员将不能通过 SharePoint Designer 自定义页面。

允许网站集管理员查看其网站的 URL 结构：清除选择后，不允许网站集管理员通过 SharePoint Designer 管理 URL 架构。

还有更多：

网站集管理员也可以修改 SharePoint Designer 工作的方式。

（1）打开网站集，单击网站设置。

（2）在网站集管理下，选择 SharePoint Designer 设置，如图 2-1-6 所示。

（3）你会看到如图 2-1-7 所示的内容。

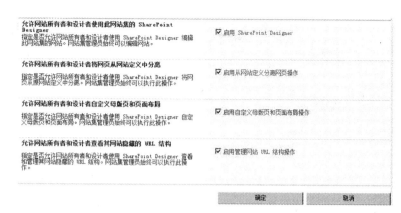

图 2-1-6　网站集管理　　　　　图 2-1-7　SharePoint Designer 设置

注意：如果场管理员在管理中心层次限制了 SharePoint Designer 设置访问，以上修改会变成红色。

三、网页设计及案例

（一）创建根网站 Web 应用程序

（1）打开"SharePoint 管理中心"，选择"应用程序管理"。

（2）在"SharePoint Web 应用程序管理"下，选择"创建或扩展 Web 应用程序"，如图 2-1-8 所示。

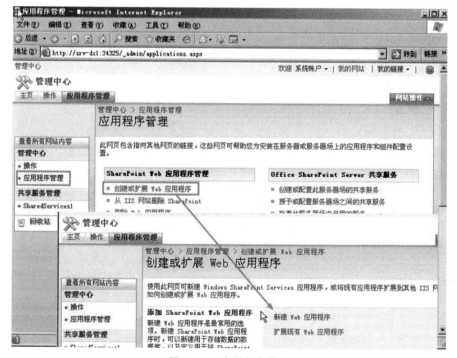

图 2-1-8　应用程序管理

（3）将端口号改为 80，主机头输入 www. new. com，如图 2-1-9 所示。

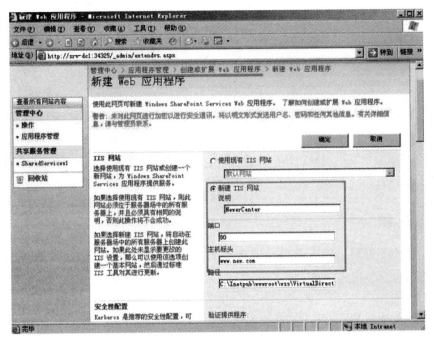

图 2-1-9　更改设置

（4）可配置账户为 new\mossadmin，其他设置为默认值，如图 2-1-10 所示。

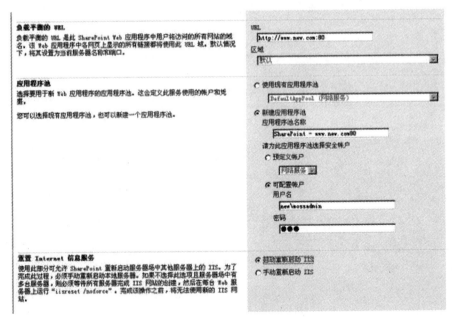

图 2-1-10　配置账户

（5）根网站 Web 应用程序创建成功。接下来创建协作门户网站。

（二）创建协作门户网站

在创建根网站 Web 应用程序成功后，我们就着手创建赛尔公司的门户主网站了。

（1）打开"SharePoint 管理中心"，选择"应用程序管理"，单击"SharePoint 网站管理"下的"创建网站集"，如图 2-1-11 所示。

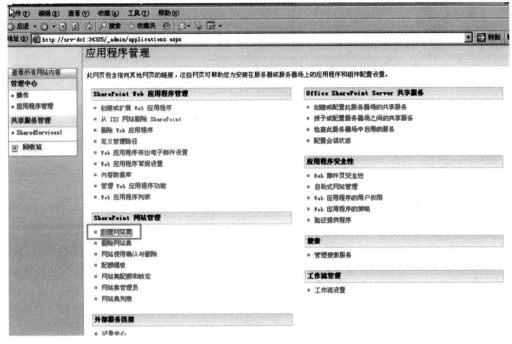

图 2-1-11　应用程序管理

（2）在 Web 应用程序处，查看当前选择的是否为 www. new. com，如果不是，请单击三角形，然后选择 Web 应用程序，输入相关的描述信息。

- 在网站地址处，选择根（用"/"表示）。
- 在模板选择"发布"下的"协作"模板，如图 2-1-12 所示。

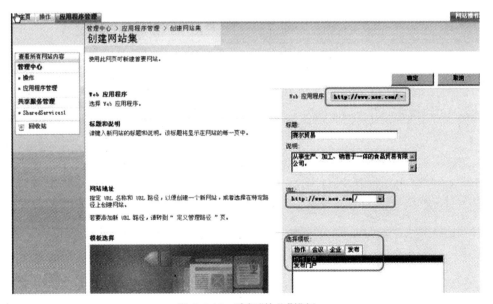

图 2-1-12　选择"协作"模板

（3）创建成功显示如，如图 2-1-13 所示的界面。

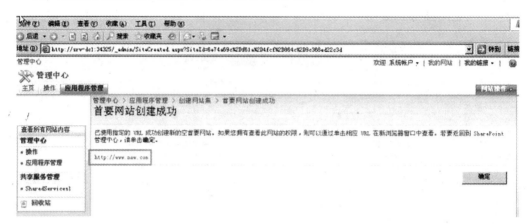

图 2-1-13　创建完成

（三）访问网站

在创建好企业门户网站后，我们可以来看看期待中的网站，掀开它神秘的面纱。

（1）打开 IE 浏览器，在地址栏输入 www.new.com，输入用户名与密码，如图 2-1-14 所示。

图 2-1-14　输入用户名与密码

（2）可以看到默认提供报告、搜索、网站、文档中心和新闻版块，如图 2-1-15 所示。

图 2-1-15 门户网站创建成功

（3）能看到图 2-1-15 的界面，说明门户网站创建成功，我们可以进行其他的配置与管理了。

第二节 Dreamweaver CS5 网页制作

一、Dreamweaver CS5 工作界面介绍

Dreamweaver CS5 的工作区将多个文档集中到一个窗口中，不仅降低了系统资源的占用，还可以更加方便地操作文档。Dreamweaver CS5 工作窗口分别由标题栏、菜单栏、文档工具栏、编辑区、状态栏、属性面板及浮动面板组构成，如图 2-2-1 所示。

图 2-2-1 Dreamweaver CS5 工作界面

（一）界面的不同风格

Dreamweaver CS5 的操作界面清新淡雅、布局紧凑，为用户提供了轻松愉悦的开发

环境。

选择"窗口"→"工作区布局"命令,弹出相应的子菜单,如图 2-2-2 所示,在菜单中选择"编码器"或"设计器"命令,可以选择自己喜欢的界面风格。

图 2-2-2 工作区布局

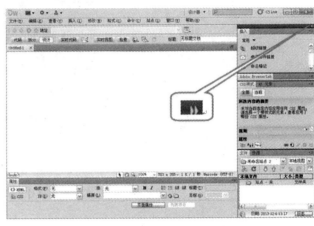

图 2-2-3 伸缩模式

(二)功能面板伸缩自由

在浮动面板组的右上方单击按钮 ▶▶,可以隐藏和展开面板,如图 2-2-3 所示。

(三)标题栏

Dreamweaver CS5 标题栏将一些实用的操作功能集合到了一起,包括"布局"按钮 ▦▾、"扩展"按钮 ✿▾、"站点"按钮 🖳▾ 和"设计器"按钮 设计器▾ 等。单击其中按钮,相应的功能命令将得到执行。例如:单击"布局"按钮 ▦▾,在下拉菜单中选择"代码和设计",窗口就会显示这两个编辑区,如图 2-2-4 所示。

图 2-2-4 利用"布局"按钮切换视图模式

(四)文档工具栏

文档工具栏主要用于显示页面名称、切换视图模式、查看源代码和设置网页标题等操作,如图 2-2-5 所示。

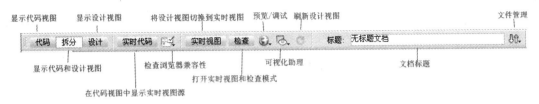

图 2-2-5 "文档工具栏"说明

代码视图：仅在"文档"窗口中显示"代码"视图。

设计视图：仅在"文档"窗口中显示"设计"视图。

拆分视图：在"文档"窗口同时显示"代码"视图和"设计"视图。

标题 ：可以直接在此处为文档设定标题，它将显示在浏览器的标题栏中。

浏览器/检查错误：使您可以检查浏览器兼容性。

在浏览器中预览/调试：在浏览器中预览或调试文档。从弹出菜单中选择一个浏览器。

文件管理：显示"文件管理"弹出菜单。

可视化助理：可以使用不同的可视化助理来设计页面。

刷新：当在"代码"视图中进行更改后刷新文档的"设计"视图。

（五）浮动面板组

浮动面板组位于工作界面的右侧，由插入面板、文件面板、标签面板、应用程序面板、CSS 面板和属性面板等组成。

1. 浮动面板组的操作

浮动面板可以进行折叠、拖动、更改折叠次序、删除和关闭等操作。

（1）展开和折叠浮动面板组。

Dreamweaver CS5 的每个浮动面板组都具有展开与折叠的功能，单击面板右上角的三角标记■■即可展开与折叠浮动面板。

（2）移动浮动面板组。

将鼠标指向浮动面板组上相应的面板，按住鼠标便可移动浮动面板组。利用这种方法可将浮动面板组拖离浮动面板组停靠区，或将浮动面板组拖入浮动面板组停靠区。

（3）重新组合浮动面板。

选中浮动面板组中某个选项，单击浮动面板组右上角的按钮，打开下拉式菜单，并在级联菜单中选择与当前浮动面板组合的浮动面板组，可重新组合浮动面板。

2. 面板组

（1）"CSS 样式"面板。

使用"CSS 样式"面板可以跟踪影响当前所选页面元素的 CSS 规则和属性（"当前"模式），或影响整个文档的规则和属性（"全部"）。使用"CSS 样式"面板顶部的切换按钮可以在两种模式之间进行切换。使用"CSS 样式"面板还可以在"全部"和"正在"模式下修改 CSS，如图 2-2-6 所示。

（2）"标签检查器"面板。

"标签"面板组包含"属性"和"行为"两个浮动面板，主要方便代码的调试，如图 2-2-7 所示。

（3）"文件"面板组。

"文件"面板组包含"文件""资源"和"代码片断"三个浮动面板，主要提供管理站点的各种资源，如图 2-2-8 所示。

（4）"插入"面板组。

"插入"面板包含用于创建和插入对象（如表格、图像和链接）的按钮。这些按钮按几个类别进行组织，可以通过从"类别"弹出菜单中选择所需类别来进行切换。当前文档包含服务器代码时（如 ASP 或 CFML 文档），还会显示其他类别。某些类别具有带弹出菜单的按钮。从弹出菜单中选择一个选项时，该选项将成为按钮的默认操作。例如：如果从"图像"按钮的弹出菜单中选择"图像占位符"，下次单击"图像"按钮时，Dreamweaver 会插入一个图像占位符。每当从弹出菜单中选择一个新选项时，该按钮的默认操作都会改变，如图 2-2-9 所示。

（5）"属性"面板组。

使用属性检查器，可以检查和编辑当前页面选定元素的最常用属性，如文本和插入的对象。属性检查器的内容根据选定元素的不同会有所不同。例如：如果选择了页面上的图像，则属性检查器就会改为显示该图像的属性，如图像的文件路径、图像的宽度和高度、图像周围的边框（如果有，则会显示）等。默认情况下，属性检查器位于工作区的底部边缘，但可以将其取消停靠并使其成为工作区中的浮动面板。在图 2-2-10 顶部"属性"的右边，按下鼠标左键，即可拖动属性检查器为浮动面板，按照同样的方法，还可以将它拖回到底部，停靠在工作区下面。

图 2-2-6 "CSS 样式"
面板

图 2-2-7 "标签检查器"
面板

图 2-2-8 "文件"
面板

图 2-2-9 "插入"
面板

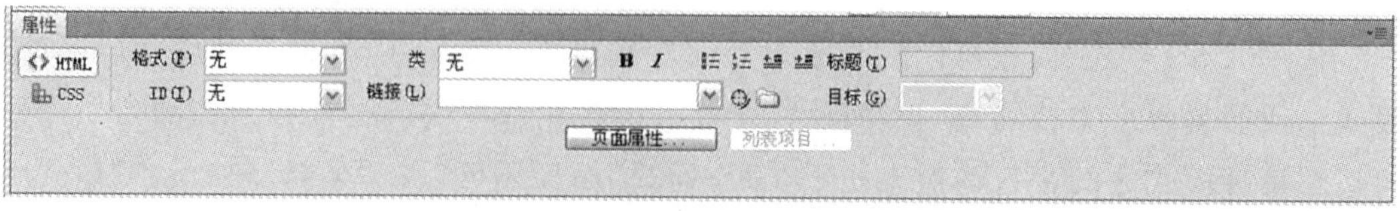

图 2-2-10 "属性"面板

二、网页文本处理

(一) 文本的基本操作

1. 文本文字输入

在 Dreamweaver CS5 中打开已有网页或者新建网页,根据设计的需要在相应的位置输入文本文字即可,如图 2-2-11 所示,在新建的网页设计界面直接输入"欢迎光临本人主页空间"。

 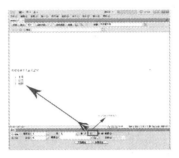

图 2-2-11　文字输入实例　　　　　图 2-2-12　项目编号实例

2. 项目符号输入

在 Dreamweaver CS5 中,可以在下方的属性栏中找到"项目列表"和"编号列表"选项,如图 2-2-12 所示。单击图 2-2-12 所示按钮,文本中被选中的部分即可被编号。

3. 文字样式设置

在 Dreamweaver CS5 中输入相应的文本之后,可以对文本样式进行编辑,选中需要设置的文字,右键单击,选择"样式",在"样式"菜单中选择如"粗体""斜体"或"下划线"等,设置文本,如图 2-2-13 所示。或者通过界面上方的"格式"菜单中的"字体"和"样式"设置文本,如图 2-2-14 所示。或者通过界面下方的"页面属性"中的内容设置字体,如图 2-2-15 所示。

图 2-2-13　通过"样式"设置文字　　　　图 2-2-14　通过"格式"菜单设置文字

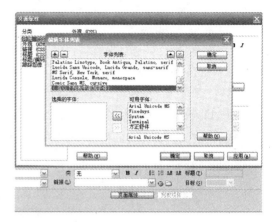

图 2-2-15　通过"页面属性"设置文字

4．文本对齐方式

在 Dreamweaver CS5 中输入相应的文本之后，需要对文本对齐处理，方式有两种：一是通过单击"格式"菜单中的"对齐"选项，如图 2-2-16 所示；二是通过选中相应的文本之后右键单击选择"对齐"选项，如图 2-2-17 所示。

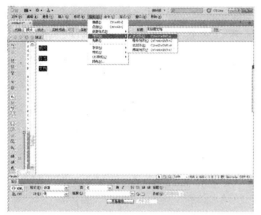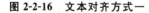

图 2-2-16　文本对齐方式一　　　　　　图 2-2-17　文本对齐方式二

5．段落缩进

当要强调某一段落文字或者引用其他文字时，需要将文字缩进，以便与普通段落进行区分。首先打开 HTML 文档，将光标插入要缩进的一个或者多个段落中，然后选择下面任意一种方法进行操作。

（1）使用菜单命令。

单击"格式"菜单，选择"缩进"项，即可设置段落的缩进，如果想取消缩进，则单击"格式"菜单，选择"凸出"项即可，如图 2-2-18 所示。

（2）使用"属性"面板。

在"属性"面板中，也可以设置或者取消段落的缩进。单击"内缩区块"图标，即可设置段落的缩进，如果想取消，则单击左侧的"删除内缩区块"图标，如图 2-2-19 所示。

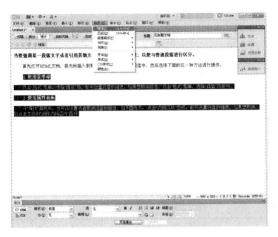

图 2-2-18 段落缩进方式一

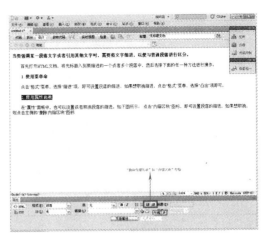

图 2-2-19 段落缩进方式二

(二) 特殊文本插入

1. 特殊字符插入

在制作网页的过程中,经常会使用特殊字符,在 Dreamweaver CS5 中右侧的浮动面板中找到"插入"面板,单击"常用"下拉菜单按钮,在下拉菜单中找到"文本"选项,如图 2-2-20 所示,在切换到"文本"项后,可以在列表的最下方找到"字符"项,单击"字符"按钮,在弹出的菜单中找到各种需要的特殊字符即可,如图 2-2-21 所示。

图 2-2-20 "插入"面板中"常用"选项内容

图 2-2-21 "文本"选项中找到特殊字符

2. 水平线插入

单击"插入"面板菜单中的"水平线"按钮,即可在光标所在的位置插入一条水平线,

如图 2-2-22 所示,在设计界面中选中水平线,这时在软件下方的"属性"栏中可以对水平线进行样式的设置,如图 2-2-23 所示。

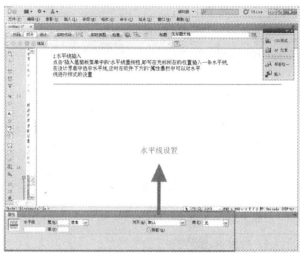

图 2-2-22 "水平线"插入   图 2-2-23 "水平线"设置

3. 日期插入

单击"插入"面板菜单中的"日期"按钮,即可在光标所在的位置插入相应的日期及时间,如图 2-2-24 所示,在设计界面中选中刚刚插入的日期,这时在软件下方的"属性"栏中单击"编辑日期格式"可对其进行格式设置,如图 2-2-25 所示。

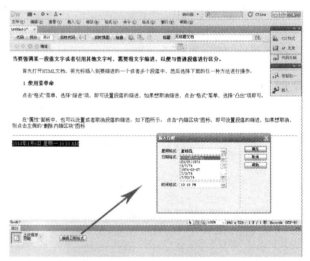

图 2-2-24 "日期"插入   图 2-2-25 "日期"格式设置

4. 换行符插入

在"插入"面板中,单击"常用"下拉菜单按钮,在下拉菜单中找到"文本"选项,如图 2-2-26 所示,在切换到"文本"项后,可以在列表的最下方找到"字符"项,单击"字符"按钮,在弹出的菜单中找到"换行符"点击即可,如图 2-2-27 所示。

图 2-2-26 "文本"插入

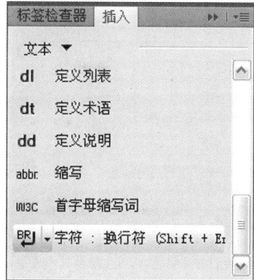

图 2-2-27 找到"换行符"

三、网页表格处理

（一）表格的基本操作

1. 插入表格

在"插入"面板中，在"常用"下拉菜单中，单击"表格"按钮，如图 2-2-28 所示，将弹出"表格"对话框，如图 2-2-29 所示，可以填写表格的宽度、行列数和边框粗细等。

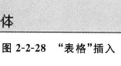

图 2-2-28 "表格"插入

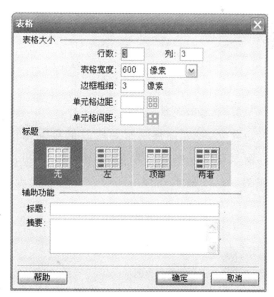

图 2-2-29 "表格"对话框

填写相应的数据之后，单击"确定"按钮，在光标所在位置将插入设置好的表格，如图 2-2-30 所示，也可以通过代码编写完成表格的插入，如图 2-2-31 所示。

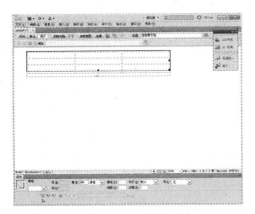

图 2-2-30 "表格"设计界面

图 2-2-31 "表格"代码界面

2. 表格设置

在设置表格之前,首先需要选中表格,单击〈table〉标签就可以选中表格了。选中表格后,我们可以对表格的宽度、单元格间距和对齐方式等进行设置,其中如图 2-2-32 的"填充"表示单元边沿和其内容之间的空白,"间距"表示单元格之间的空间。也可以通过代码完成对表格的设置,如图 2-2-33 所示。

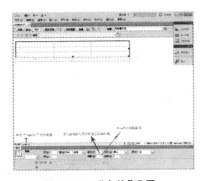

图 2-2-32 "表格"设置

图 2-2-33 "表格"代码设置

3. 单元格属性

首先,将光标移到所要修改的单元格中。这时就可以在软件下方出现的单元格属性窗口对单元格的长和宽进行修改,也可以修改单元格的背景颜色,设置链接内容等,如图 2-2-34 所示;同时,还可以通过代码进行属性设置,如图 2-2-35 所示。

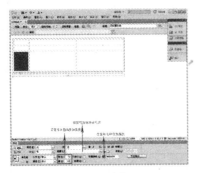

图 2-2-34 "表格"属性设置

图 2-2-35 "表格"属性代码设置

4．增加和删除表格的行和列

（1）新增行或列。

在软件右侧"插入"面板中选择"布局"项，将光标停留到所要添加行或列的单元格中。这时我们就可以在此单元格的上下左右插入行或列，如图 2-2-36 所示；或者在菜单中选择"表格"，再选择"插入行"或"插入列"，如图 2-2-37 所示。

（2）删除行或列。

选中需要删除的行或列，在菜单中选择"表格"下的"删除行/列"项，就可以快速进行删除操作，如图 2-2-38 所示。

图 2-2-36　通过"插入"面板新增行或列　　　图 2-2-37　通过右键菜单新增或删除行或列

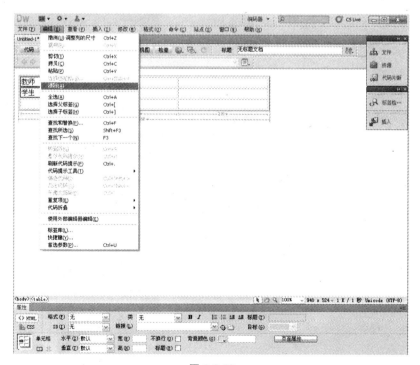

图 2-2-38

5. 在表格中插入内容

在表格中插入的内容分为文本和图像两种,插入文本可以将光标放在需要添加文本的单元格中,通过键盘直接输入相关文本,同时选中文本通过右键单击菜单中的选项对文本进行设置,如图 2-2-39 所示;如果需要在单元格中插入图像,只需要将光标固定在某单元格中,然后单击软件上方的"插入"菜单下的"图像"选项,在弹出的对话框中选择要添加的图像,单击确定即可,如图 2-2-40 所示。

图 2-2-39　插入文本并设置　　　　　　图 2-2-40　插入图像操作

6. 删除表格及表格内容

(1) 删除表格。

选中要删除的表格中的行或列后,要实现删除操作的方法是:

选择菜单中"修改"→"表格"→"删除行"命令或者按"Ctrl＋Shift＋M"快捷键,完成删除行操作。

选择菜单中"修改"→"表格"→"删除列"命令或者按"Ctrl＋Shift＋－"快捷键,完成删除列操作。如图 2-2-41 所示。

(2) 删除表格内容。

选中要删除的表格中的区域后,要实现删除的操作方法是:

直接按"Delete"键即可清除选定区域中的内容。

选择菜单中"编辑"→"清除"命令即可,如图 2-2-42 所示。

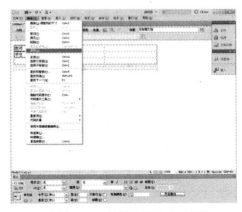

图 2-2-41　删除表格中行或列操作　　　　图 2-2-42　清除表格中内容操作

7. 复制和粘贴表格

在 Dreamweaver CS5 中如何对表格进行复制粘贴？其实很简单，只需要选择需要复制的表格，按快捷键"Ctrl＋C"，就可以进行复制，"Ctrl＋X"，就可以剪切表格，"Ctrl＋V"，就可以粘贴表格了。

8. 合并和拆分单元格

（1）合并单元格。

首先选中需要合并的单元格，单击属性窗口中"合并单元格"按钮。或者在选定的区域单击鼠标右键，依次选择"表格"→"合并单元格"选项，或者按"Ctrl＋Alt＋M"快捷键即可完成单元格的合并，如图 2-2-43 和图 2-2-44 所示。

图 2-2-43　"合并单元格"方法一

图 2-2-44　"合并单元格"方法二

（2）拆分单元格。

首先选择要拆分的单元格，单击属性窗口中"拆分单元格"按钮，在弹出窗口中填写需要拆分的行或列。或者在选定的区域单击鼠标右键，依次选择"表格"→"拆分单元格"选项，或者按"Ctrl＋Alt＋S"快捷键即可完成单元格的拆分，如图 2-2-45 和图 2-2-46 所示。

图 2-2-45　"拆分单元格"方法一

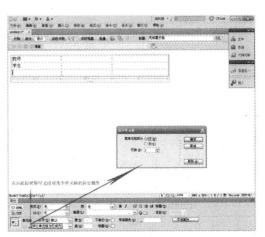

图 2-2-46　"拆分单元格"方法二

(二) 数据表格处理

1. 导入表格式数据

首先打开一个需要导入表格式数据的网页，或新建一个空白网页，将光标放置在要插入的位置。单击菜单"插入"→"表格对象"→"导入表格式数据"，如图 2-2-47 所示，在弹出的对话框中设置表格属性、定界符及单击"浏览"选择要添加的文本文件(＊.txt)，如图 2-2-48 所示，在设计界面中会出现相应的表格，如图 2-2-49 所示。

注意：

插入的"表格式数据"必须是文本文件。

定界符是指在文本文件中需要分隔数据，出现单元格的工具，如用"，"分隔，在定界符的设置时就要选择"逗点"。

当插入的"表格式数据"中出现乱码现象，则需要在代码编辑界面中更改 charset 值，这是因为指定的中文编码不对所致。目前，网页制作上的中文编码为两种：一种为 utf-8，一种为 gb2312。在代码模式下，看一下〈title〉无标题文档〈/title〉上面的代码〈meta http-equiv ＝"Content-Type" content＝"text/html；charset＝ utf-8" /〉里面的"charset＝ utf-8"，指定了中文编码，如果出现乱码，则改成"charset＝ gb2312"，如图 2-2-50 所示。

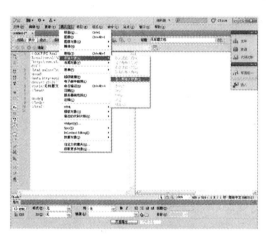

图 2-2-47　插入"表格式数据"操作

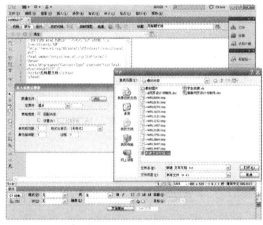

图 2-2-48　设置表格属性及定界符等

图 2-2-49　完成"插入表格式数据"

图 2-2-50　出现乱码需更改内容

2. 导入和导出表格的数据

在制作网页时,经常需要将 Word 文档中的内容或 Excel 文档中的表格数据导入网页进行发布,或将网页中的数据导出 Word 和 Excel 文档,Dreamweaver CS5 中提供此项功能。

(1) 导入 Word 文档中的表格数据。

选择菜单中"文件"→"导入"→"Word 文档",在弹出的对话框中选择需要插入的 Word 文档,单击"打开"按钮即可,如图 2-2-51 所示,插入到网页中,如图 2-2-52 所示。

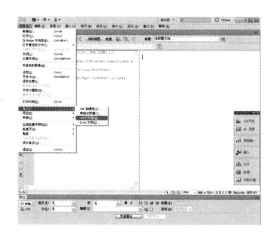

图 2-2-51　导入 Word 文档中的内容

(2) 导入 Excel 文档中的表格数据。

选择菜单中"文件"→"导入"→"Excel 文档",在弹出的对话框中选择需要插入的 Excel 文档,单击"打开"按钮即可。

(3) 导出网页中的表格数据到 Word 文档或 Excel 文档。

首先要选中需要导出的表格,之后选择菜单中"文件"→"导出"→"表格",在弹出的对话框中设置定界符和换行符,如图 2-2-53 所示。设置完成后单击"导出"按钮,在弹出对话框中选择好保存位置,输入文件的名称,单击"保存"即可。

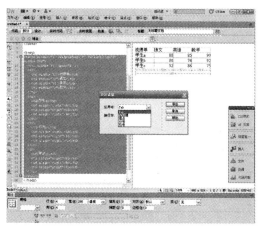

图 2-2-52　Word 文档导入结果　　　　　图 2-2-53　导出设置

3. 表格排序

将光标放在需要排序的表格中,选择菜单中"命令"→"表格排序"选项,在弹出对话框中设置相关参数,如图 2-2-54 所示。

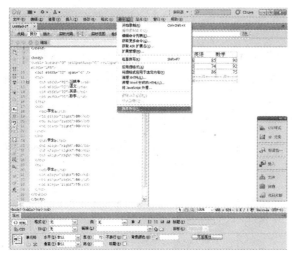

图 2-2-54　表格排序

四、网页图像处理

(一)图像基本操作

1. 插入图像

首先将插入点放置在要插入图像的位置,通过以下方法可以完成图像插入操作。

◆ 选择"插入"面板"常用"选项卡,单击"图像"展开式工具按钮上的黑色三角形,在下拉菜单中选择"图像"选项,如图 2-2-55 所示。在对话框中选择图像文件,单击"确定"按钮完成图像插入操作。

◆ 选择菜单中"插入"→"图像"命令,在对话框中选择图像文件,单击"确定"按钮完成图像插入操作。如图 2-2-56 所示。

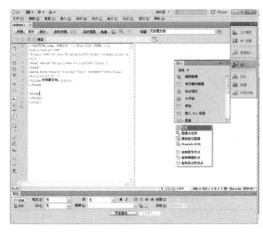

图 2-2-55　插入图像方法一　　　　　　图 2-2-56　插入图像方法二

2. 编辑图像

图像插入之后,需要对图像进行属性设置,选中要设置的图像,在软件的下方属性栏中进行设置,如图 2-2-57 所示。

3. 为图像添加文字说明

当图像在浏览器中不能正常显示时,网页中原本是图像的位置就会变成空白区域,为了让浏览者在不能看到图像时了解图像的信息,常用的方法是为图像设置"替换"属性,将图片的文字说明输入"替换"文本框中,如图 2-2-58 所示。

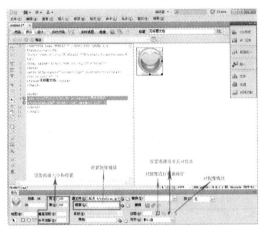
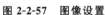

图 2-2-57　图像设置

图 2-2-58　为图像添加文字说明

(二) 图像元素设置

1. 插入占位符

在网页布局时,网站设计者需要先设计图像在网页中的位置,等设计方案通过后,再将这个位置变成具体图像,Dreamweaver CS5 提供了"图像占位符"功能,可满足此需求。

在网页中插入图像占位符的具体操作如下。

(1) 在文档窗口中,将插入点放在要插入占位符图形的位置。

(2) 通过以下方法启动"图像占位符"命令,弹出"图像占位符"对话框,如图 2-2-59 所示。

◆ 选择"插入"面板中的"常用"选项卡,单击"图像"展开式工具按钮,选择"图像占位符"选项。

◆ 选择菜单"插入"→"图像对象"→"图像占位符"命令。

2. 占位符设置

在如图 2-2-60 所示的"图像占位符"对话框中,按照需求设置图像占位符的大小和颜色,并为图像占位符提供文本标签,单击"确定"按钮完成设置,效果如图 2-2-61 所示。

同时在图 2-2-61 所示的下方,通过设置属性各项值来完成"图像占位符"的具体操作,如"垂直边距""水平边距""边框"和"链接"等。

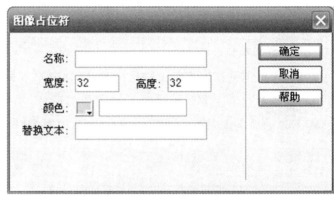

图 2-2-59 "图像占位符"设置　　　　　图 2-2-60 "图像占位符"显示效果

3. 跟踪图像

在制作网页时,应先在图像处理软件中绘制网页的蓝图,之后再添加到网页的背景中,按照设计方案的要求对号入座,等网页制作完成之后,再将蓝图删除。Dreamweaver CS5 提供了"跟踪图像"功能来实现上述网页设计的方式。

设置网页蓝图的具体步骤如下。

◆ 在图像处理软件中绘制网页的设计蓝图。

◆ 选择菜单"文件"→"新建"命令,新建文档。

◆ 选择"修改"→"页面属性"命令,弹出对话框,在"分类"列表中选择"跟踪图像"选项,转换到"跟踪图像"对话框,单击"浏览"按钮,在弹出的"选择图像源文件"对话框中找到此前绘制好的图像文件。

◆ 在"页面属性"对话框中调节"透明度"选项的滑块,设置透明度,单击"确定"按钮完成设置,如图 2-2-62 所示。

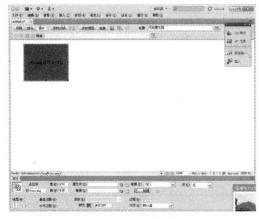

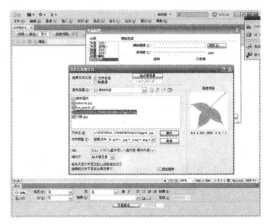

图 2-2-61 添加跟踪图像　　　　　　　图 2-2-62 效果显示

五、网页表单处理

（一）表单的基本操作

1. 添加表单

在 HTML 文档中将光标移动到需要添加表单的位置上，单击"插入"菜单，选择"表单"命令，在弹出的子菜单中选择"表单"项，如图 2-2-63 所示。或者在"插入"面板中选择"表单"项，单击"表单"图标，如图 2-2-64 所示。

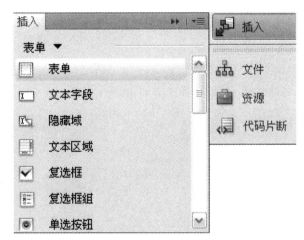

图 2-2-63　添加表单方法一　　　　　图 2-2-64　添加表单方法二

2. 表单属性

插入"表单"后，在软件下方会出现属性窗口，如图 2-2-65 所示。

图 2-2-65　表单属性栏

◆ 在"表单 ID"文本框中输入一个唯一的名称来标记表单，如 form1。

◆ 在"动作"文本框中指定将要处理表单信息的脚本或者应用程序所在的 URL 路径。可以直接输入，也可以单击文本框旁边的"文件夹"图标来获得。

◆ 在"目标"下拉菜单中选择返回数据的窗口的打开方式。

值_blank：表示在一个新窗口中打开链接文档。

值_new：表示在一个新窗口中打开链接文档。

值_parent：表示在包含这个链接的父框架窗口中打开链接文档。

值_self：表示在包含这个链接的框架窗口中打开链接文档。

值_top：表示在整个浏览器窗口中打开链接文档。

◆ 在"方法"下拉菜单中选择要处理表单数据的方式。

POST:将表单值封装在消息主体中发送。

GET:将提交的表单值追加在 URL 后面发送给服务器。这也是浏览器的默认设置传递表单数据的方式。

◆ 在"编码类型"下拉菜单中选择表单数据,以确定在被发送到服务器之前应该如何加密编码。

3. 插入文本框

(1) 插入单行文本域或密码域。

单击鼠标,将光标定位在表单框线内,单击"插入"菜单,选择"表单"项,在弹出的子菜单中选择"文本域"命令。或者在"插入"面板中选择"表单"项,单击"文本字段"图标,如图 2-2-66 所示。

单击"文本字段",弹出对话框,如图 2-2-67 所示,在"输入标签辅助功能属性"对话框中,各项的解释及应用方法如下。

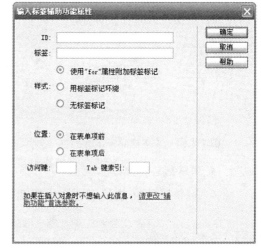

图 2-2-66　插入单行文本框　　　　图 2-2-67　输入标签辅助功能属性

◆ ID:指定了"input"元素的名称和 ID 号。名称和 ID 号是一致的。

◆ 标签:表单控件的提示信息。

◆ 样式:说明"标签"内容的使用方式。分为三种情况:

　　第一种情况:使用"for"属性附加标签标记。

　　第二种情况:用标签标记环绕。

　　第三种情况:无标签标记。

◆ 位置:说明"标签"内容所处的位置。分为两种情况:

　　第一种情况:在表单项前。

　　第二种情况:在表单项后。

◆ 访问键:accesskey 属性。

◆ Tab 键索引:tabindex 属性。

在"输入标签辅助功能属性"对话框中,单击"确定"按钮,文本字段就插入文档了,如图 2-2-68 所示。

图 2-2-68 效果显示

(2)设置或修改单行文本域或密码域的属性。

使用鼠标单击插入的单行文本域或密码域表单控件,打开"文本字段"属性面板,如图 2-2-69 所示。

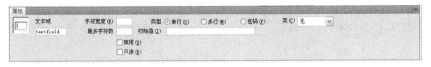

图 2-2-69 文本字段属性

◆ 文本域:指定了"input"元素的名称和 ID 号。名称是唯一的。

◆ 字符宽度:指定文本域的长度,默认值为 24 个字符左右。

◆ 最多字符数:允许用户输入的最大字符数目。

◆ 初始值:表单的默认值。

◆ 禁用:"input"标签 disabled 属性。

◆ 只读:"input"标签 readonly 属性。

◆ 类型选择"单行":插入单行文本域(type="text")。

◆ 类型选择"密码":插入密码域(type="password")。

4.插入多行文本框

单击鼠标,将光标定位在表单框线内,单击"插入"菜单,选择"表单"项,在弹出的子菜单中选择"文本区域"命令。或者在"插入"面板中选择"表单"项,单击"文本区域"图标,如图 2-2-70 所示。

图 2-2-70 插入多行文本操作

单击"文本区域"图标后,弹出"输入标签辅助功能属性"对话框。单击"确定"按钮,文本区域出现在文档中。使用鼠标单击插入的"文本区域"表单控件。多行文本插入实例如图 2-2-71 所示。

图 2-2-71 多行文本插入实例

通过软件下方的属性栏,可设置相关信息,如图 2-2-72 所示。

图 2-2-72 属性设置

◆ 文本域:输入文本域的名称。

◆ 字符宽度:输入一个数值指定文本域长度。默认值为 45。

◆ 行数:输入一个数值指定文本域的行数。默认值为 5。

◆ 禁用:disabled 属性。

◆ 只读:readonly 属性。

◆ 类型选择:多行。

◆ 初始值:如果需要显示默认文本,请在文本框中输入文本。

(二)单选按钮和复选框应用

1. 单选按钮

单击鼠标,将光标定位在表单框线内,单击"插入"菜单,选择"表单"项,在弹出的子菜单中选择"单选按钮"命令。或者在"插入"面板中选择"表单"项,单击"单选按钮"图标,如图 2-2-73 所示。

图 2-2-73 单选按钮插入方法

单击"单选按钮"图标后,弹出"输入标签辅助功能属性"对话框,在对话框中设置后,单击"确定"按钮,单选按钮出现在文档中。在文档中单击"单选按钮"表单控件,如图 2-2-74 所示。

图 2-2-74　插入单选按钮示例

打开单选按钮"属性"面板,如图 2-2-75 所示。

◆ 单选按钮:输入一个名称。name 属性。

◆ 选定值:输入一个选取该单选按钮时要发送给服务器端的应用程序或者处理脚本的值。value 属性。

◆ 初始状态:浏览器首次加载时该选项便处于选定状态,则单击"已勾选"项。checked 属性。

图 2-2-75　单选按钮"属性"面板

2. 单选按钮组

当在一组选择信息中只能选择一个选项时,请使用"单选按钮组"。一组中的所有单选按钮都必须有同样的名称,但域值不同。

单击鼠标,将光标定位在表单框线内,单击"插入"菜单,选择"表单"项,在弹出的子菜单中选择"单选按钮组"命令。或者在"插入"面板中选择"表单"项,单击"单选按钮组"图标,如图 2-2-76 所示。

图 2-2-76　单选按钮组对话框

出现"单选按钮组"对话框,如图 2-2-77 所示。

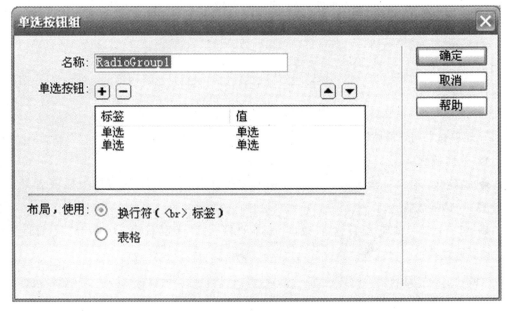

图 2-2-77　单选按钮组插入方法

◆ 名称:输入一个名称。name 属性。

◆ 单选按钮:"＋"表示增加一个单选按钮,"－"表示删除一个单选按钮。

◆ 单击向上、向下按钮对单选按钮排序。

◆ 标签:单击标签下面的"单选",可以输入一个新名称(Form Control Label:表单控件标签)。

◆ 值:单击值下面的"单选",可以输入一个新值。value 属性。

◆ 布局,使用:选择以哪一种方式对单选按钮布局。

设置完成后,单击"确定"按钮,退出"单选按钮组"对话框,在文档中就会插入一组单选按钮,如图 2-2-78 所示。

图 2-2-78　插入单选按钮组示例

单击"单选按钮组"中的任意一个单选按钮,会出现"属性"面板,也可以利用"属性"面板上的相关工具优化单选按钮的布局。

3. 复选框

单击鼠标,将光标定位在表单框线内,单击"插入"菜单,选择"表单"项,在弹出的子菜单中选择"复选框"命令。或者在"插入"面板中选择"表单"项,单击"复选框"图标。

单击"复选框"图标后,弹出"输入标签辅助功能属性"对话框,在对话框中设置后,单击"确定"按钮,"复选框"出现在文档中。在文档中单击"复选框"表单控件,如图 2-2-79 所示。

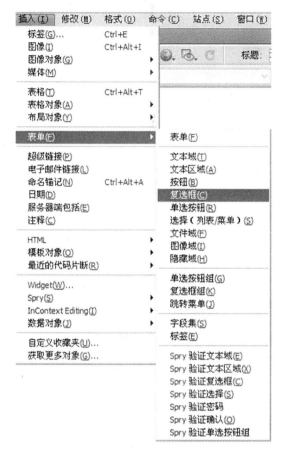

图 2-2-79 "复选框"插入方法

打开复选框"属性"面板,如图 2-2-80 所示。

◆ 复选框名称:输入一个名称。name 属性。

◆ 选定值:输入一个选取该复选框时要发送给服务器端的应用程序或者处理脚本的值。value 属性。

◆ 初始状态:浏览器首次加载时该选项便处于选定状态,则单击"已勾选"项。checked 属性。

图 2-2-80 "复选框"属性面板

4. 复选框组

单击鼠标,将光标定位在表单框线内,单击"插入"菜单,选择"表单"项,在弹出的子菜单中选择"复选框组"命令。或者在"插入"面板中选择"表单"项,单击"复选框组"图标，如图 2-2-81 所示。

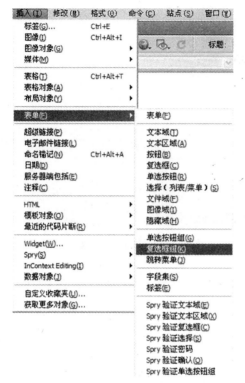

图 2-2-81 "复选框组"插入方法

在弹出的"复选框组"对话框中进行设置。

◆ 名称：输入一个名称。name 属性。

◆ 复选框："＋"表示增加一个复选框，"－"表示删除一个复选框。

◆ 单击向上、向下按钮对复选框排序。

◆ 标签：单击标签下面的"复选框"，可以输入一个新名称（Form Control Label：表单控件标签）。

◆ 值：单击值下面的"复选框"，可以输入一个新值。value 属性。

◆ 布局，使用：选择以哪一种方式对单选按钮布局。

设置完成后，单击"确定"按钮，退出"复选框组"对话框，在文档中就会插入一组复选框。单击"复选框组"中的任一个复选框，会出现"属性"面板，也可以利用"属性"面板上的相关工具优化复选框的布局。

（三）列表和菜单处理

1. 列表和菜单创建

将光标固定在要插入列表和菜单的位置，单击菜单"插入"→"表单"→"选择（列表/菜单）"选项，或者单击"插入"面板，在"表单"选项卡中，单击"选择（列表/菜单）"选项，即可插入列表菜单，如图 2-2-82 所示，在弹出的对话框中根据需要进行设置，如图 2-2-83 所示，待设置完成之后，单击"确定"按钮即可，效果如图 2-2-84 所示。在如图 2-2-85

所示的"属性"面板中单击"列表值"按钮,在弹出的对话框中完成要添加的内容,如图2-2-86所示。

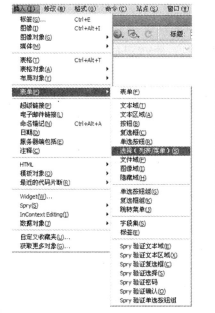

图 2-2-82　插入"列表/菜单"方法

图 2-2-83　"输入标签辅助功能属性"对话框

图 2-2-84　效果显示示例

图 2-2-85　"列表/菜单"属性面板

在"属性"面板中,"初始化时选定"选项设置为"北京"。保存文档之后,按"F12"键进行预览。

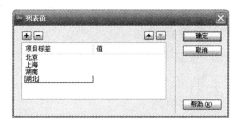

图 2-2-86　列表值添加

2. 跳转菜单创建

利用跳转菜单,设计者可以实现某个网页的地址与菜单列表中的选项建立关联。当用户浏览网页时,只要从跳转菜单列表中选择一菜单项,就可以打开相关联的网页,具体操作步骤如下。

首先将光标固定在表单轮廓内需要插入跳转菜单的位置。

单击菜单"插入"→"表单"→"跳转菜单"选项,或者单击"插入"面板,在"表单"选项卡中,单击"跳转菜单"选项,即可插入列表菜单,如图 2-2-87 所示,在弹出的对话框中根据需要进行设置,如图 2-2-88 所示,待设置完成之后,单击"确定"按钮即可,效果如图 2-2-89 所示。保存文档之后,按"F12"键进行预览,如图 2-2-90 所示。

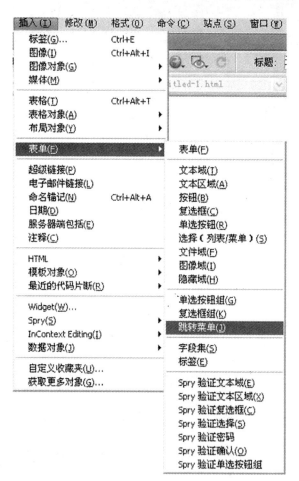

图 2-2-87　插入"跳转菜单"方法

在图 2-2-88"跳转菜单"设置对话框中:

◆ "加号"按钮⊕和"减号"按钮⊟:添加和删除菜单项。

◆ "向上"按钮▲和"向下"按钮▼:移动菜单,设置菜单项在菜单列表中的位置。

◆ "菜单项"选项:显示所有菜单项。

◆ "文本"选项:设置当前菜单项的显示文字。

◆"选择时,转到 URL"选项:为当前菜单项设置浏览者单击时要打开的网页地址(地址要求写完整,如 http://www.163.com)。

◆"打开 URL 于"选项:设置打开浏览网页的窗口,包括"主窗口"和"框架"两个选项。

◆"菜单 ID"选项:设置菜单名称,每个菜单名称不能相同。

◆"菜单之后插入前往按钮"选项:设置在菜单后是否添加"前往"按钮。

◆"更改 URL 后选择第一个项目"选项:设置浏览者通过跳转菜单打开网页后,该菜单项是否是第一个菜单项目。

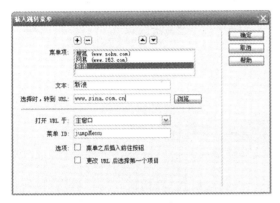

图 2-2-88 "跳转菜单"设置对话框

图 2-2-89 "跳转菜单"插入完成效果

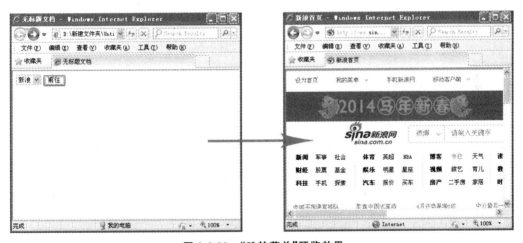

图 2-2-90 "跳转菜单"预览效果

3. 插入文件域

在文档中插入表单。在表单"属性"面板中将"方法"项选择为 POST。在"编码类型"下拉列表中选择 multipart/form-data。单击鼠标,将光标定位在表单框线内,单击"插入"菜单,选择"表单"项,在弹出的子菜单中选择"文件域"命令,或单击打开"插入"面板,选择"表单"→"文件域",如图 2-2-91 所示。

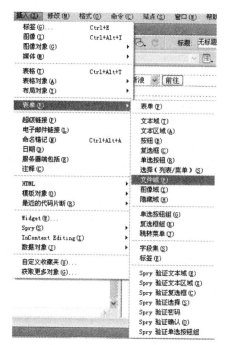

图 2-2-91　"文件域"插入方法

　　单击"文件域"图标后,弹出"输入标签辅助功能属性"对话框,单击"确定"按钮,文件域出现在文档中。单击"文件域",打开"文件域"属性面板,进行相关属性设置,如图 2-2-92 所示。

图 2-2-92　"文件域"属性

◆"文件域名称"选项:为该文件域对象输入一个名称。

◆"字符宽度"选项:输入一个数值。size 属性。

◆"最多字符数"选项:输入一个数值。maxlength 属性。

◆"类"选项:将 CSS 规则应用于文件域。

4. 插入图像域

　　由于普通按钮看起来不太美观,因此设计师往往使用图像代替按钮。

　　将光标放在表单轮廓内需要插入的位置,单击"插入"面板"表单"选项卡中的"图像域"按钮,或者选择菜单中"插入"→"表单"→"图像域"命令,如图 2-2-93 所示。在弹出的"选择图像源文件"对话框中选择需要的图像文件,如图 2-2-94 所示;在"属性"面板中,根据需要设置图像按钮的各项属性,如图 2-2-95 所示。

图 2-2-93　"图像域"插入方法

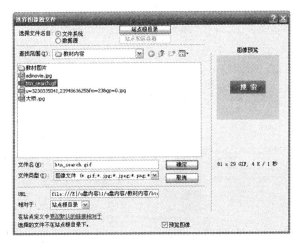

图 2-2-94　"选择图像源文件"对话框

图 2-2-95　"图像域"属性栏

◆ "图像区域"选项：输入图像域的名称。name 属性。

◆ "源文件"选项：在文本框中输入图像文件的地址，或者单击"文件夹"图标选择图像文件。src 属性。

◆ "替换"选项：设置图像的说明文字，当鼠标放在图像上时显示这些文字。alt 属性。

◆ "对齐"选项：选择图像在文档中的对齐方式。align 属性。

◆ "编辑图像"选项：启动外部编辑器编辑图像。

◆ "类"选项：将 CSS 规则应用于图像域。

5. 插入表格

在表单中插入表格，单击鼠标，将光标定位在表单框线内部，然后插入表格，和在普通文档中的方法一样。

插入表格以后，在表格的单元格中再插入表单的对象或者域标签。

六、网页框架的利用

框架页面是由一组普通的 Web 页面组成的页面集合，通常在一个框架页面集中，将一些导航性的内容放在一个页面中，而将另一些需要变化的内容放在另一个页面中。使用框架页面的主要原因是为了使导航更加清晰，使网站的结构更加简单明了和规格化。一个框架由两部分网页文件组成：一个是框架，另一个是框架集。

(一) 框架

1. 框架的创建

可以通过"新建"命令创建框架，选择"文件"→"新建"命令，在弹出的"新建文档"对话框中的左侧选择"示例中的页"，在"示例文件夹"中单击"框架页"选项，在右侧的"示例页"选项框中选择一个框架。单击"创建"按钮即可。或者在"插入"菜单中选择"HTML"→"框架"，在框架中，可以选择所需要的框架类型，或者单击"插入"面板中"布局"选项卡中的"框架"选项，在下拉菜单中选择需要的框架，如图 2-2-96 所示。插入框架如图 2-2-97 所示。

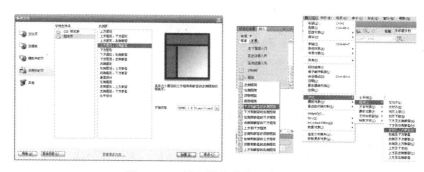

图 2-2-96　插入"框架"的三种方法

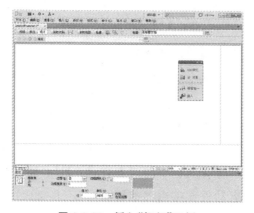

图 2-2-97　插入"框架"示例

2．修改框架大小

调整框架中子窗口的大小有以下几种方法。

（1）在"设计"视图中，将鼠标指针放到框架边框上，当鼠标指针呈双向箭头时，拖曳鼠标改变框架的大小，如图 2-2-98 所示。

图 2-2-98　调整"框架"大小

（2）选定框架，在"属性"面板中"行"或"列"选项的文本框中输入具体的数值，在"单位"选项的下拉列表中选择单位，如图 2-2-99 所示。

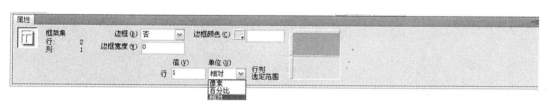

图 2-2-99　框架属性栏

3．删除和拆分框架

（1）删除框架。

将鼠标指针放在要删除的边框上，当鼠标指针变为双向箭头时，拖曳鼠标指针到框架相对应的外边框上即可删除，如图 2-2-100 所示。

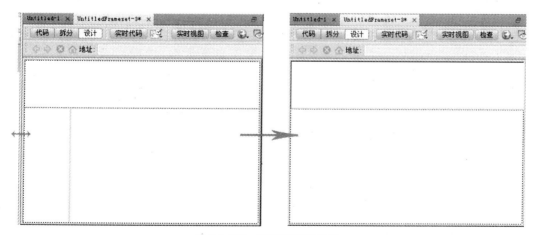

图 2-2-100　删除"框架"示例

61

（2）拆分框架。

通过拆分框架，可以增加框架的数量，方法如下。

方法一：将光标置于要拆分的框架窗口中，然后选择菜单中"修改"→"框架集"命令，弹出具有 4 种拆分方式的子菜单，如图 2-2-101 所示。

方法二：将光标置于要拆分的框架窗口中，然后单击"插入"面板"布局"选项卡"框架"按钮右侧的黑色箭头，在弹出的菜单中选择一种拆分框架的方式，将框架窗口拆分。

方法三：选定要拆分的框架，按住"Alt"键的同时，将鼠标指针放到框架上，当鼠标指针变成双向箭头时，拖曳鼠标指针进行框架拆分。

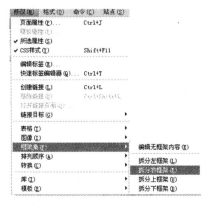

图 2-2-101　拆分框架方法

4. 为框架添加内容

由于每个框架都是一个 HTML 文档，所以可以在创建框架后，直接编辑某个框架中的内容，也可以在框架中打开已有的 HTML 文档。

5. 保存框架

保存框架时，我们需要将整个框架都保存，在"文件"菜单中选择"保存全部"，如图 2-2-102所示。首先会保存整个页面框架，可以将它保存为 test.html，如图 2-2-103 所示。接着保存框架主体框架，命名为 main.html，如图 2-2-104 所示。然后保存左侧的框架，命名为 testleft.html，如图 2-2-105 所示。最后保存头部，命名为 testtop.html，如图 2-2-106所示。保存完成后，我们可以在站点文件夹中看到三个网页文件，如图 2-2-107 所示。

图 2-2-102　保存框架保存方法　　　　图 2-2-103　保存全部框架

图 2-2-104 保存主体部分

图 2-2-105 保存左侧部分

图 2-2-106 保存头部

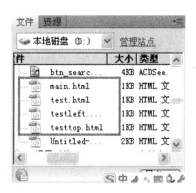

图 2-2-107 框架文件在站点文件中显示

6. 框架集的网页标题

单击"窗口"菜单,选择"框架"项,打开"框架"控制面板。

(1) 使用"代码"视图。

在"框架"控制面板中选择一个框架,单击"代码"视图,在源代码页面头部的〈title〉和〈/title〉之间设置框架集的标题,如图 2-2-108 所示。

(2) 使用菜单。

在"框架"控制面板上选择一个框架,单击"修改"菜单,选择"页面属性"项,打开"页面属性"对话框,如图 2-2-109 所示。通过此"页面属性",也可以设置框架中的文本字体、背景等相关元素。

图 2-2-108 通过代码设置标题

图 2-2-109 通过页面属性设置标题

（二）Iframe 框架

Iframe 框架就是在当前页面中插入另一个页面,可以说是调用,也可以说是使用代码插入。

1. 插入 Iframe 框架

首先在"插入"菜单中选择"HTML"→"框架"下的"Iframe",如图 2-2-110 所示。

插入 Iframe 后,会跳转到拆分模式,这时我们可以在代码窗口中看到〈iframe〉〈/iframe〉,说明已经插入了 Iframe 框架。

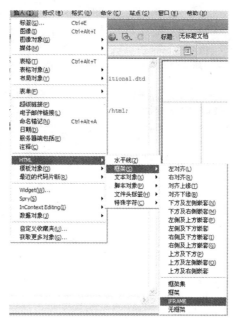

图 2-2-110　插入 Iframe

在代码中输入〈iframe width＝"400" height＝"30"name＝"main"scrolling＝"auto"frameborder＝"1"src＝"a.html"〉,说明在此 Iframe 框架中调用了 a.html 页面的内容,如图 2-2-111 所示。

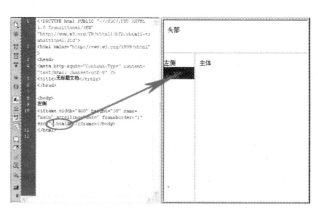

图 2-2-111　通过代码设置 Iframe

2. Iframe 框架链接

首先选中 Iframe 框架,这时我们可以在软件下方的属性窗口中找到链接项,在链接中填写需要链接的网页地址,就可以完成链接的添加,如图 2-2-112 所示。

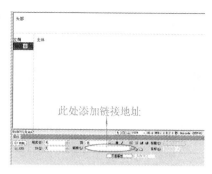

图 2-2-112　创建空白模板方法

七、网页模板与库的应用

为了保持站点中网页风格的统一、整齐、规范和流畅，需要在每个网页中制作一些相同的内容，如导航条和图标等，Dreamweaver CS5 提供了模板和库功能，为设计者减少了大量的重复性工作，提高了工作效率。

（一）模板

Dreamweaver CS5 提供模板是基于既省时又省力的目的，制作网页时如果需要制作大量相同或相似的网页时，只需在页面布局设计好之后将其保存为模板页面，然后利用模板创建相同布局的网页，并且可以在修改模板的同时修改附加该模板的所有页面上的布局。

1．创建模板

（1）创建空白模板。

在打开的文档窗口中单击"插入"面板中"常用"选项卡中的"创建模板"按钮，将当前文档转换为模板文档，如图 2-2-113 所示。

在"资源"控制面板中单击"模板"按钮，此时列表为模板列表，如图 2-2-114 所示，然后单击下方的"新建模板"按钮，创建空白模板，此时新的模板添加到"资源"控制面板的"模板"列表中，为该模板输入名称，如图 2-2-115 所示。

在"资源"控制面板的"模板"列表中单击鼠标右键，在弹出的菜单中选择"新建模板"命令也可以完成创建空白模板，如图 2-2-116 所示。

图 2-2-113　创建空白模板方法一

图 2-2-114　资源中的模板列表

图 2-2-115　创建空白模板方法二　　　图 2-2-116　创建空白模板方法三

（2）将现有文档存为模板。

首先选择"文件"→"打开"命令，在弹出的对话框中选择已经设计好的网页素材，单击"打开"按钮，如图 2-2-117 所示，在"插入"面板的"常用"选项卡中，单击"模板"展开式按钮，选择"创建模板"按钮，如图 2-2-118 所示，在弹出的对话框中进行设置，单击"保存"按钮，如图 2-2-119 所示，弹出提示对话框，单击"是"按钮，将当前文档转换为模板文档，文档名称也随之改变。

图 2-2-117　打开已设计完成的网页　　图 2-2-118　插入模板的方法

图 2-2-119　弹出对话框

2. 编辑模板

（1）创建可编辑区域。

选中模板中的相关区域，在"插入"面板的"常用"选项卡中，单击"模板"展开式按钮，选择"可编辑区域"按钮，如图 2-2-120 所示，弹出对话框，在"名称"文本框中输入名称，如图 2-2-121 所示，单击"确定"按钮创建可编辑区域。

选中模板中需要重复的区域，在"插入"面板的"常用"选项卡中，单击"模板"展开式按钮，选择"重复区域"按钮，如图 2-2-122 所示，弹出"新建重复区域"对话框，如图 2-2-123 所示，单击"确定"按钮即可。

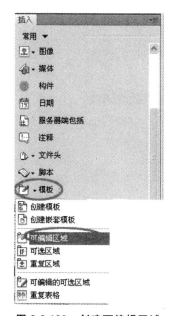

图 2-2-120　创建可编辑区域

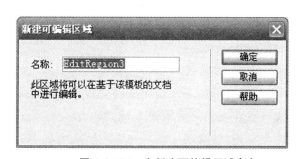

图 2-2-121　为新建可编辑区域命名

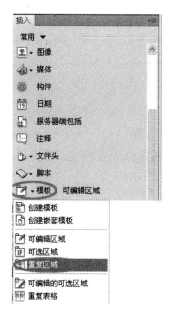

图 2-2-122　新建"重复区域"

图 2-2-123　为新建重复区域命名

（2）定义和取消可编辑区域。

① 对已有模板进行修改。在"资源"控制面板中的"模板"列表中选择要修改的模板名，单击控制面板右下方"编辑"按钮或双击模板名称后，就可以在文档窗口中编辑该模板了。或者右键单击模板名，在弹出菜单中选择"编辑"选项即可，如图 2-2-124 所示。

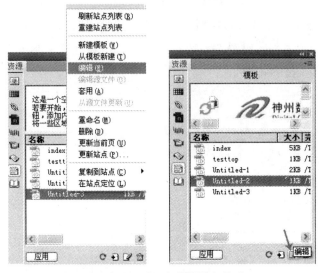

图 2-2-124　对已有模板进行修改

② 定义可编辑区域。

首先是选择区域，在文档中选择要设置为可编辑区域的文本或内容，或在文档窗口中将插入点放在要插入可编辑区域的地方。

其次是启用"新建可编辑区域"对话框，方法是在"插入"面板的"常用"选项卡中，单击"模板"展开式按钮，选择"可编辑区域"按钮。或者选择菜单"插入"→"模板对象"→"可编辑区域"命令。

最后创建可编辑区域，在弹出对话框的"名称"选项中为该区域输入名称，单击"确定"按钮即可创建可编辑区域。

③ 使用可编辑区域的注意事项。

◆ 不要在"名称"选项的文本框中输入特殊字符。

◆ 不能对同一模板中的多个可编辑区域使用相同的名称。

◆ 层与层的内容是单独元素，使层可编辑时可以更改其位置及内容，而使层的内容可编辑时只能更改层的内容而不能更改其位置。

◆ 在普通网页文档中插入一个可编辑区域，Dreamweaver CS5 会警告该文档将自动另存为模板。

◆ 可编辑区域不能嵌套插入。

④ 取消可编辑区域标记。先选择可编辑区域，然后选择"修改"→"模板"→"删除模板标记（如图 2-2-125）"命令，此时该区域就会变成不可编辑区域。或先选择可编辑区域，然后在文档窗口下方的可编辑区域标签上单击鼠标右键，在弹出菜单中选择"删除

标签"命令即可完成可编辑区域删除,如图 2-2-125 所示。

图 2-2-125　删除可编辑区域标记方法

3. 管理模板

(1) 重命名模板文件。

选择"窗口"→"资源"命令,启用"资源"控制面板,单击左侧的"模板"按钮,控制面板右侧显示本站点的模板列表,选中需要重命名的模板,单击模板的名称选中文本,或者右键点击在弹出菜单中选择"重命名"选项,然后输入一个新名称,按"Enter"键即可完成模板重命名,如图 2-2-126 所示。

图 2-2-126　模板重命名方法

（2）修改模板文件。

选择"窗口"→"资源"命令，启用"资源"控制面板，单击左侧的"模板"按钮，控制面板右侧显示本站点的模板列表，双击要修改的模板文件，将其打开，根据需要修改模板内容。

（3）删除模板文件。

选择"窗口"→"资源"命令，启用"资源"控制面板，单击左侧的"模板"按钮，控制面板右侧显示本站点的模板列表，单击模板的名称选中模板，单击控制面板下方的"删除"按钮，或右键单击该模板名称，在弹出菜单中选择"删除"选项，完成从该站点中删除此模板，如图 2-2-127 所示。

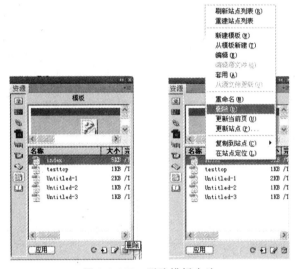

图 2-2-127　删除模板方法

（4）更新站点。

使用模板的最新版本更新整个站点或应用特定模板的所有网页，首先选择"修改"→"模板"→"更新页面"命令，启用"更新页面"对话框，如图 2-2-128 所示。

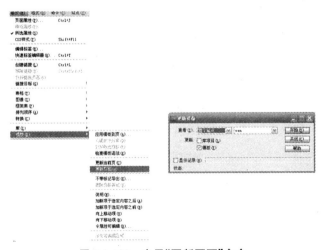

图 2-2-128　启用"更新页面"命令

在更新页面对话框中,各个选项作用如下。

◆"查看"选项:设置是用模板的最新版本更新整个站点,还是更新应用特定模板的所有网页。

◆"更新"选项组:设置更新的类别,此时选择"模板"复选框。

◆"显示记录"选项:设置是否查看 Dreamweaver CS5 更新文件记录。

若用模板的最新版本更新整个站点,则在"查看"选项右侧的第一个下拉列表中选择"整个站点",然后在第二个下拉列表中选择站点名称;若更新应用特定模板的所有网页,则在"查看"选项右侧的第一个下拉列表中选择"文件使用…",然后从第二个下拉列表中选择相应的网页名称,在"更新"选项组中选择"模板"复选框,单击"开始"按钮,即可完成更新任务。

4:模板优化

(1)避免网站模板相似度过高。

很多设计者经常使用由网上下载的模板,或者是结构非常简单的模板对网站进行建设,但任何一个搜索引擎都是反对镜像网站的,也就是反对相似度太高的网站,这样的网站很难得到搜索引擎的重视。因此,在应用模板时,应避免网站模板相似度过高。

(2)栏目规范优化。

栏目过多,会造成头重脚轻的现象,而且结构不均衡;栏目过少,又可能使网站的结构层次过深,保证不了蜘蛛对网站内页的抓取。

(3)CSS优化。

当前许多网站模板都是采用DIV+CSS模式,代码精简所带来的直接好处是能使搜索引擎蜘蛛在最短时间内爬完整个页面,对数据收录有很大好处。

DIV和JS结合的使用取代了Flash和大量枯涩的特效,不但保持了网页的美观,还大大增加了网站的可读性。

(二)库

库是存储重复使用的页面元素的集合,是一种特殊的 Dreamweaver CS5 文件,库文件也称为库项目,库项目可以包含文档〈body〉部分中的任意元素,包括文本、表格、表单、插件和导航条等。库项目只是对网页元素的引用,原始文件必须保存在指定的位置。

1.创建库文件

(1)创建空白库项目。

在确保没有在文档窗口中选择任何内容的情况下,选择"窗口"→"资源"命令,启用"资源"控制面板,单击"库"按钮,进入"库"面板,单击"库"面板底部的"新建库项目"按钮,一个新的无标题的库项目被添加到面板的列表中,如图 2-2-129 所示。然后为该项目输入一个名称,按"Enter"键确定。

71

图 2-2-129　新建空白库项目

（2）基于选定内容创建库项目。

先在文档中选择要创建项目的网页元素，然后创建库项目，选择"窗口"→"资源"命令，启用"资源"控制面板，单击"库"按钮，进入"库"面板，按住鼠标左键将选定的网页元素拖曳到"资源"控制面板中，然后单击"库"面板底部的"新建库项目"按钮，在"库"面板中单击鼠标右键，在弹出的菜单中选择"新建库项"命令，选择"修改"→"库"→"增加对象到库"命令即可，如图 2-2-130 所示。

图 2-2-130　基于选定内容创建项目

2. 编辑库文件

（1）重命名库项目。

选择"窗口"→"资源"命令，启用"资源"控制面板，单击"库"按钮，进入"库"面板，选中需要重命名的库项目，单击库项目的名称选中文本，或者右键单击在弹出菜单中选择"重命名"选项，然后输入一个新名称，按"Enter"键弹出"更新文件"对话框，单击"更新"

按钮,则更新站点中所有该项有关的文档;否则单击"不更新"按钮,如图 2-2-131 所示。

图 2-2-131 库项目重命名

(2) 删除库项目。

选择"窗口"→"资源"命令,启用"资源"控制面板,单击"库"按钮,进入"库"面板,选中需要删除的库项目,单击面板底部的"删除"按钮,然后确认删除该项目,或者选中库文件右键单击在弹出菜单中选择"删除"项即可,或者选中之后直接按"Delete"键,完成该库项目的删除,如图 2-2-132 所示。

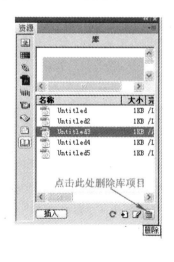 

图 2-2-132 库项目删除

(3) 重新创建已删除的库项目。

如果网页中已经插入的库文件被误删,可以采用重新创建库项目的方法,选择"窗口"→"属性"命令,启用"属性"控制面板,单击"重新创建"按钮,此时在库面板中将显示该库项目。

（4）修改库项目。

选择"窗口"→"资源"命令,启用"资源"控制面板,单击"库"按钮,进入"库"面板,在列表中双击要修改的库项目或单击面板底部的"编辑"按钮来打开库项目,或者选中库文件右键单击在弹出菜单中选择"编辑"项即可根据需求修改库内容,如图 2-2-133 所示。

图 2-2-133　库项目修改

（5）更新库项目。

首先启用"更新页面"对话框,在"查看"选项右侧的第一个下拉列表中选择"整个站点",然后在第二个下拉列表中选择站点名称;若更新插入该库项目的所有网页,则在"查看"选项右侧的第一个下拉列表中选择"文件使用…",然后从第二个下拉列表中选择相应的网页名称,在"更新"选项组中选择"库项目"复选框,单击"开始"按钮,即可完成更新任务。

八、网页中超链接的建立

超链接在本质上属于一个网页的一部分,它是一种允许我们同其他网页或站点之间进行连接的元素。各个网页链接在一起后,才能真正构成一个网站。所谓的超链接,是指从一个网页指向一个目标的连接关系,这个目标可以是另一个网页,也可以是相同网页上的不同位置,还可以是一个图片、一个电子邮件地址、一个文件,甚至是一个应用程序。而在一个网页中用来超链接的对象,可以是一段文本或者是一个图片。当浏览者单击已经链接的文字或图片后,链接目标将显示在浏览器上,并且根据目标的类型来打开或运行。

（一）文本超链接

1. 创建文本链接

创建文本链接的方法有以下三种。

（1）直接输入要链接文件的路径及文件名。

在文档窗口选中作为链接对象的文本，选择"窗口"→"属性"命令，弹出"属性"面板，在"链接"选项的文本框中直接输入要链接文件的路径和文件名，如图 2-2-134 所示。

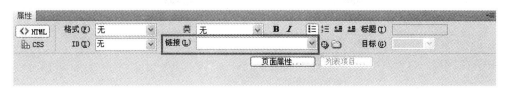

图 2-2-134 创建文本超链接方法一

（2）使用"浏览文件"按钮。

在文档窗口选中作为链接对象的文本，在"属性"面板中单击"链接"选项右侧的"浏览文件"按钮，弹出"选择文件"对话框。选择要链接的文件，在"相对于"选项的下拉列表中选择"文档"选项，如图 2-2-135 所示，单击"确定"按钮。

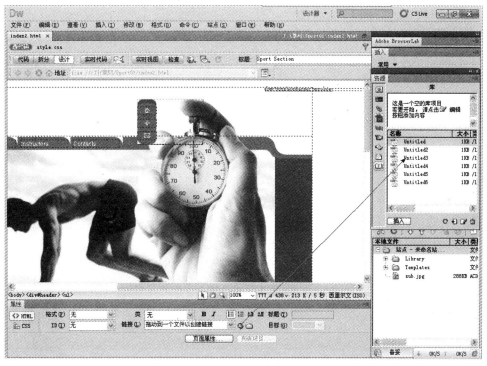

图 2-2-135 创建文本超链接方法二

（3）使用指向文件图标。

在文档窗口选中作为链接对象的文本，在"属性"面板中单击"链接"选项右侧的"指向文件"图标，指向右侧站点窗口中的文件，如图 2-2-136 所示，松开鼠标左键，"链接"选项被更新并显示出所建立的链接。

当完成链接文件后，"属性"面板中的"目标"选项变为可用，各选项作用如下。

◆ "_blank"选项：将链接文件加载到未命名的新浏览器窗口中。

◆ "_parent"选项：将链接文件加载到包含该链接的父框架集或窗口中，如果包含链接的框架不是嵌套的,则链接文件加载到整个浏览器中。

◆ "_self"选项:将链接文件加载到链接所在的同一框架或窗口中,此目标是默认的。

◆ "_top"选项:将链接文件加载到整个浏览器窗口中,并由此删除所有框架。

图 2-2-136 创建文本超链接方法三

2. 文本链接状态

一个被访问过的链接文本与一个未被访问过的链接文本在形式上是有所区别的,以提示访问网页的用户哪些链接已经被访问过,因此,设置文本链接状态是必要的操作步骤。

首先,选择"修改"→"页面属性"命令,弹出"页面属性"对话框,如图 2-2-137 所示。在对话框中设置文本链接状态,选择左侧"分类"列表中的"链接(CSS)"选项,单击"链接颜色"选项右侧的图标 ,打开调色板,选择一种颜色来设置链接文字的颜色。

单击"已访问链接"选项右侧图标 ,打开调色板,选择一种颜色来设置访问过的链接文本的颜色。

单击"活动链接"选项右侧的图标 ,打开调色板,选择一种颜色来设置活动的链接文字的颜色。

在"下划线样式"选项的下拉列表中设置链接文字是否加下划线,如图 2-2-138 所示。

图 2-2-137 "页面属性"对话框

图 2-2-138 属性面板设置

3．下载文件链接

"下载文件链接"的建立，是为了使浏览网站者下载资料，方法如下。

在文档窗口中选择需添加下载文件链接的网页对象，在"链接"选项的文本框中指定链接文件，按"F12"快捷键预览网页。

注意：所链接的文件要区别于网页文件，如.exe 或.zip 等。

4．电子邮件链接

在制作网页时，经常添加电子邮件链接，首先选择"插入"菜单中"电子邮件链接"，如图 2-2-139 所示。在"电子邮件链接"对话框中，输入电子邮件地址，输入完成后单击"确定"按钮，如图 2-2-140 所示。

图 2-2-139 插入"电子邮件链接"　　　　图 2-2-140 电子邮件链接对话框

或者利用"属性"面板建立电子邮件链接，首先在文档窗口中选择相应的文本，如"联系方式"，在"链接"选项的文本框中输入"mailto：地址"，如"mailto：123456@163.com"，如图 2-2-141 所示。

图 2-2-141 属性面板设置链接

（二）图像超链接

1．图像超链接

所谓图像超链接，就是把图像作为链接对象，当用户单击该图像时打开链接网页或文档。

在文档窗口选中图像,在下方的"属性"面板中,单击"链接"选项右侧的"浏览文件"按钮🗁,为图像添加文档相对路径的链接,如图 2-2-142 所示。

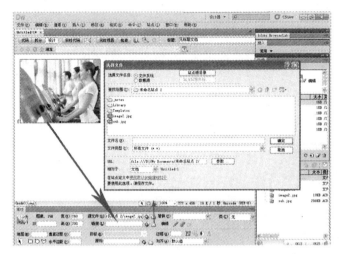

图 2-2-142　设置图像超链接

在"替换"选项中可输入替换文字,目的是当该图片不能正常显示时,此处位置将显示相应的文字。

2. 鼠标经过图像链接

鼠标经过图像是一种常用的互动技术,当鼠标指针经过图像时,图像会随之发生变化。通常情况下,"鼠标经过图像"效果由两张大小相等的图像组成,一张为原始图像,另一张为鼠标经过该处时显示的图像。一般"鼠标经过图像"应用于网页中的按钮上。

首先将鼠标放在文档中需要添加图像的位置,选择"插入"→"图像对象"→"鼠标经过图像"命令,如图 2-2-143 所示。或者在"插入"面板中"常用"选项卡上,单击"图像"展开式工具按钮🖼▾,选择"鼠标经过图像"选项,如图 2-2-144 所示,弹出"插入鼠标经过图像"对话框,如图 2-2-145 所示。

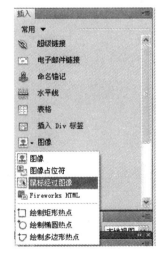

图 2-2-143　插入"鼠标经过图像"方法一　　　　图 2-2-144　插入"鼠标经过图像"方法二

图 2-2-145　"插入鼠标经过图像"对话框

"插入鼠标经过图像"对话框中各选项的作用如下。

◆ "图像名称"选项：设置鼠标指针经过图像对象时的名称。

◆ "原始图像"选项：设置载入网页时显示的图像文件的路径。

◆ "鼠标经过图像"选项：设置在鼠标指针滑过原始图像时显示的图像文件的路径。

◆ "预载鼠标经过图像"选项：如果希望图像预先载入浏览器的缓存中，以便用户将鼠标指针滑过图像时不发生延迟，则选择此复选框。

◆ "替换文本"选项：设置替换文本的内容。设置之后，在浏览器中当图片不能下载时，会在图片位置上显示相应的替换文字。

◆ "按下时，前往的 URL"选项：设置跳转网页文件的路径，当浏览者单击图像时打开的网页。

（三）命名锚记超链接

如果一个网页中的内容很多，网页又很长，这时如果我们要快速找到目标，就需要通过锚点来实现。使用命名锚记可以在文档中设置标记，这些标记通常放在文档的特定主题处或顶部。然后可以创建到这些命名锚记的链接，这些链接可快速将访问者带到指定位置。

首先，打开要加入锚点的网页，将光标放置到某个主体内容处，选择"插入"→"命名锚记"命令，如图 2-2-146 所示，或者通过单击"插入"面板"常用"选项卡中的"命名锚记"按钮，在"锚记名称"选项中输入锚记名称，如"xyz"，如图 2-2-147 所示，然后单击"确定"按钮建立锚点标记。

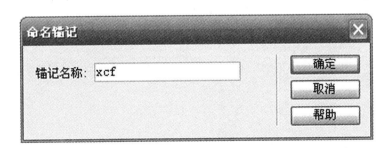

图 2-2-146　"命名锚记"插入　　　　　　**图 2-2-147　"命名锚记"对话框**

命名锚记建立之后,在"属性"面板中的"链接"选项中直接输入"♯锚点名",如"♯xyz",如图 2-2-148 所示,或者在"属性"面板中,用鼠标拖曳"链接"选项右侧的"指向文件"图标 ,指向需要链接的锚点,如图 2-2-149 所示。

图 2-2-148　面板中直接输入锚点名

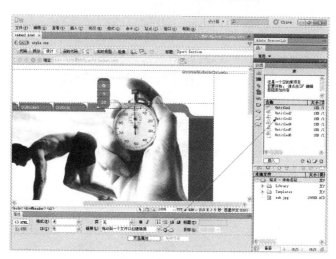

图 2-2-149　拖曳"指向文件"建立锚点

(四) 热点超链接

热点链接就是一张图片设定多个区域链接,在互联网上浏览网页,经常遇到在一张图片上有不同部分链接到不同的网页,这就是通过热点链接设置而成的。

首先在一个网页中选取一张图片,在"属性"面板"地图"选项的下方选择热区创建工具,如图 2-2-150 所示。

图 2-2-150　"属性"面板"地图"选项

各个工具说明如下。

◆ "指针热点工具" :用于选择不同的热区。

◆ "矩形热点工具" :用于创建矩形热区。

◆ "圆形热点工具" :用于创建圆形热区。

◆ "多边形热点工具" :用于创建多边形热区。

用鼠标单击需要的热点工具,将鼠标移动到图片上,当鼠标指针变为"＋"时,在图片上拖曳出相应形状的蓝色热区。如果图片上有多个热区,可通过"指针热点工具"，选择不同的热区,并通过热区的控制点调整热区的大小,如图 2-2-163 所示。

图 2-2-151 创建多个热区

此时,在每个热区对应的"属性"面板中,在"链接"选项的文本框中输入要链接的网页地址,在"替换"选项中输入当鼠标指针指向热区时所显示的替换文字。反复操作完成每个热区的设置。

本章小结

本章通过学习 SharePoint Designer 2010 及 Dreamweaver CS5 两种软件,从而了解了两种网页编辑工具的主要特点及功能,同时掌握了两种工具的使用方法和技巧,通过实例练习能够达到独立制作简单网页的目的。

思考与练习

1. SharePoint Designer 2010 的主要功能有哪些?

2. Dreamweaver CS5 的主要特点及新增功能有哪些?

3. 使用 Dreamweaver CS5 制作简单的个人主页。

第三章　网页图形、动画设计及应用

学习目标

1. 通过对 Photoshop CS5 的学习,使学生掌握对图形图像的基本处理方法。
2. 通过对 Fireworks CS5 的学习,促使学生有能力创建和编辑矢量图形与位图图像。
3. 通过对 Flash CS5 的学习,能够让学生对动画制作有一个由浅入深的认识。

第一节　Photoshop CS5

一、Photoshop CS5 简介

Photoshop CS5 有标准版和扩展版两个版本。Photoshop CS5 标准版适合摄影师以及印刷设计人员使用,Photoshop CS5 扩展版除了包含标准版的功能外还添加了用于创建和编辑 3D 和基于动画的内容的突破性工具。同时,Photoshop CS5 完美兼容 Vista 和 Win7 系统。

(一) Photoshop 的基本功能

1. 平面设计

平面设计是 Photoshop 应用最为广泛的领域,无论是我们正在阅读的图书封面,还是大街上看到的招贴和海报,这些具有丰富图像的平面印刷品,基本上都需要 Photoshop 软件对其进行处理。

2. 修复照片

Photoshop 具有强大的图像修饰功能。利用这些功能,使用者可以快速修复一张破损的老照片,也可以修复人脸上的斑点等缺陷。

3. 广告摄影

广告摄影作为一种对视觉要求非常严格的工作,其最终成品往往要经过 Photoshop 的修改才能得到满意的效果。

4. 影像创意

影像创意是 Photoshop 的特长,通过 Photoshop 的处理,使用者可以将原本风马牛不相及的对象组合在一起,也可以使用"狸猫换太子"的手段使图像发生耳目一新的巨大变化。

5. 艺术文字

当文字遇到 Photoshop 处理，就已经注定不再普通。利用 Photoshop 可以使文字发生各种各样的变化。这些艺术化处理后的文字可以为图像增加效果。

6. 网页制作

网络的普及是促使更多人需要掌握 Photoshop 的一个重要原因。在制作网页时 Photoshop 是必不可少的网页图像处理软件。

7. 建筑效果图后期修饰

在制作建筑效果图包括许多三维场景时，人物与配景包括场景的颜色常常需要在 Photoshop 中增加并调整。

8. 绘画

由于 Photoshop 具有良好的绘画与调色功能，许多插画设计制作者往往使用铅笔绘制草稿，然后用 Photoshop 填色的方法来绘制插画。除此之外，近些年来非常流行的像素画也多为设计师使用 Photoshop 创作的作品。

9. 绘制或处理三维贴图

在三维软件中，如果能够制作出精良的模型，而无法为模型应用逼真的贴图，也无法得到较好的渲染效果。实际上在制作材质时，除了要依靠软件本身具有的材质功能外，利用 Photoshop 制作在三维软件中无法得到的合适的材质也非常重要。

10. 婚纱照片设计

当前越来越多的婚纱影楼开始使用数码相机，这也使得婚纱照片设计的处理成为一个新兴的领域。

11. 视觉创意

视觉创意与设计是设计艺术的一个分支，此类设计通常没有非常明显的商业目的，但由于它为广大设计爱好者提供了广阔的设计空间，越来越多的设计爱好者开始学习 Photoshop，并进行具有个人特色与风格的视觉创意。

12. 图标制作

虽然使用 Photoshop 制作图标在感觉上有些大材小用，但使用此软件制作的图标的确非常精美。

13. 界面设计

界面设计是一个新兴的领域，已经受到越来越多的软件企业及开发者的重视，虽然暂时还未成为一种全新的职业，但相信不久一定会出现专业的界面设计师这一职业。当前还没有用于做界面设计的专业软件，因此绝大多数设计者使用的都是 Photoshop。

（二）Photoshop CS5 新增功能特性

表 3-1-1 所示为 Photoshop CS5 新增功能特性。

表 3-1-1　Photoshop CS5 新增功能特性

新增功能	特　　　性
1. 操作更加简单	轻击鼠标就可以选择一个图像中的特定区域;轻松选择毛发等细微的图像元素;消除选区边缘周围的背景色;使用新的细化工具自动改变选区边缘并改进蒙版
2. 内容感知型填充	删除任何图像细节或对象,并静静观赏内容感知型填充神奇地完成剩下的填充工作
3. HDR 成像	借助自动消除叠影以及对色调映射和调整更好的控制,可以获得更好的效果,甚至可以令单次曝光的照片获得 HDR 的外观
4. 原始图像处理	使用 Adobe Photoshop Camera Raw 6 增效工具无损消除图像噪声,同时保留颜色和细节;增加粒状,使数字照片看上去更自然;执行裁剪后暗角时控制度更高等
5. 绘图效果	借助混色器画笔(提供画布混色)和毛刷笔尖(可以创建逼真、带纹理的笔触),将照片轻松转变为绘图或创建独特的艺术效果
6. 操控变形	对任何图像元素进行精确的重新定位,创建出视觉上更具吸引力的照片。例如,轻松伸直一个弯曲角度不舒服的手臂
7. 自动镜头校正	镜头扭曲、色差和晕影自动校正可以帮助用户节省时间。Photoshop CS5 使用图像文件的 EXIF 数据,根据使用的相机和镜头类型做出精确调整
8. 高效的工作流程	由于 Photoshop 用户请求的大量功能增强,用户可以提高工作效率和创意。自动伸直图像,从屏幕上的拾色器拾取颜色,同时调节许多图层的不透明度等
9. GPU 加速功能	充分利用针对日常工具、支持 GPU 性能。使用三分法则网格进行裁剪;使用单击擦洗功能缩放;对可视化更出色的颜色以及屏幕拾色器进行采样
10. 用户界面管理	使用可折叠的工作区切换器,在喜欢的用户界面配置之间实现快速导航和选择
11. 出众的黑白转换	尝试各种黑白外观。使用集成的 Lab B&W Action 交互转换彩色图像;更轻松、更快捷地创建绚丽的 HDR 黑白图像;尝试各种新预设
12. 3D 控制功能	使用大幅简化的用户界面直观地创建 3D 图稿。使用内容相关及画布上的控件来控制框架以产生 3D 凸出效果、更改场景和对象方向以及编辑光线等

二、Photoshop CS5 工作界面介绍

(一) 用户界面

安装好 Photoshop CS5 后,单击桌面"开始"菜单中选择"所有程序"中的"Adobe Photoshop CS5"命令,即可启动软件,软件界面如图 3-1-1 所示,软件界面由应用程序栏、工作场所切换器、菜单栏、CS live 在线服务、控制面板、工具面板、文档窗口及面板组等部分组成。

图 3-1-1　软件工作界面介绍

1．应用程序栏

（1）"启动 Bridge"按钮 `Br` 。

单击"启动 Bridge"按钮 `Br` ，将启动如图 3-1-2 所示的 Adobe Bridge CS5。该软件用于浏览和管理各种图像。

图 3-1-2　Adobe Bridge CS5 软件界面

（2）"启动 Mini Bridge"按钮 `Mb` 。

单击"启动 Mini Bridge"按钮 `Mb` ，将打开如图 3-1-3 所示的"Mini Bridge"面板，该面板方便用户在使用 Photoshop CS5 中访问、排序和过滤各种图像资源。

图 3-1-3　启动 Mini Bridge 面板

（3）"查看额外内容"按钮 <img> 。

单击"查看额外内容"按钮 <img> ，将出现如图 3-1-4 所示的菜单，可以选择其中的选项快速在当前文档窗口中显示（或隐藏）标尺、参考线和网格。

（4）"缩放级别"按钮 16.7 。

利用"缩放级别"按钮 16.7 ，可以设置文档窗口中图像的显示比例。单击其右侧的下拉箭头，将出现如图 3-1-5 所示的菜单，可以从中选择预设的显示比例。

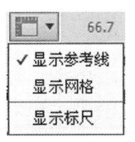
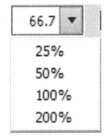

图 3-1-4　"查看额外内容"菜单　　图 3-1-5　"缩放级别"菜单

（5）"排列文档"按钮 <img> 。

单击"排列文档"按钮 <img> ，将出现如图 3-1-6 所示的文档排列方式选项。如果同时打开了多个图像，可以选择其中的选项来按照不同的方式进行显示。例如：选择如图 3-1-7 所示的"四联"选项，将按照对称的比例同时显示四个图像文档窗口。

图 3-1-6　排列方式选项　　　　　　　　　　图 3-1-7 "四联"显示方式

（6）"屏幕模式"按钮　。

单击"屏幕模式"按钮　，将出现如图 3-1-8 所示的菜单，可以使当前屏幕在"标准屏幕模式""带有菜单栏的全屏模式"和"全屏模式"之间切换。

2．工作场所切换器

工作场所切换器用于从如图 3-1-9 所示的工作场所切换菜单中选择最合适的工作方式，不同工作方式的面板布局有所不同。例如：要进行 3D 图像编辑，可以选择"3D"选项，自动激活如图 3-1-10 所示的面板组。

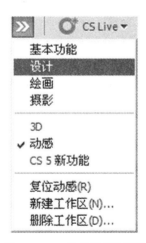

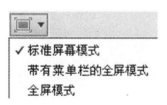

图 3-1-8　"屏幕显示"菜单　　　　　　　　图 3-1-9　工作场所切换菜单

3．CS Live 在线服务选项

CS Live 为用户提供了五种在线服务，包括 Adobe BrowserLab、CS Review、SiteCatalyst NetAverages、Adobe Story 和 Acrobat.com。单击"CS Live"图标将出现如图 3-1-11 所示的选项。CS Live 的主要选项意义如下。

◆ Adobe BrowserLab：Adobe BrowserLab 使用多个查看、诊断和比较工具来预览

动态网页和本地内容，为跨浏览器测试提供了一个更轻松、更快速的解决方案。

◆ CS Review：CS Review 用于在 Creative Suite 桌面应用程序中在线创建和共享审阅，获得设计项目的反馈。

◆ SiteCatalyst NetAverages：SiteCatalyst NetAverages 充分利用 Internet 上对用户系统和浏览器等的分析，帮助用户优化 Web 和手机屏幕的设计。

◆ Adobe Story：Adobe Story 用于将脚本数据流简化到视频制作中，从而加快媒体创建。

◆ Acrobat.com：Acrobat.com 借助于针对 Web 会议、文件共享和协作文档创作的在线服务来简化用户与其他创作小组的合作。

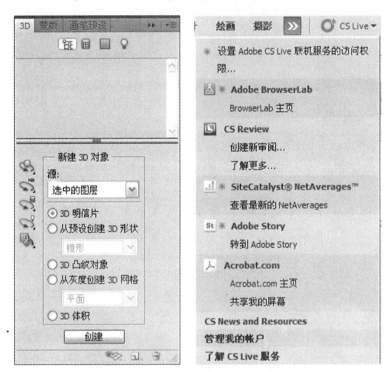

图 3-1-10　"3D"属性面板　　　　图 3-1-11　CS Live 在线服务选项

4．菜单栏

菜单栏用于组织 Photoshop CS5 的菜单命令。

5．控制面板

控制面板也称为工具选项栏，用于显示当前所选工具的相关选项。通过对其中选项参数的设置，可以更改工具应用效果。对于不同的工具，控制面板中的选项完全不同。图 3-1-12 和图 3-1-13 所示分别为"画笔工具"和"裁剪工具"的控制面板。

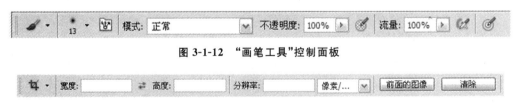

图 3-1-12　"画笔工具"控制面板

图 3-1-13　"剪裁工具"控制面板

6．工具面板

工具面板是用于提供创建和编辑图像、图稿、页面元素等的工具,相关工具将编为一组。

7．文档窗口

文档窗口用于显示正在编辑处理的图像文件。默认情况下,文档窗口采用选项卡式窗口,也可以进行分组和停放。

8．面板组

面板组由多个面板组成,不同面板的功能有所不同。可以根据需要对面板进行编组、堆叠或停放。

(二) 菜单栏

Photoshop CS5 的菜单栏中集成了大多数图像处理的操作命令,主菜单中提供了"文件""编辑""图像""图层""选择""滤镜""分析""3D""视图""窗口"和"帮助"11 个菜单项,如图 3-1-14 所示。

文件(F) 编辑(E) 图像(I) 图层(L) 选择(S) 滤镜(T) 分析(A) 3D(D) 视图(V) 窗口(W) 帮助(H)

图 3-1-14　Photoshop CS5 菜单项

要执行特定的菜单命令,只需用鼠标单击菜单命令所在的菜单项,从打开的下拉菜单中选择要执行的菜单命令即可。例如:要对一幅图像应用"木刻"滤镜,只需在打开图像后,从菜单栏中选择"滤镜"→"艺术效果"→"木刻"命令,如图 3-1-15 所示。执行命令后,将打开如图 3-1-16 所示的"木刻"对话框,根据需要设置其中的参数即可。

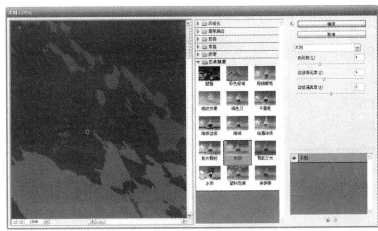

图 3-1-15　选择"木刻"命令　　　　　图 3-1-16 "木刻"对话框

菜单中各个菜单项的主要功能如下。

◆ "文件"菜单:用于创建、打开、关闭、保存、导入、导出和打印图像文件。

◆ "编辑"菜单:用于对图像进行撤销、剪切、拷贝、粘贴、描边、填充、清除和定义画笔等编辑操作,并可对系统进行设置。

◆ "图像"菜单:用于调整图像的色彩模式、图像的色彩与色调、更改图像大小、更改画布尺寸和旋转画布等。

◆"图层"菜单:用于对图层进行控制和编辑,如新建图层、复制图层、删除图层、栅格化图层、添加图层样式、添加图层蒙版、链接和合并图层等。

◆"选择"菜单:用于创建和编辑图像的选择区域,如对选区进行羽化、存储和变换等。

◆"滤镜"菜单:用于添加各种产生图像特效的滤镜。

◆"分析"菜单:用于提供多种度量工具。

◆"3D"菜单:用于进行 3D 图像的编辑处理。

◆"视图"菜单:用于控制图像显示的比例及显示或隐藏标尺和网格等。

◆"窗口"菜单:用于对 Photoshop CS5 的工作界面进行调整,如隐藏和显示各种面板等。

◆"帮助"菜单:用于提供使用 Photoshop CS5 的各种帮助信息。

(三)工具面板

工具面板中集中了 Photoshop CS5 的各种常用工具,这些工具以图标的形式出现。工具面板中的工具分为如图 3-1-17 所示的几种类型,各个工具的使用方法会因工具种类的不同而不同。下面先简要介绍这些工具的图标和功能,具体用法将在后面的章节中详细介绍。

1.移动工具

"移动工具" 用于移动选区、图层和参考线等内容。

2.选择工具

Photoshop CS5 共提供 9 个选择工具,它们被安排在 3 个工具组中。

(1)选框工具组。

选框工具组中包含了 4 个用于创建规则选区的工具。该工具的右下角有一个小三角形图标,单击该图标,将出现如图 3-1-18 所示的选项,其中包含"矩形选框工具"、"椭圆选框工具"、"单行选框工具"和"单列选框工具" 4 个子工具,可以根据需要进行选择。

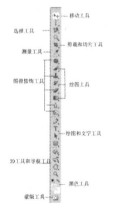

图 3-1-17　工具的各种类型

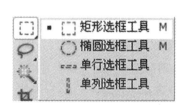

图 3-1-18　选框工具组

（2）套索工具组。

套索工具组中包含了 3 个用于创建任意不规则选区的工具。该工具的右下角也有一个小三角形图标，单击该图标，将出现如图 3-1-19 所示的选项，其中包含"套索工具""多边形套索工具"和"磁性套索工具"3 个子工具。

（3）快速选择工具组。

快速选择工具组中包含了 2 个用于快速创建不规则选区的工具。该工具的右下角也有一个小三角形图标，单击该图标，其中包含"快速选择工具"和"魔棒工具"两个子工具，"快速选择工具"用可调整的圆形画笔笔尖来快速创建选区，"魔棒工具"用于选择着色相近的区域，如图 3-1-20 所示。

图 3-1-19　套索工具组

图 3-1-20　快速选择工具组

3. 裁剪和切片工具

裁剪和切片工具组中提供了 3 个工具，单击工具组右下角的小三角形图标，将出现如图 3-1-21 所示的子工具选项。其中，"裁剪工具"用于裁剪图像，"切片工具"用于创建切片，"切片选择工具"则用于选择切片。

4. 测量工具

测量工具用于提取图像的色样和尺寸等参数，单击工具组右下角的小三角形图标，将出现如图 3-1-22 所示的子工具选项。其中包括"吸管工具""颜色取样器工具""标尺工具""注释工具"和"计数工具"。

图 3-1-21　裁剪和切片工具

图 3-1-22　测量工具

5. 图像修饰工具

Photoshop CS5 的图像修饰工具共有 15 个，它们被组织在如图 3-1-23 所示的 5 个工具组中。

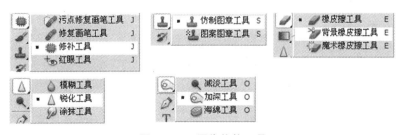

图 3-1-23　图像修饰工具

◆ "污点修复画笔工具"：用于快速移去照片中的污点和其他不理想部分。

◆ "修复画笔工具"：用于根据样本或图案绘画以修复图像中不理想的部分。

◆ "修补工具"：用于根据样本或图案来修复所选图像区域中不理想的部分。

◆ "红眼工具"：用于移去由闪光灯导致的红色反光。

◆ "仿制图章工具"：用于根据图像的样本来绘画。

◆ "图案图章工具"：使用图像的一部分作为图案来绘画。

◆ "橡皮擦工具"：用于抹除像素并将图像的局部恢复到以前存储的状态。

◆ "背景橡皮擦工具"：通过拖动将区域擦抹为透明区域。

◆ "魔术橡皮擦工具"：只需单击一次即可将纯色区域擦抹为透明区域。

◆ "模糊工具"：用于对图像中的硬边缘进行模糊处理。

◆ "锐化工具"：用于锐化图像中的柔边缘。

◆ "涂抹工具"：用于涂抹图像中的数据。

◆ "减淡工具"：用于使图像中的区域变亮。

◆ "加深工具"：用于使图像中的区域变暗。

◆ "海绵工具"：用于更改区域的颜色饱和度。

6. 绘画工具

Photoshop CS5 还提供了一系列用于手工绘画的工具，它们被组织在如图 3-1-24 所示的 3 个工具组中。

 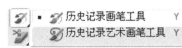 

图 3-1-24　绘画工具

◆ "画笔工具"：用于绘制画笔描边。

◆ "铅笔工具"：用于绘制硬边描边。

◆ "颜色替换工具"：用于将选定颜色替换为新颜色。

◆ "混合器画笔工具"：用于模拟真实的绘画技术，如混合画布上的颜色、组合画笔上的颜色以及在描边过程中使用不同的绘画湿度。

◆ "历史记录画笔工具"：用于将选定状态或快照的副本绘制到当前图像窗口中。

◆ "历史记录艺术画笔工具"：使用选定状态或快照，采用模拟不同绘画风格的风格化描边进行绘画。

◆ "渐变工具"：用于创建直线形、放射形、斜角形、反射形和菱形的颜色混合效果。

◆ "油漆桶工具"：使用前景色填充着色相近的区域。

7. 绘图和文字工具

Photoshop CS5 支持矢量图形绘制，因此它提供了一组矢量图形绘制和编辑工具，还提供了一组文字工具，如图 3-1-25 所示。

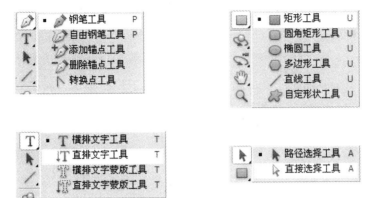

图 3-1-25　绘图和文字工具

◆ "钢笔工具组"：用于绘制边缘平滑的路径，包括"钢笔工具""自由钢笔工具""添加锚点工具""删除锚点工具"和"转换点工具"。

◆ "文字工具组"：用于在图像上创建文字或文字形状的选区，包括"横排文字工具""直排文字工具""横排文字蒙版工具"和"直排文字蒙版工具"。

◆ "形状工具组"：用于在正常图层或形状图层中绘制形状和直线，包括"矩形工具""圆角矩形工具""椭圆工具""多边形工具""直线工具"和"自定形状工具"。

◆ "路径选择工具组"：用于创建显示锚点、方向线和方向点的形状或线段选区，包括"路径选择工具"和"直接选择工具"。

8. 3D 工具和导航工具

3D 工具和导航工具主要用于三维对象的处理，如图 3-1-26 所示。

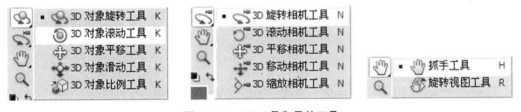

图 3-1-26　3D 工具和导航工具

◆ "3D 对象旋转工具"：用于围绕对象的 X 轴旋转模型。

◆ "3D 对象滚动工具"：用于围绕对象的 Z 轴旋转模型。

◆ "3D 对象平移工具"：用于沿 X 或 Y 方向平移相机。

◆ "3D 对象滑动工具"：用于通过左右拖动来水平移动模型，或上下拖动来拉近或拉远模型。

◆ "3D 对象比例工具"：用于增大或缩小模型。

◆ "3D 旋转相机工具"：用于使相机沿 X 或 Y 方向环绕移动。

◆ "3D 滚动相机工具"：用于围绕对象的 Z 轴旋转相机。

◆ "3D 平移相机工具"：用于沿 X 或 Y 方向平移相机。

◆ "3D 移动相机工具"：用于移动相机。

◆ "3D缩放相机工具":用于拉近或拉远视角。

◆ "抓手工具":用于在图像窗口内移动图像,该工具的功能和应用程序栏中对应工具的功能完全相同。

◆ "旋转视图工具":用于在不破坏图像的情况下旋转画布。该工具的功能和应用程序栏中对应工具的功能完全相同。

◆ "缩放工具":用于缩放文档窗口中图像的显示比例。

要使用工具面板中的工具,可先用鼠标在工具面板中单击进行选择。选中某个工具后,该工具在工具面板中将处于"按下"的状态。当鼠标指针移动到图像窗口中时,指针开关便会发生相应的变化。例如:在工具面板中选择"缩放工具"后,在文档窗口中单击鼠标,图像可以放大显示,如图 3-1-27 所示。

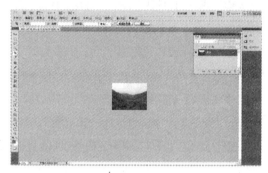

图 3-1-27　"缩放工具"使用实例

(四) 控制面板

默认情况下,控制面板位于菜单栏下方。控制面板用于提供当前所选工具的详细信息、可使用的功能和一些工具设置的选项。选择不同的工具,其控制面板中出现的选项完全不同。

例如,选取"仿制图章工具"后,将出现如图 3-1-28 所示的"仿制图章工具"控制面板。使用该选项栏,可以设置工具的模式、大小、不透明度和流量等参数。

图 3-1-28　"仿制图章工具"控制面板

(五) 文档窗口

在 Photoshop CS5 中可以同时打开多个图像窗口(也称为文档窗口)。可以根据需要移动当前窗口的显示区域、调整窗口的大小、改变窗口的排列方式或在各窗口间切换。每个图像窗口的下方还设置了一个状态栏,可以使用状态栏来显示图像的当前放大率和文件大小等信息。

1. 管理文档窗口

打开多个图像文件后,文档窗口将以选项卡方式显示。此时,可以进行下面的操作。

(1)要激活某个图像,只需单击相应的图像标签即可,如图 3-1-29 所示。

（2）要更改某个文档在选项卡中的排列方式，只需将该选项卡拖动到新的位置。

（3）要在单独的窗口中编辑图像，只需从选项卡组中拖出相应的图像即可，如图 3-1-30 所示。

图 3-1-29 激活图像

图 3-1-30 分离图像文档

2．调整窗口排列

打开了多个图像文件后，可以使用程序栏中的"排列文档"按钮来重新排列图像。

3．改变图像显示比例

在编辑图像时，有时需要放大图像的显示比例来观察和处理图像的细节部分；有时又需要缩小图像的显示比例以便观察整幅图像。Photoshop CS5 提供多种缩放图像在窗口中的显示比例的方法。

（1）使用"缩放工具"。

应用程序栏和工具面板中都提供了一个"缩放工具"，可以利用该工具来缩小或放大图像窗口中图像的显示比例。"缩放工具"的用法有以下几种。

◆ 将图像放大一倍显示：选择"缩放工具"后，只需在图像窗口中单击，就能将图像放大一倍显示。

◆ 将图像缩小一半显示：选择"缩放工具"后，在按住"Alt"键的同时在图像窗口中单击，便可将图像缩小一半显示。

◆ 还原图像显示比例：选择"缩放工具"后，在图像窗口中双击，便可将图像显示比例还原为 100%。

◆ 放大特定区域：选择"缩放工具"后，在图像窗口中拖曳出一个区域，可将选定区域放大至整个窗口。

（2）用"视图"菜单中的缩放选项。

"视图"菜单提供了 5 个选项可以改变图像的显示比例，如图 3-1-31 所示。各个选项的含义如下。

◆ "放大"选项：用于放大图像。

◆ "缩小"选项：用于缩小图像。

◆ "按屏幕大小缩放"选项：使图像适合屏幕大小。

◆ "实际像素"选项：用于按实际像素大小显示图像。

◆ "打印尺寸"选项：用于将图像调整为打印尺寸。

（3）用"导航器"面板。

利用"导航器"面板，可以在可视的状态下调整图像的显示比例。要改变显示比例，应先选择"窗口"→"导航器"命令激活"导航器"面板，然后将光标定位在"导航器"面板的滑块上左右拖动即可，如图 3-1-32 所示。

图 3-1-31　改变显示比例选项　　　　图 3-1-32　使用"导航器"面板改变显示比例

（4）使用快捷键。

可以使用快捷键来快速改变图像的显示比例，主要快捷键有以下几种。

◆ 放大视图："Ctrl"＋"＋"。

◆ 缩小视图："Ctrl"＋"－"。

◆ 满画布显示："Ctrl"＋"0"。

◆ 实际像素显示："Ctrl"＋"Alt"＋"0"。

4．在图像窗口中移动显示区域

当图像超出当前窗口的显示区域时，系统会自动出现垂直和水平滚动条，可以利用滚动条在窗口中移动显示区域。

可以利用"抓手工具"移动显示区域。选择该工具后，光标变成"抓手"形状，在显示窗口中直接拖动即可改变显示的区域。

利用"导航器"面板也可以实现移动显示区域。

（六）面板组

Photoshop CS5 的面板中提供了丰富的功能设置选项，这些选项主要用于帮助用户监视和修改图像。

Photoshop CS5 提供了很多面板，可以在如图 3-1-33 所示的"窗口"菜单中选择要激活的面板。

面板的使用方法比较直观,只需激活要使用的面板后利用其中的选项进行操作即可。

例如:要设置一幅图像的亮度,可先激活"调整"面板,然后,单击其中的"亮度"图标,出现亮度选项后直接拖动鼠标设置参数即可,如图 3-1-34 所示。

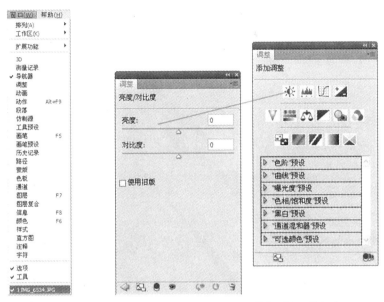

图 3-1-33 "窗口"菜单内容 　　图 3-1-34 使用"调整"面板调整亮度

三、选区的创建与编辑

(一) 选区的创建方法

1. 用选择工具创建选区

Photoshop 提供了一组选择工具组,如图 3-1-35 所示,这些工具可用于建立栅格数据选区和适量数据选区。例如:图 3-1-36 所示的选区就是由"矩形选框工具"来创建的。任何一种外观选区都是用沿顺时针转动的黑白虚线表示的,所选取的区域便是当前图像的编辑范围。

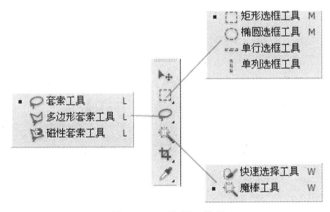

图 3-1-35 选择工具组

图 3-1-36 创建一个矩形选区

97

2．用"选择"菜单中的命令创建和修改选区

"选择"菜单中提供了大量的选择命令，如图 3-1-37 所示。可以利用其中的命令来选择全部像素和取消选择等，也可以对选区进行编辑和修改，同时可以使用"色彩范围"命令在整个图像或选区内进行颜色调整。

3．用路径创建选区

要使用矢量数据，可以使用钢笔工具或者形状工具，利用这些工具将生成精确轮廓的路径，之后再将路径转换为选区即可，如图 3-1-38、图 3-1-39 和图 3-1-40 所示。

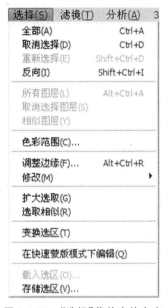

图 3-1-37 "选择"菜单中的内容

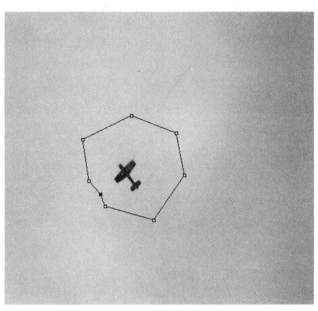

图 3-1-38 用"钢笔工具"确定范围

图 3-1-39 鼠标右键点击建立选区

图 3-1-40 "建立选区"对话框

4．用蒙版创建选区

可以将全区存储或存储在通道中，Alpha 通道将选区存储为称为蒙版的灰度图像。蒙版类似于反选选区，它将覆盖图像的未选定区域，并阻止对此部分进行任何编辑或操

作。通过将 Alpha 通道载入图像中，可以将存储的蒙版转换回选区。

（二）规则选区的创建

1．创建矩形选区

从工具面板中选择"矩形选框工具"后，只需用鼠标在图像窗口中拖动，再松开鼠标即可创建一个矩形选区，如图 3-1-41 所示。提示：在使用"矩形选框工具"时，按住"Shift"键可以画出正方形选区。

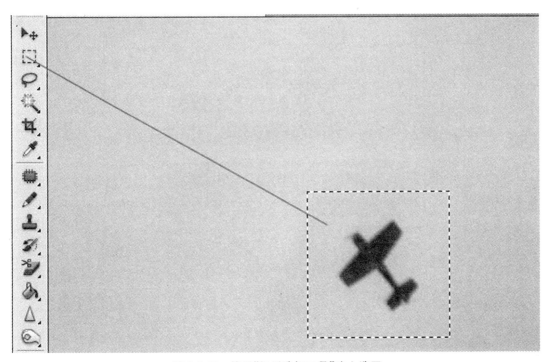

图 3-1-41　使用"矩形选框工具"建立选区

此时在菜单栏的下方出现如图 3-1-42 所示的工具控制面板。

（1）设置选择方式。

◆ 新选区 :取消原来的选区，重新选择新的区域。

◆ 添加到选区 :在原来的选区的基础上增加新的选区，如图 3-1-43 所示。

◆ 从选区中减去 :从原来的选区中减去新的选区，如图 3-1-44 所示。

◆ 与选区交叉 :将新的选区与原来的选区相交的部分作为最终的选区，如图 3-1-45 所示。

（2）"羽化"选项。

羽化是指通过建立选区和选区周围像素之间的转换来模糊边缘，羽化后将丢失选区边缘的一些细节。同时，羽化可以消除选区的正常硬边界，使其变化有个过渡段。羽化选项的取值范围在 0～55 像素之间。

（3）"样式"选项。

"样式"选项用于指定所创建的选框的形状样式，在工具控制面板中单击下拉列表右侧的下拉按钮,将出现如图 3-1-46 所示的列表。

◆ 正常:这是默认的选择方式,也是最为常用的方式,在此情况下,可以使用鼠标拉出任意矩形。

◆ 固定比例:可以任意设定矩形的宽度和高度的比,系统默认比值为 1∶1。

◆ 固定大小:可以通过输入宽度和高度的数值来精确地确定矩形的大小,系统默认大小为 64×64 像素。

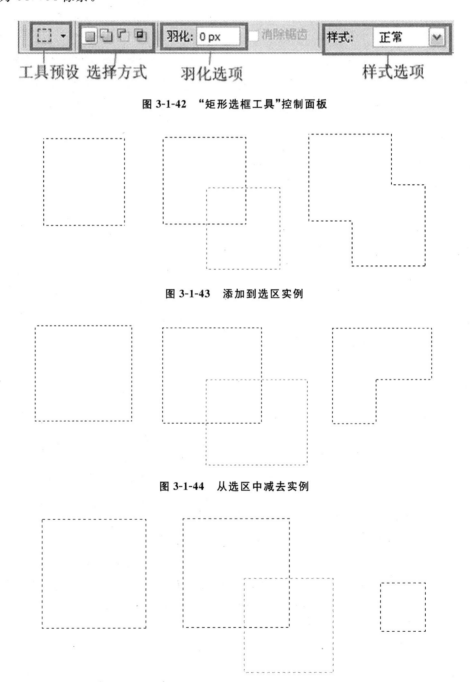

图 3-1-42 "矩形选框工具"控制面板

图 3-1-43 添加到选区实例

图 3-1-44 从选区中减去实例

图 3-1-45 与选区交叉的实例

（4）"调整边缘"按钮。

"调整边缘"选项用于提高选区边缘的品质，还可以对照其他背景来查看选区的情况。建立选区后，单击工具控制面板中的"调整边缘"按钮，或选择"选择"→"调整边缘"命令，出现如图3-1-47所示的对话框。可以调整其中的各个所需参数，单击"确定"按钮即可。

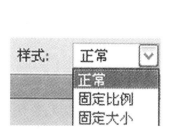

图 3-1-46 "样式"下拉列表　　　　图 3-1-47 "调整边缘"对话框

2. 创建椭圆选区

"椭圆选框工具"用于创建椭圆选区，其具体用法与"矩形选框工具"基本相似，如图3-1-48所示。"椭圆选框工具"控制面板中的选项和具体用法与"矩形选框工具"基本相同。创建椭圆选区时，会出现锯齿现象，可以通过工具控制面板中的"消除锯齿"复选框，在锯齿之间填入中间色调，从而消除锯齿现象，如图3-1-49所示。

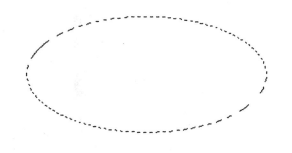

图 3-1-48 创建椭圆选区

图 3-1-49 "椭圆选框工具"控制面板

3．创建单行、单列选区

使用"单行选框工具"，可以在图层上创建出 1 像素高度的选框，如图 3-1-50 所示。

使用"单列选框工具"，可以在图层上创建出 1 像素宽度的选框，如图 3-1-51 所示。

图 3-1-50　单行选框　　　　　　　　　　　　　　　　图 3-1-51　单列选框

（三）不规则选区的创建

1．用"套索工具"创建选区

从工具面板的套索工具组中选择"套索工具"，可以用徒手描绘的方法来创建不规则选区，该工具的控制面板如图 3-1-52 所示，创建选区时，将鼠标指针移动到图像上，然后拖动鼠标绘制选择范围，松开鼠标将自动创建一个封闭的区域，即形成了不规则选区，如图 3-1-53 所示。

提示："Alt"键在起点处和终点处单击可绘出直线外框，按"Delete"键可以清除最近所绘制的线段。

图 3-1-52　"套索工具"控制面板　　　　　　　　　图 3-1-53　创建选区

2．用"多边形套索工具"创建选区

"多边形套索工具"的控制面板与"套索工具"完全相同。

使用"多边形套索工具"，如果按住"Alt"键，可以徒手绘制选区，按住"Delete"键可清除最近所绘制的线段。

3．用"磁性套索工具"创建选区

"磁性套索工具"用于自动识别对象边缘，然后根据识别的结果创建选区。使用该工具时，无须按住鼠标，只需在需要建立选区的边缘移动鼠标即可。该工具控制面板如图3-1-54所示，通过设置其参数完成选区的创建，如图3 1-55所示。

图 3-1-54　"磁性套索工具"控制面板

图 3-1-55　使用"磁性套索工具"自动识别对象边缘

4．用"魔棒工具"创建选区

"魔棒工具"用于智能化地将图像中相近的色素选中，从而建立起一个不规则的选区。"魔棒工具"控制面板如图3-1-56所示，通过设置其中的各项参数完成选区的建立，如图3-1-57所示。

图 3-1-56　"魔棒工具"控制面板

图 3-1-57　不同容差值得到不同效果

5. 用"快速选择工具"创建选区

"快速选择工具"利用可调整的圆形画笔笔尖来快速"绘制"选区,在拖动鼠标进行选择时,选区会向外扩展并自动查找和跟随图像中定义的边缘。"快速选择工具"控制面板如图 3-1-58 所示,"画笔设置"对话框如图 3-1-59 所示。

6. 选择图像特定的色彩范围

使用"选择"菜单中的"色彩范围"命令,可以选中已有选区或整个图像中指定的颜色或色彩范围,所创建的选区是根据图片中的颜色的分布特定自动生成的。

(1)"色彩范围"对话框。

使用"色彩范围"命令,将出现如图 3-1-60 所示的对话框,通过其中的选项设置,可以灵活地选取图像中特定的色彩范围,在"选择"下拉列表中提供了 11 种选择模式,如图 3-1-61 所示,在对话框的最下方"选区预览"下拉列表中提供了如图 3-1-62 所示的 5 种预览选区方式。

图 3-1-58 "快速选择工具"控制面板

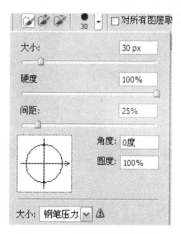

图 3-1-59 "画笔设置"对话框

图 3-1-60 "色彩范围"对话框

图 3-1-61 "选择"下拉列表

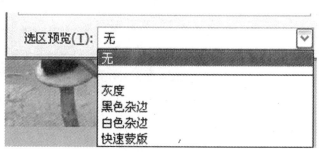

图 3-1-62 "选区预览"下拉列表

（2）创建色彩范围选区。

打开要创建选区的图像，如图 3-1-63 所示。

选择"选择"→"色彩范围"命令，出现如图 3-1-64 所示的对话框。

用"吸管工具"单击预览框中的背景部分，然后切换到"选择范围"预览模式，预览框将变成如图 3-1-65 所示的样式。

单击"添加到样式"图标，再在背景区域中需要选择的地方单击，添加上没有选择的部分，如图 3-1-66 所示。

单击"确定"按钮，图片中的背景区域便被选择了。

图 3-1-63 原始图像

图 3-1-64 选择"图像"预览模式

图 3-1-65 "选择范围"预览模式

图 3-1-66 添加到样式

（四）编辑选区

1. 在选区边界周围创建一个选区

选择菜单栏中的"选择"→"修改"→"边界"命令，可以在当前选区的基础上创建一个选区,如图 3-1-67 所示。

图 3-1-67　在选区边界创建选区

2. 平滑选区

选择菜单栏中的"选择"→"修改"→"平滑"命令,可以对当前选区的边角进行圆滑处理,从而消除基于颜色的选区中的杂散像素,如图 3-1-68 所示。

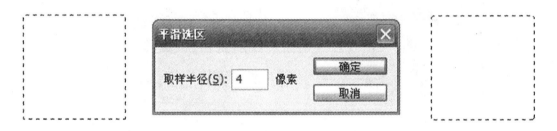

图 3-1-68　平滑选区

3. 扩大和缩小选区

(1) 扩展选区。

选择菜单栏中的"选择"→"修改"→"扩展"命令,可以使当前选区向外扩大指定的像素,如图 3-1-69 所示。

图 3-1-69　扩展选区

(2) 收缩选区。

选择菜单栏中的"选择"→"修改"→"收缩"命令,可以使当前选区向内收缩指定的像素,如图 3-1-70 所示。

图 3-1-70　收缩选区

4. 羽化选区

选择菜单栏中的"选择"→"修改"→"羽化"命令,可以在选区边缘产生模糊效果,选择该命令后出现如图 3-1-71 所示的对话框,通过设置"羽化半径"参数,完成对选区的羽化。

5. 变换选区

创建选区后,使用"选择"菜单中的"变换选区"命令,将在选区的四周出现变换控制点,如图 3-1-72 所示。拖动这些控制点,可以对已创建的选区进行自由变换,如图 3-1-73 所示。"变换选区"控制面板如图 3-1-74 所示。

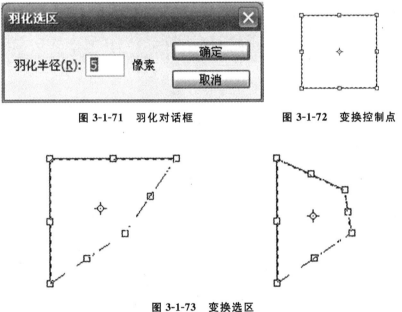

图 3-1-71　羽化对话框　　　　图 3-1-72　变换控制点

图 3-1-73　变换选区

图 3-1-74　"变换选区"控制面板

注意:

1. 要缩放选区,可直接拖动控制点,按住"Shift"键可以等比例缩放。

2. 要精确缩放,可在控制面板中输入相应的"宽度"和"高度"。

3. 要对选区进行旋转,可将鼠标指针移动到选框之外,当指针变为弯曲的双向箭头

107

时拖动鼠标即可。如按下"Shift"键,可以限制为按 15 度增量进行旋转。

4. 要精确旋转角度,可在控制面板中输入具体的角度。

5. 要自由扭曲,可按住"Ctrl"再拖动手柄。

6. 要斜切选区,可以按住"Ctrl"＋"Shift"组合键,然后拖动手柄。

(五) 选区的其他操作

1. 选择所有像素

打开图像并选定某个图层后,选择"选择"→"全选"命令,可以将整个图层全部选取,如图 3-1-75 所示。其快捷键是"Ctrl"＋"A"。

2. 反选选区

选择"选择"→"反向"命令,可以反向选择当前图层中当前选区以外的部分,如图 3-1-76 所示。

图 3-1-75　全选选区　　　　　　　　　图 3-1-76　反向选择选区

3. 取消选区

创建任意选区后,只需选择"选择"→"取消选区"命令,即可取消选择。其快捷键是"Ctrl"＋"D"。

4. 重新选择

在取消选区之后,再选择"选择"→"重新选择"命令,可以重新恢复已经取消选择的选区。

5. 移动选区

可以在图像文档窗口中将已经创建的选区移动到另一个位置,其方法是,将光标移动到选区内部的任意位置,按住鼠标拖动到另一个位置松开鼠标即可,如图 3-1-77 所示。

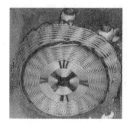
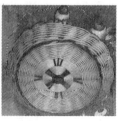

图 3-1-77　移动选区

6. 移动选区中的图像

创建选区后，可以使用"移动工具"将选区当前图层中选中的区域移动到其他位置，其方法是，先创建一个选区，然后从工具面板中选择"移动工具"，将光标移动到选区内部任何位置，按住鼠标拖动到另一个位置松开鼠标即可，如图 3-1-78 所示。

图 3-1-78　移动选区内的图像

7. 复制选区中的图像

选择"编辑"菜单中的"剪切"或"拷贝"命令，可以将当前图层上的选区剪下来或者复制下来。

当执行"编辑"→"拷贝"命令后，软件会自动将当前图层上的选区内容复制到计算机内存中的剪贴板区域中。

例如：创建如图 3-1-79(a)所示的选区后，选择"编辑"→"拷贝"将选区内容复制到剪贴板中，再打开如图 3-1-79(b)所示的图片，选择"编辑"→"粘贴"命令，就能将刚刚复制到剪贴板中的内容粘贴到 3-1-79(b)所示的图片中，效果如图 3-1-79(c)所示。

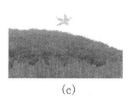

(a)　　　　　　　　　(b)　　　　　　　　　(c)

图 3-1-79　复制选区中的图像

8. 清除选区图像

如果需要清除选区中的图像，只需选择"编辑"菜单中的"清除"命令，软件就会将当前图层上的选区内容删除，然后用背景色来填充选区。

四、图片色彩处理

(一) 色彩模式及转换

1. 色彩模式的类型

不同的颜色模式所定义的颜色范围不同，使用方法也各有特点。大多数图像处理软件都支持 RGB、CMYK、Lab、HSB、索引、灰度、位图、双色调和多通道等颜色模式。

(1) RGB 模式。

RGB 是色光的颜色模式,其中 R 代表红色,G 代表绿色,B 代表蓝色,3 种色彩叠加形成其他色彩,因此该模式也称为加色模式。所有的显示器、投影设备以及电视机等设备都依赖于这种加色模式来实现,普通数码相机拍摄的相片也是默认使用 RGB 模式。由于 3 种颜色都有 256 个亮度水平级,所以 3 种色彩叠加就形成 1670 万种颜色,即真彩色。

(2) CMYK 模式。

CMYK 模式是一种减色模式,它适合于印刷。当阳光照射到一个物体上时,这个物体将吸收一部分光线,并将剩下的光线进行反射,反射的光线就是人们所看见的物体颜色。这是一种减色颜色模式,与 RGB 模式的本质不同。CMYK 代表印刷上用的 4 种颜色,C 代表青色,M 代表洋红色,Y 代表黄色,K 代表黑色,CMYK 模式是最佳的打印模式。用 CMYK 模式在编辑时虽然能够避免色彩的损失,但运算速度很慢。对于同样的图像,RGB 模式只需要处理 3 个通道,CMYK 模式则需要处理 4 个通道。

(3) Lab 模式。

Lab 模式是一种基于人对颜色的感觉的颜色模式。Lab 模式既不依赖于光线,也不依赖于颜料,而是一个理论上包括人眼可以看见的所有色彩的颜色模式。Lab 模式弥补了 RGB 和 CMYK 颜色模式的不足,它由 3 个通道组成,即亮度 L 和两个色彩通道 A、B,A 通道包括的颜色是从深绿色(低亮度值)到灰色(中亮度值)再到亮粉红色(高亮度值),B 通道则是从亮蓝色(低亮度值)到灰色(中亮度值)再到黄色(高亮度值)。

(4) HSB 模式。

HSB 颜色模式只在色彩选择窗口中才会出现。在 HSB 模式中,H 表示色相,S 表示饱和度,B 表示亮度。色相是组成可见光谱的单色,红色在 0 度,绿色在 120 度,蓝色在 240 度;饱和度表示了色彩的纯度,0 时为灰色。白、黑和其他灰色色彩都没有饱和度,在最大饱和度时,每一个色相都具有最纯的色光;亮度是色彩的明亮度,0 时即黑色,最大亮度是色彩最鲜明的状态。

(5) 索引颜色模式。

索引颜色模式(Indexed)只能存储一个 8 位色彩深度的文件,即最多 256 种颜色,而且颜色是预先定义好的。一幅图像所有的颜色都在它的图像文件里定义,即将所有色彩映射到一个色彩盘里,这就称为色彩对照表。

(6) 灰度模式。

灰度模式(Grayscale)的图像共有 256 个等级,看起来类似传统的黑白照片。除黑、白两色之外,尚有 254 种深浅不同的灰色,计算机必须以 8 位二进制数来显示这 256 种色调。灰度模式中只存在灰度,当一个彩色文件被转换为灰度文件时,所有的颜色信息都将从文件中去掉。

（7）位图模式。

位图模式使用两种颜色值（黑色或白色）之一表示图像中的像素。位图模式可控制灰度图像的打印输出，只有灰度图像或多通道图像才能被转换为位图模式。位图模式下的图像被称为"位映射 1 位图像"，因为其位深度为 1。

（8）双色调模式。

双色调模式（Duotone）采用 2～4 种彩色油墨来创建由双色调（2 种颜色）、三色调（3 种颜色）和四色调（4 种颜色）混合其层次来组成图像。

（9）多通道模式。

多通道模式图像在每个通道中包含 256 个灰阶，主要用于特殊打印。

2. 色彩模式的转换

（1）将彩色图像转换为灰度模式。

将彩色图像转换为灰度模式时，Photoshop 会除掉原图中所有的颜色信息，而只保留灰度级。灰度模式可作为位图模式和彩色模式间相互转换的中介模式。

（2）将其他模式的图像转换为位图模式。

将图像转换为位图模式后会使图像颜色减少到 2 种，从而简化图像的颜色信息，减少文件大小。

（3）将其他模式转换为索引模式。

在将色彩图像转换为索引模式时，会删除图像的很多颜色，仅保留其中的 256 种颜色。

（4）将 RGB 模式的图像转换为 CMYK 模式。

将 RGB 模式的图像转换成 CMYK 模式后，图像中的颜色会产生分色，颜色中的色域会受到限制。

（5）利用 Lab 模式进行模式转换。

Lab 模式的色域最宽，它包括 RGB 和 CMYK 色域中的所有颜色。使用 Lab 模式进行转换时不会造成任何色彩上的损失，因此能够以 Lab 模式作为内部转换模式来完成不同颜色模式之间的转换。

（6）将其他模式转换成多通道模式。

将 CMYK 图像转换为多通道模式可创建由青、洋红、黄和黑色专色构成的图像。

（二）查看色彩信息

1. 直方图及其应用

（1）更改"直方图"面板的视图。

选择"窗口"→"直方图"命令，将打开如图 3-1-80 所示的"直方图"面板，面板默认使用"紧凑视图"的方式，可以根据需要更改为扩展视图或全部通道视图方式。

从"直方图"面板菜单中选择"扩展视图"命令，将切换到如图 3-1-81 所示的"扩展视图"模式。该模式下，将显示带有统计数据和控件的直方图，可以很方便地在其中选取由直方图表示的通道，查看"直方图"面板中的选项，刷新直方图以显示未高速缓存的数据，以及在多图层文档中选取特定图层。从"直方图"面板菜单中选择"全部通道视图"命令，将切换到如图 3-1-82 所示的"全部通道视图"模式。该模式下,除了显示"扩展视图"的所有选项外,还显示了各个通道的单个直方图。

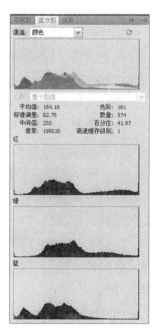

图 3-1-80　直方图

图 3-1-81　扩展视图

图 3-1-82　全通道视图

（2）查看特定通道的颜色信息。

从"通道"菜单中选取一个通道,可以单独显示该通道的颜色信息,图中可选的通道取决于图像的颜色模式,如图 3-1-83 所示。

选择"明度"选项,可显示一个表示复合通道的亮度或强度值的直方图;选择"颜色"选项,可显示颜色中单个颜色通道的复合直方图。

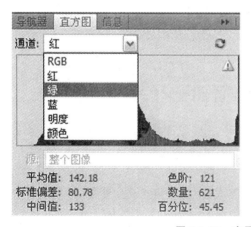

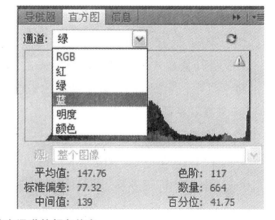

图 3-1-83　查看特定通道的颜色信息

2. 使用"信息"面板

选择"窗口"→"信息"命令,将出现如图 3-1-84 所示的"信息"面板。可以使用"吸管工具"来查看图像中单个位置的颜色,也可以使用 4 个以内的颜色取样器来显示图像中一个或多个位置的颜色信息。

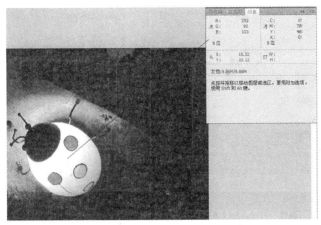

图 3-1-84 显示取样点的颜色值

(三)自动调整色彩

1. 自动色调

"自动色调"命令用于自动调整图像中的黑场和白场。执行该命令后,将剪切每个通道中的阴影和高光部分,然后将每个颜色通道中最亮和最暗的像素映射到纯白和纯黑中,中间像素值则按比例重新分布。

例如:要应用自动色调,只需选择"图像"→"自动色调"命令即可,如图 3-1-85 所示。

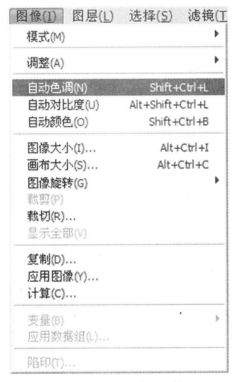

图 3-1-85 自动色调调整

2．自动对比度

使用"自动对比度"命令，可以根据当前图像的色调进行简单的自动调节，在处理对比度明显偏低或偏高的图像时十分有效，如图 3-1-86 所示。

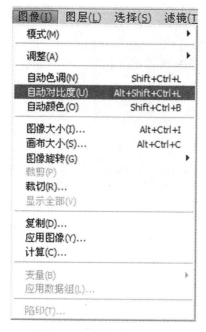

图 3-1-86　自动对比度调整

3．自动颜色

"自动颜色"命令用于快速校正图像中的色彩平衡，如图 3-1-87 所示。

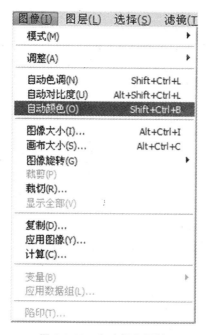

图 3-1-87　自动颜色调整

（四）手动调整色彩

1．去色

"去色"命令用于直接把图像中所有颜色的饱和度降为 0，将图像转换为灰阶，但颜色模式不变，如图 3-1-88 所示。

图 3-1-88　图像去色处理

2．色阶调整

图像的色阶也称为色素，该参数说明了图像的亮度强弱（即色彩指数），图像的色彩度和精细度都是由色阶决定的。

从菜单栏中选择"图像"→"调整"→"色阶"命令，将出现如图 3-1-89 所示的"色阶"对话框。"色阶"对话框由"通道""色阶图""输入色阶""输出色阶"和其他按钮及选项组成。

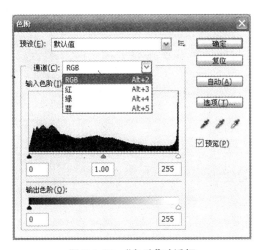

图 3-1-89　"色阶"对话框

3. 曲线调整

选择"图像"→"调整"→"曲线"命令,将出现"曲线"对话框,如图 3-1-90 所示。曲线是 Photoshop 最常用的调整工具,它用线段来直观表示图像的暗调、中调和高光。曲线图中线段左下角的端点代表暗调,右上角的端点代表高光,中间的过渡代表中间调。

"曲线"对话框主要由"预设"选项、"通道"选项、曲线图、曲线显示选项和"铅笔工具"等部分组成。

图 3-1-90 "曲线"对话框

4. 自然饱和度调整

选择"图像"→"调整"→"自然饱和度"命令,出现如图 3-1-91 所示的对话框。

◆ "自然饱和度"滑块:用于增加和减少颜色饱和度。

◆ "饱和度"滑块:将相同的饱和度调整量用于所有颜色。

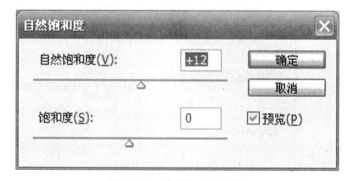

图 3-1-91 自然饱和度调整

5．曝光度调整

从菜单栏中选择"图像"→"调整"→"曝光度"命令，将出现如图 3-1-92 所示的"曝光度"对话框。利用该对话框，可以调整图像的色调。在"曝光度"对话框中，提供以下选项。

◆ "曝光度"选项：用于调整暗色调范围的高光端。

◆ "位移"选项：用于使阴影和中间调变暗。

◆ "灰度系数校正"选项：使用简单的乘方函数来调整图像灰度系数。

◆ 吸管工具：用于调整图像的亮度值。

图 3-1-92　"曝光度"对话框

6．色相/饱和度调整

选择"图像"→"调整"→"色相/饱和度"命令，出现如图 3-1-93 所示的"色相/饱和度"对话框。该命令可以调整图像中单个颜色成分的色相、饱和度和亮度，也可以同时调整图像中的所有颜色。

7．色彩平衡调整

选择"图像"→"调整"→"色彩平衡"命令，将出现如图 3-1-94 所示的"色彩平衡"对话框，"色彩平衡"对话框用于进行一般性的色彩校正，可以改变图像颜色的构成，但不能精确控制单个颜色成分，只能作用在复合颜色通道上。

图 3-1-93　"色相/饱和度"对话框

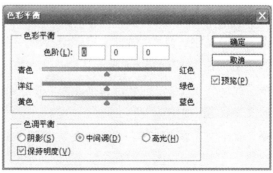

图 3-1-94　"色彩平衡"对话框

117

8．黑白调整

"黑白"命令将图像转换为灰度图像或单色图像，转换时可以使用颜色滑块进行一些手动调整，如图 3-1-95 所示。

9．亮度/对比度调整

要快速调节图像的亮度和对比度，可以直接使用"亮度/对比度"命令，该命令只能对图像的色调范围进行简单的调整。在打开图像后选择"图像"→"调整"→"亮度/对比度"命令，打开"亮度/对比度"对话框，拖动滑块调节亮度和对比度后单击"确定"按钮即可，如图 3-1-96 所示。

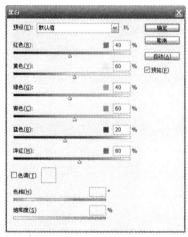

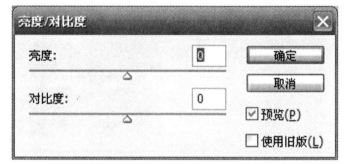

图 3-1-95 "黑白调整"对话框　　　　图 3-1-96 "亮度/对比度"对话框

10．阴影/高光调整

从菜单栏中选择"图像"→"调整"→"阴影/高光"命令，将打开"阴影/高光"对话框。利用该对话框，可以快速改善图像曝光过度或曝光不足区域的对比度，同时保持照片的整体平衡。

（五）文字及矢量图形处理

1．添加和编辑文字

（1）Photoshop 的文字工具。

Photoshop CS5 的工具面板中提供了"横排文字工具""直排文字工具""横排文字蒙版工具"和"直排文字蒙版工具"4 个工具，如图 3-1-97 所示。

◆"横排文字工具"："横排文字工具"用于创建水平方向排列的文字，并自动创建一个新的文字图层，如图 3-1-98 所示。

◆"直排文字工具"："直排文字工具"用于创建垂直方向排列的文字，并自动创建一个新的文字图层，如图 3-1-99 所示。

◆"横排文字蒙版工具"："横排文字蒙版工具"用于创建水平方向排列的文字选区，不会创建文字图层，如图 3-1-100 所示。

◆"直排文字蒙版工具"："直排文字蒙版工具"用于创建垂直方向排列的文字选区，

也不会创建文字图层,如 3-1-101 所示。

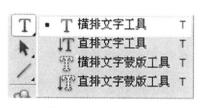

图 3-1-97　文字工具

图 3-1-98　横排文字工具

图 3-1-99　直排文字工具

图 3-1-100　横排文字蒙版工具

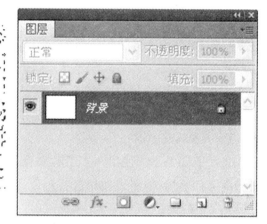

图 3-1-101　直排文字蒙版工具

（2）文字工具控制面板。

选择一种文字工具(如"横排文字工具")后,在图像编辑区域中需要添加文字的位置单击鼠标,将出现如图 3-1-102 所示的控制面板。

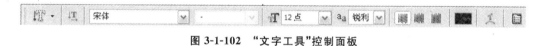

图 3-1-102　"文字工具"控制面板

"文字工具"控制面板中主要选项的功能如下。

◆ "文字工具预设"选项:用于创建、存储和重新使用对文字工具的设置。

◆ "文字方向"选项:用于更改当前文字的方向,如当前文字为横排文字,单击该按钮后,文字将更改为直排文字。

◆ "字体"选项:用于设置文字的中、英文字体。单击"字体"选项右侧的下拉箭头,将出现一个字体列表,可以根据需要从中选择合适的字体。字体的种类取决于当前 Windows 系统中所安装的字体类型及数量。

◆ "字体样式"选项:如果当前选取的字体系列包含粗体或斜体样式,则可以从"字体样式"下拉列表中选择相应的样式。

◆ "字号"选项:用于设置字体的大小。单击"字号"选项右侧的下拉箭头,将出现一个字号列表,其单位是"点"。也可以直接在"字号"框中输入指定的字号。

◆ "消除锯齿"选项：用于设置消除文字锯齿的方法，可以从出现的列表中选择一种合适的方法。其中，"无"表示不应用消除锯齿；"锐利"表示文字以最锐利的形式出现；"犀利"表示文字显示为较锐利；"浑厚"表示文字显示为较粗；"平滑"表示文字显示为较平滑。

◆ "对齐方式"选项：用于设置文本的对齐方式。横排文字的选项有"左对齐文本""居中对齐文本"和"右对齐文本"；直排文字的选项有"顶对齐文本""居中对齐文本"和"底对齐文本"。

◆ "字体颜色"选项：用于设置字体的颜色。

◆ "创建文字变形"选项：用于创建变形的艺术文本。单击该按钮，将出现"变形文字"对话框，可以从"样式"列表中选择一种变形样式，并可对变形参数进行设置。

◆ "显示/隐藏字符和段落面板"选项：用于打开或关闭"字符/段落"面板。

（3）文字图层。

文字图层是使用"横排文字工具"或"直排文字工具"输入文字后自动在"图层"面板中建立的图层。这种图层中含有文字内容和文字格式，它们以单独的方式存放在文件中，可以反复修改和编辑。

在文字图层上不能使用许多工具来着色和绘图，而且 Photoshop 中许多命令都不能在文字图层上使用，如果要使用这些命令，则必须先将文字图层转换成为普通图层。

（4）文字的类型。

创建文字的方法主要有三种：一是在点上创建文字，二是在段落中创建文字，三是沿路径创建文字。

◆ 点文字：一个水平或垂直的文本行，选择文字工具后，可以从图像中单击的位置开始添加点文字，一般用于在图像中添加少量文字。

◆ 段落文字：使用水平或垂直方式控制字符流的边界，适用于创建一个或多个段落。

◆ 路径文字：沿着开放或封闭的路径的边缘流动的文字。

（5）添加文字。

添加文字主要分为添加点文字和添加段落文字。

◆ 添加点文字：对于每行文字都是独立对象的点文字。其创建方法如下：

从工具面板中选择"横排文字工具"或"直排文字工具"，然后在图像中需要输入文字的位置单击鼠标，为文字设置插入点。"I"状光标中的小线条标记的是文字基线位置。对于直排文字，基线标记的是文字字符的中心轴。

◆ 在文字工具的控制面板中可设置字体、字号、消除锯齿方法、对齐方式和字体颜色等选项。

◆ 选择一种输入法，输入需要的文字内容。

◆ 要开始新的一行，只需按"Enter"键，然后继续输入文字。

◆ 输入完文字后，只需按下数字键盘的"Enter"键，或者按"Ctrl"＋"Enter"组合键，或选择工具面板中除文字工具外的任意工具,便可以确认文字的输入。

◆ 添加段落文字:段落文字的内容会基于外框的尺寸自动换行。可以在文字框中输入多个段落并选择段落调整选项,也可以调整外框的大小,使文字在调整后的矩形内重新排列,还可以使用外框来旋转、缩放和斜切文字。输入段落文字的具体方法如下:

◇ 从工具面板中选择"横排文字工具"或"直排文字工具",然后在文字工具控制面板中设置好文字类型、字体、大小和消除锯齿等选项。

◇ 在图像窗口中需要添加文本的位置用鼠标拖拉出一个外框。松开鼠标后,在矩形框内将出现一个小的"I"状图标,表明该点为输入文本的基线。依次输入所需的文本。

◇ 输入完成后,在工具面板中单击除文字工具外的任意工具,文字将生成一个新的文字图层。

在输入文字过程中或文字输入完成后,可以进行下面的操作:

◇ 拉伸段落文字的外框。要拉伸段落文字的外框,只需将指针放在外框的顶点上便会出现拉伸的标志,然后拖动鼠标即可。

◇ 旋转段落文字的外框。要旋转段落文字的外框,只需将指针放在外框的外面就会出现旋转标志,再拖动鼠标即可进行旋转。

◇ 斜切外框。要斜切外框,可按住"Ctrl"键并拖动一个中间手柄,当指针变为一个箭头时拖动即可。

◇ 调整外框大小时缩放文字。要在调整外框大小时缩放文字,可按住"Ctrl"键并拖动手柄。

◇ 从中心点调整外框的大小。要从中心点调整外框的大小,按住"Alt"键并拖动手柄即可。

(6)编辑文字。

◆ 修改文本

创建点文字或段落文字后,只需选择"横排文字工具"或"直排文字工具",然后在"图层"面板中选择文字图层,在文本中单击鼠标定位好插入点,再拖动鼠标选择要编辑的一个或多个字符,根据需要对选定的文本内容进行修改,修改完成后,在工具面板中单击除文字工具外的任何工具,确认文字图层更改即可,如图 3-1-103 所示。

图 3-1-103 文字内容修改

◆ 消除文字锯齿

文字锯齿是指文字出现边缘生硬、有明显的阶梯状的现象,如图 3-1-104 所示。可以使用消除锯齿的方法来生成边缘平滑的文字。在"图层"面板中选中文字图层后,选择一种文字工具,在文字工具控制面板的"消除锯齿方法"下拉菜单中选择"平滑"选项,即可使文字显示得较平滑,如图 3-1-105 所示。

图 3-1-104　有明显锯齿的文字　　　　　　图 3-1-105　消除锯齿文字

提示：

选择"无"选项,表示不应用消除锯齿功能;选择"锐利"选项,文字会以最锐利的形式出现;选择"犀利"选项,文字将显示为较锐利的形式;选择"浑厚"选项,文字会显示为较粗的形式。

◆ 检查和更新拼写

可以对文本内容进行拼写检查,检查时若发现某个词汇可能存在拼写错误,便会提示用户进行相应的处理。

在"图层"面板中选定要进行拼写检查的文字图层,如果只检查段落文本中的部分内容,只需选中这些文本。选择"编辑"→"拼写检查"命令,出现"拼写检查"对话框。如果发现文本中可能存在拼写错误,则可以用其中的按钮进行更改。各个选择的含义如下。

◇ 忽略:不更改文本,继续拼写检查。

◇ 全部忽略:在后面的拼写检查过程中忽略有疑问的字。

◇ 更改:更正拼写错误。更正时,正确的字应出现在"更改为"文本框中。如果系统提供的建议也不正确,可以在"建议"文本框中选择另一个字,还可以在"更改为"文本框中输入正确的字。

◇ 更改全部:更正文档中出现的所有拼写错误。当然,也要先确认"更改为"文本框中的内容是正确的。

◇ 添加:将无法识别的字存储在词典中,使后面出现同样词汇时不会被标记为拼写错误。

◆ 查找和替换文本

要查找文本图层中的特定内容,或者将文本图层中的某些文本替换为新的内容,可以用下面的方法。

选定要查找或替换的文本的图层。如果要在多个文本图层中进行查找和替换,则应选中任意一个非文字图层。

选择一种文本工具,将插入点置于文本的开头。

选择“编辑”→“查找和替换文本”菜单命令,打开“查找和替换文本”对话框。

在“查找内容”文本框中,输入要查找的文本内容。如果要替换文本,则只需在“更改为”文本框中输入新的文本内容。

设置好其他查找选项,然后单击“查找下一个”按钮,便开始进行查找,找到的内容将以反色方式显示。

查找到文本后,单击“更改”按钮,可以用修改后的文本替换找到的文本;单击“更改全部”按钮,将搜索并替换所找到文本的全部匹配项;单击“更改/查找”按钮,可以用修改后的文本替换找到的文本,然后搜索下一个匹配项。

“查找和替换文本”对话框提供的选项如下。

◇ 搜索所有图层:用于设置是否搜索文档中的所有图层。

◇ 向前:选中该项,将从插入点位置向前搜索;取消该选项的选择,则可以搜索图层中的所有文本。

◇ 区分大小写:设置是否搜索和“查找内容”文本框的文本大小写完全匹配的内容。

◇ 全字匹配:设置是否忽略嵌入在更长字中的搜索文本。

◆ 切换文字方向

文字方向分为左右排列(水平)和上下排列(垂直)两种方式,可以根据需要切换文字方向。要改变文字的方向,可以在“图层”面板中选中该文字图层,然后用下面三种方法之一来改变方向。

◇ 使用“文本方向”按钮:选择任意一种文字工具,再单击工具控制面板上的“文本方向”,操作过程如图 3-1-106 所示。

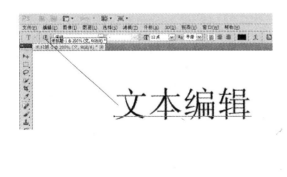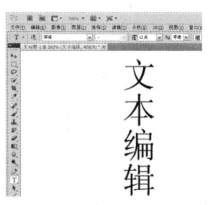

图 3-1-106　使用“文本方向”按钮更改文字方向

◇ 使用“字符”面板菜单:选择“窗口”→“字符”命令,打开面板菜单后选择“更改文本方向"命令,如图 3-1-107 所示。

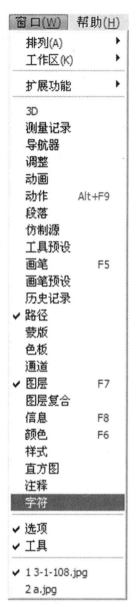

图 3-1-107 使用"字符"面板菜单更改文本方向

◇ 使用菜单命令:从菜单栏中选择"图层"→"文字"→"垂直"或"水平"命令。

2. 文本格式化

(1) 设置字符格式。

选择菜单栏中的"窗口"→"字符"命令,或者选择一种文字工具后,单击控制面板中的"显示/隐藏字符和段落面板"按钮,都将出现如图 3-1-107 所示的"字符"面板,其中提供多个用于设置字符格式的选项。"字符"面板的主要选项如下。

"字体"选项:用于设置文字的字体,可在其下拉列表中选择合适的英文或中文字体。

"字体样式"选项:用于设置文字的格式,有正常、粗体、斜体和粗斜四种选择。

"字符大小"选项:用于改变字符的大小。

"行距"选项:用于调整两行文字之间的距离。

"垂直缩放"选项:用于调整文字垂直方向的缩放比例。

"水平缩放"选项:用于调整文字水平方向的缩放比例。

"比例间距"选项:用于按指定的百分比值减少字符周围的空间。

"字间距"选项:用于调整相邻两个字符之间的距离。

"字距微调"选项:用于调整一个字所占的横向空间的大小,调整后文字本身的大小会发生改变。

"基线偏移"选项:用于调整相对于水平线的高低。如果输入一个正数,则表示角标是一个上角标,它将出现在一般文字的上角;如果是负数,则代表下角标。

"文本颜色"色块:单击该颜色块可以打开颜色选择窗口。

"字符格式"按钮:用于快速更改字符样式。

"语言选择"选项:用于选择国家及语言。

"消除锯齿的方法"选项:用于选择设置消除锯齿的方式。

(2)设置段落格式。

"段落"面板用于设置列和段落的格式。选择"窗口"→"段落"命令,或者选择一种文字工具后,单击控制面板中的"显示/隐藏字符和段落面板"按钮,出现"字符"面板后再单击"段落"面板选项卡,都将出现如图 3-1-108 所示的"段落"面板。"段落"面板的主要选项如下。

图 3-1-108　"段落"面板

"对齐方式"按钮:可选按钮分别为行左对齐、行居中、行右对齐、段落左对齐、段落的最后一行居中、段落的最后一行右对齐和段落中的最后一行两端对齐。

"左缩进"选项:从段落的左边缩进。

"右缩进"选项:从段落的右边缩进。

"首行缩进"选项:缩进段落中的首行文字。

"段前距"选项:使段落前增加附加空间。

"段后距"选项:使段落后增加附加空间。

"避头尾法则设置"选项:避头尾法则是指定亚洲文本的换行方式。不能出现在一行的开头或结尾的字符称为避头尾字符。该选项用于设置相应的规则。

"间距组合设置"选项:间距组合为日语字符、罗马字符、标点、特殊字符、行开头、行结尾和数字的间距指定日语文本编排。可从列表中选择预定义间距组合集。

"连字"复选框:用于启用或停用自动连字符连接。

3. 创建变形文字

Photoshop CS5 将文字对象作为一种图层来保存,可以使用"图层样式"功能来添加文字特效,也可以使用专门的"文字变形"命令来创建文字变形效果,还可以使用创建剪贴蒙版的方法来制作特效文字。下面以"文字变形"为例,介绍变形文字的创建方法。

"文字变形"命令可以将文字变形为扇形、波浪形和鱼形等特效文字。具体创建方法如下。

在"图层"面板中选中要变形的文字图层。

选择"图层"→"文字"→"文字变形"命令(如果当前工具为文字工具,只需单击控制面板上的"变形"按钮),出现如图 3-1-109 所示的"文字变形"对话框。

从"样式"下拉列表中选择一种变形样式,如图 3-1-110 所示。

设置需要的变形选项,可以指定变形效果的方向以及对图层应用变形的程度等。

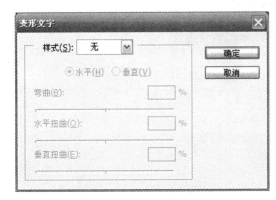

图 3-1-109　"文字变形"对话框

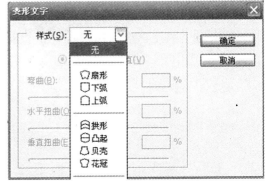

图 3-1-110　选择变形样式

4. 绘制形状

工具面板中的各个形状工具不但形状不同,其工具选项也有所区别。下面介绍主要形状工具的功能。

(1)"矩形工具"。

"矩形工具"用于绘制矩形或正方形,其控制面板如图 3-1-111 所示。

图 3-1-111　"矩形工具"控制面板

要绘制矩形,可从工具面板中选中"矩形工具",设置好参数后在画布上任意拖动鼠标,即可绘出所需矩形。要绘制正方形,可以在拖动鼠标时按住"Shift"键。

（2）"圆角矩形工具"。

"圆角矩形工具"用于绘制具有平滑边缘的特殊矩形,其工具控制面板如图 3-1-112 所示,与"矩形工具"控制面板相比增加了"半径"选项,该选项用于调节圆角矩形的平滑程度。半径值越大,矩形越平滑;半径为 0 时,绘制的是矩形。

图 3-1-112　"圆角矩形工具"控制面板

（3）"椭圆工具"。

"椭圆工具"用于绘制椭圆。在绘制时如果按下"Shift"键,则可以绘制出正圆形,其工具控制面板如图 3-1-113 所示。

图 3-1-113　"椭圆工具"控制面板

（4）"多边形工具"。

用于绘制出各种正多边形。绘制时,指针的起点为多边形的中心,终点是多边形的一个顶点。

"多边形工具"控制面板如图 3-1-114 所示,其中的"边"选项用于设置所绘制的多边形的边数。例如:要绘制 8 边形,便可在其中输入数字 8。

图 3-1-114　"多边形工具"控制面板

（5）"直线工具"。

"直线工具"用于绘制直线线段或带箭头的线段。绘制时,指针拖拉的起始点是线段起点,拖拉的终点为段段的终点。"直线工具"的控制面板如图 3-1-115 所示,其中的"粗细"选项用于设置直线的宽度,其单位是像素（px）。

图 3-1-115　"直线工具"控制面板

绘制时,按住"Shift"键可以使直线的方向控制在 0°、45°或 90°。

（6）"自定形状工具"。

"自定形状工具"用于绘制各种不规则的标准图形或者自定义图形,其工具控制面板如图 3-1-116 所示。

127

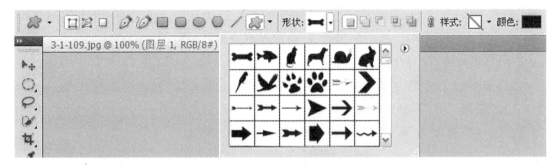

图 3-1-116　"自定形状工具"控制面板

　　要绘制自定义形状,应先从"形状"列表中选择要绘制的形状,然后在图像区中拖动鼠标即可,如图 3-1-117 所示。

　　单击"形状"列表上部右侧的"面板菜单"按钮,将出现如图 3-1-118 所示的面板菜单,可以选择菜单下方的"形状类型"名称,将相应的预设形状载入形状列表中。例如:选择"胶片"选项后,即可载入"胶片"类形状。

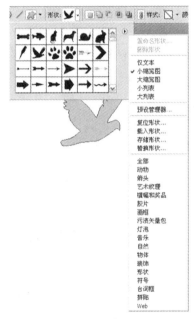

图 3-1-117　绘制自定义图形　　　　　　　　　图 3-1-118　面板菜单

(六) 图层及应用

1. 认识图层

　　在 Photoshop 中使用图层功能,可以将多幅图像叠加放置后混合在一起,从而表现出各种设计创意。引入图层后,可以隐藏或显示各个图层,并能使文本、绘图和图像在不影响其他图层内容的情况下,在各个图层独立进行添加、删除、移动和编辑操作。

　　使用 Photoshop 处理图像时,一般都需要将多个图层合成为一幅神奇的画面。例如:将如图 3-1-119(a)所示的两个图层叠加在一起,就能形成图 3-1-119(b)所示的图像。

(a)　　　　　　　　　　　　　　　　　　(b)

图 3-1-119　由图层组成图像

Photoshop 是通过如图 3-5-120 所示的"图层"面板来查看和管理图层的。"图层"面板中提供多个用于操作图层的元素。如果"图层"面板未被激活,则只需单击"图层"面板标签即可;如果"图层"标签未显示在窗口中,可选择"窗口"→"图层"命令将其显示出来。

下面介绍"图层"面板的主要组成元素。

(1)面板标签。

默认情况下,"图层"面板与"通道"面板和"路径"面板组成一个面板组。面板标签用于在"图层""通道"和"路径"面板之间切换。

(2)面板菜单按钮。

单击"面板菜单"按钮,将出现如图 3-1-121 所示的图层面板菜单。利用其中的命令,可以快速执行创建图层、复制图层和删除图层等操作。

图 3-1-120　图层面板

图 3-1-121　图层面板菜单

(3)图层混合模式。

图层混合模式下拉列表框位于"图层"面板左上角,其中的选项决定了当前图层与其下面的图层进行颜色混合的算法。默认的模式是"正常",选择不同的混合模式将得到不同的效果,如图 3-1-122 所示。

图 3-1-122　不同模式下的图层混合效果

（4）图层不透明度。

"不透明度"选项用于设置图层的不透明程度。当不透明度参数为 100％时，当前图层下方的内容将被完全遮盖，如图 3-1-123 所示；当不透明度为 0％时，当前图层将变得完全透明，如图 3-1-124 所示；当不透明度为 50％时，当前图层是半透明的，如图 3-1-125 所示。

图 3-1-123　不透明度为 100％　　图 3-1-124　不透明度为 0％　　图 3-1-125　不透明度为 50％

（5）图层锁定工具。

为了防止对图层进行误操作，可以将图层锁定。Photoshop CS5 提供四种图层锁定方式。

锁定透明像素：禁止在透明区内绘画。

锁定图像像素：禁止编辑该层。

锁定位置：禁止移动该层。

全部锁定：禁止对该层进行一切操作。

（6）图层填充不透明度。

"填充"选项用于为图层指定填充不透明度。填充不透明度的大小将影响图层中绘制的像素或图层上绘制的形状，不影响已应用于图层的任何图层样式的不透明度。

（7）图层显示标志。

要显示或关闭图像中的某个图层，只需在图层显示标志列中单击。若显示为眼睛标志，则表示打开该图层的显示；反之，则关闭该图层的显示。

（8）图层组。

图层组主要用于管理相同属性图层的分组，相当于 Windows 中的文件夹。

(9) 当前图层。

当前图层是指当前工作的图层,在"图层"面板中以浅蓝色为底色显示。图像处理过程中,有且只有一个当前层,用户所做的大多数编辑操作仅对当前层有效。

(10) 图层链接标志。

若在某个图层中显示有链接图层标志,则表明该层与当前层链接在一起,可与当前层一起进行编辑,如移动和缩放等。

(11) 图层缩览图。

图层缩览图用于显示本层的缩图,主要用于区分不同的图层。

(12) 图层名。

"图层"面板中显示了各图层的名称。如果在创建图层时未指定名称,则系统会自动按顺序将其命名为"图层 1""图层 2"等。

(13) 文本图层。

若某个图层的缩览图为 T 标志,则表明该图层为文本层。文本层是创建点文字或段落文字时自动生成的图层。

(14) 图层锁定标志。

如果某个图层名后显示有锁样标志,则表明该图层已经被锁定。锁定后的图层的内容可以完全或部分被保护,使编辑命令对该图层无效。

(15) 图层功能按钮。

图层功能按钮位于"图层"面板的最下方,主要用于实现图层操作和管理功能。

"图层链接"按钮:同时选定多个图层后单击"图层链接"按钮,可以将选定的所有图层链接在一起。

"图层样式"按钮:单击"图层样式"按钮,将出现如图 3-1-126 所示的菜单。通过其中的选项,可对当前图层快速应用特殊的效果。

"添加图层蒙版"按钮:图层蒙版用于屏蔽图层中的图像。单击该按钮,可以在当前图层上添加图层蒙版。

"创建填充或调整图层"按钮:单击该按钮,可以在出现的菜单中选择创建填充或调整图层的菜单命令,如图 3-1-127 所示。调整图层是一种用于控制色彩和色调的特殊图层。

图 3-1-126 "图层样式"菜单

图 3-1-127 "创建填充或调整图层"菜单

"创建图层组"按钮：单击此按钮以创建一个图层组。创建图层组的好处在于方便地对图层组中的所有图层进行属性设置或移动操作。

"创建新图层"按钮：单击按钮将得到一个"空的""透明的"新图层。Photoshop会为新的图层指定一个默认的名字（如"图层1"和"图层2"等）。

"删除图层"按钮：单击按钮，可以删除当前图层，也可以将要删除的图层拖至此按钮上来删除图层。

2. 创建图层

（1）创建空白图层。

空白图层是指没有任何像素的"透明"图层，可以在上面绘制图像或添加其他内容，并能对相应的内容进行独立的编辑处理。

◆ 使用"图层"面板工具创建图层

在"图层"面板上选择一个图层作为当前层，然后单击"图层"面板下方的"创建新图层"按钮，即可创建一个默认名称的图层。新建的图层将位于该图层的上方，如图3-1-128所示。

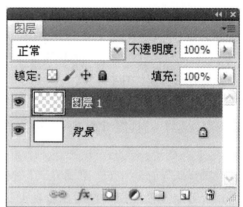

图 3-1-128　使用面板按钮创建新图层

◆ 使用菜单命令创建图层

在"图层"面板上选择一个图层作为当前层，再从菜单栏中选择"图层"→"新建"→"图层"命令，打开"新建图层"对话框，根据需要设置好"名称""颜色""模式"和"不透明度"等参数后，单击"确定"按钮，即可在当前层的上方创建一个新的空白图层，如图3-1-129所示。

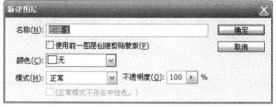

图 3-1-129　使用菜单命令创建新图层

◆ 使用面板菜单创建图层

在"图层"面板上选择一个图层作为当前层,从"图层"面板菜单中选择"新建图层"命令,也将打开"新建图层"对话框,设置好参数后便可以创建一个新的空白图层。

(2) 使用剪贴板新建图层。

"拷贝"或"剪切"命令将选区中的图像复制到 Windows 剪贴板中后,再选择"编辑"→"粘贴"命令将其粘贴到某个图像窗口中,将自动在原来当前层的上方形成一个新图层。

3. 编辑图层

(1) 选择图层。

◆ 使用"图层"面板选定图层

激活"图层"面板后,可以用下面的方法选定图层。

◇ 选择单个图层

要选定某个图层,只需在"图层"面板中单击相应图层所在栏即可,如图 3-1-130 所示。单击时,应单击"图层缩览图"以外的区域。

◇ 选择多个连续的图层

要选择多个连续的图层,只需单击选中第一个要选择的图层(如"图层 1"),然后按住"Shift"键单击最后一个要选择的图层(如"图层 3"),如图 3-1-131 所示。

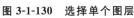

图 3-1-130 选择单个图层

图 3-1-131 选择多个连续图层

◇ 选择多个不连续的图层

要选择多个不连续的图层,只需在按住"Ctrl"键的同时,在"图层"面板中单击要选定的所有图层,如图 3-1-132 所示。

图 3-1-132　选择多个不连续的图层

◇ 取消某个图层的选择

要取消选择某个图层,只需在按住"Ctrl"键的同时单击该图层。

◆ 使用"选择"菜单选择图层

菜单栏的"选择"菜单中提供三个与图层选择有关的命令。

◇ 要选择所有图层,可选择"选择"→"所有图层"命令。

◇ 要选择所有相似类型的图层(如所有普通图层),只需选择其中一个图层,然后选择"选择"→"相似图层"命令。

◇ 要取消对任何图层的选择,可选择"选择"→"取消选择图层"命令,如图 3-1-133 所示。

图 3-1-133　取消对任何图层的选择

（2）移动图层。

在"图层"面板中选定要移动的图层，再从工具面板中选择"移动工具"，在图像窗口中拖动鼠标，就能使当前层上的图像内容随之移动，如图 3-1-134 所示。

要让多个图层一起移动，只需按住"Shift"键的同时在"图层"面板中选定要一起进行移动的各个图层，然后使用"移动工具"在图像窗口中拖动鼠标即可，如图 3-1-135 所示。

图 3-1-134　移动单个图层

图 3-1-135　移动多个图层

（3）复制图层。

可以对已有的图层进行复制，复制后将生成一个或多个副本图层，副本图层的内容与原图层的内容完全相同。要复制图层，可以使用下面的方法。

选定要复制的图层，使之成为当前层，如图 3-1-136 所示。

从菜单栏中选择"图层"→"复制图层"命令，出现如图 3-1-137 所示的"复制图层"对话框。

在"复制图层"对话框中为新生成的层起一个名称；从"文档"下拉列表框中可以选择将图层复制到哪个文档中。

单击"确定"按钮，即可复制出一个图层的副本，如图 3-1-138 所示。

图 3-1-136 选择要复制图层   图 3-1-137 "复制图层"对话框   图 3-1-138 复制效果

（4）链接图层。

可以将两个或多个图层（或图层组）链接起来，链接后的图层将保持一种关联，可以对链接图层同时进行移动、变换、合并、排列和分布等操作。

要链接图层，可先选定需要链接的任意一个图层，然后按住"Ctrl"键的同时单击要与当前图层链接的图层，再单击"图层"面板下方的"链接"图标即可将它们链接起来，链接后选中的多个图层后面将出现一个链接标志，如图 3-1-139 所示。

图 3-1-139 链接图层

要取消链接，可选中链接图层中要取消链接的图层，然后单击"图层"面板下方的链接图标即可，如图 3-1-140 所示。

图 3-1-140 取消链接

（5）隐藏图层。

对不需要的图层，可以将其删除，也可以将其隐藏起来。被隐藏的图层不会显示在文档窗口中，在打印时也不会打印其中的像素，而只打印可见图层。隐藏图层的方法有以下几种。

◆ 在"图层"面板中单击图层左侧的眼睛图标，就能在文档窗口中隐藏图层的内容，如图 3-1-141 所示。再次单击该图标，则可以取消隐藏。

图 3-1-141　隐藏图层

◆ 选定要隐藏的图层，再从菜单栏中选择"图层"→"隐藏图层"命令，即可隐藏选定的图层。执行该命令后，菜单中的"隐藏图层"命令会自动变为"显示图层"命令，选择该命令，将取消图层的隐藏。

◆ 在按住"Alt"键的同时单击"图层"面板中的某个眼睛图标，将只显示该图标对应的图层，而隐藏其他图层。

（6）锁定图层。

通过对图层的锁定，可以完全或部分保护图层的内容。图层被完全锁定时，将在"图层"面板对应的图层右侧出现一个实心的锁图标；如果部分锁定图层的某些内容（包括锁定透明、锁定图像像素和锁定位置）时，所出现的锁图标是空心的。

要全部或部分锁定图层，只需在"图层"面板中选定要锁定的图层后单击"锁定"工具中需要的工具即可。例如：要全部锁定"图层 1"，可将其选中后单击"全部锁定"按钮，如图 3-1-142 所示。全部锁定后在进行某些操作时，将出现如图 3-1-143 所示的消息框，提示由于图层已经锁定，无法完成相应的操作。

图 3-1-142　锁定图层　　　　　　　　　图 3-1-143　消息框

137

(7) 删除图层。

在"图层"面板中选中要删除的一个或多个图层,然后从菜单栏中选择"图层"→"删除"→"图层"命令(或单击面板下面的"删除"图标),即可删除当前层。也可以将选定的图层拖动到"图层"面板右下角的"删除"图标上,如图 3-1-144 所示。

(8) 栅格化图层。

对于文字图层、形状图层、矢量蒙版、填冲图层和智能对象等含有矢量数据和生成的数据的图层,不能在其中使用绘画工具和滤镜命令。要进行相应的处理,需要栅格化这些图层。

选中要栅格化的图层后,选择"图层"→"栅格化"命令,将出现如图 3-1-145 所示的"栅格化"子菜单,可以在其中选择相应的选项。

  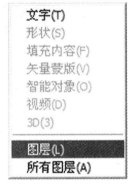

图 3-1-144　删除图层　　　　　　　　图 3-1-145　栅格化子菜单

4. 设置图层属性

(1) 图层混合模式。

混合模式的设置是利用"图层"面板来实现的。下面先通过一个简单的示例介绍混合模式的功能和应用。

在图像中创建两个图层,如图 3-1-146 所示。

图 3-1-146　正常混合模式的两个图层

在"图层"面板中单击"混合模式"右侧的下拉箭头,从出现的"混合模式"下拉列表中选择"变暗"选项,即可产生如图 3-1-147 所示的混合效果。

如果将混合模式修改为"颜色减淡",则混合效果完全不同,如图 3-1-148 所示。

图 3-1-147 "变暗"混合模式　　　　图 3-1-148 "颜色减淡"混合模式

(2) 图层的不透明度和填充部分的不透明度。

当两个图层的像素叠加在一起时,可以使用改变不透明度的方法来调整上层像素的透明程度。图层的不透明度对图层中的所有元素起作用,包括图层本身的像素以及用户设置的阴影、描边等各种图层样式。如果只调整图层本身像素的不透明度,则需要利用填充部分的不透明度来设置。

下面通过一个简单的示例来说明不透明度和填充部分的不透明度的区别。

创建如图 3-1-149 所示的两图层。

为"图层 1"添加如图 3-1-150 所示的两种图层样式。

在"图层"面板中将透明度"降低到 40%",如图 3-1-151 所示。可以看到,降低不透明度后,"图层 1"的所有内容及为该图层添加的图层效果都变为半透明状。

图 3-1-149 原图　　　　图 3-1-150 添加图层样式

将"不透明度"恢复到 100%,再将"填充"参数设置为 40%,如图 3-1-152 所示。

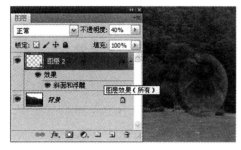 

图 3-1-151 修改不透明度　　　　图 3-1-152 修改填充效果

🌑 第二节 Fireworks CS5

一、Fireworks CS5 简介

Adobe Fireworks 是一款网页作图软件,可以加速 Web 设计与开发,是一款创建与优化 Web 图像和快速构建网站与 Web 界面原型的理想工具。Fireworks 不仅具备编辑矢量图形与位图图像的灵活性,还提供了一个预先构建资源的公用库,并可与 Adobe Photoshop、Adobe Illustrator、Adobe Dreamweaver 和 Adobe Flash 软件省时集成。它大大简化了网络图形设计的工作难度,不仅可以轻松地制作出十分动感的 GIF 动画,还可以轻易地完成大图切割、动态按钮和动态翻转图等。

(一) Fireworks 基本功能

Fireworks 提供了强大的矢量图形和位图图像的编辑功能,可以直接在位图图像和矢量图像之间进行切换。

Fireworks 可快速创建 Web 导航,由向导程序自动生成图形和 JavaScript 代码,并可以在 Dreamweaver 中方便地编辑所生成的图形文件。

Fireworks 可进行图形的热区与切片操作,创建复杂的交互动作和 GIF 动画文件。

(二) Fireworks CS5 新增功能特性

Fireworks CS5 新增功能特性如表 3-2-1 所示。

表 3-2-1 Fireworks CS5 新增功能特性

新增功能	特 性
1. 像素精度增强	增强型像素精度可确保设计在任何设备上都能清晰显示
2. Adobe Device Central 集成	可以为移动设备或其他设备选择配置文件,然后启动自动工作流程以创建 Fireworks 项目
3. 支持使用 Flash Catalyst 和 Flash Builder 的工作流程	创建高级用户界面及使用 Fireworks 和 Flash Catalyst 之间的新工作流程的交互内容
4. 扩展性改进	增强型 API 支持用户扩展导出脚本、批处理以及对 FXG 文件格式的高级控制
5. 套件之间共享色板	使用 Fireworks 中的功能可更好地控制颜色准确性以便在 Creative Suite 应用程序之间共享色板

二、Fireworks CS5 基本操作

(一) Fireworks CS5 工作界面

执行"开始"→"程序"→"Adobe"→"Adobe Fireworks CS5"命令启动 Fireworks CS5 软件,如图 3-2-1 所示。

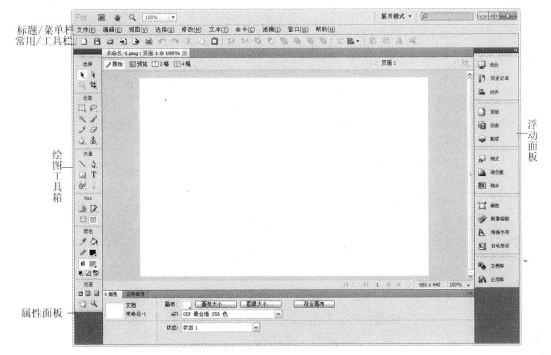

图 3-2-1 "Fireworks CS5"工作界面

Fireworks CS5 的界面是全新的 CS5 风格,把标题栏与菜单栏和视图工具合在一起,使得界面整体感觉更为人性化,工作区域进一步扩大。单击标题栏右上角的"展开模式"按钮,可以快速更换界面右侧的浮动面板的外观模式。

编辑窗口是用户使用 Fireworks 进行创作的主要工作区。文档编辑窗口顶部有 4个选项卡,用于控制文档编辑窗口的显示模式。

(二)菜单的使用

Fireworks CS5 菜单的使用方法与其他 Windows 应用软件完全一致。在此不再赘述。

(三)工具箱的使用

Fireworks 的工具箱通常固定在窗口的左边,主要由选择工具、位图工具、矢量工具、Web 工具、颜色工具和视图工具组成。那些带有黑色小箭头的工具按钮即是一个工具组,其中包含了一些相同类型的工具,如图 3-2-2 所示。

Fireworks CS5 的绘图工具箱相比 CS4 之前的版本,在"矢量"工具栏的"矩形"工具组中增添了一个度量工具和箭头线工具。"度量"工具可以轻松测量画布中指定对象或位图中指定区域的尺寸;"箭头线"工具则可以绘制各式各样的箭头线。此外,"选择"工具栏的变换工具组中的"9 切片缩放"工具,用于缩放画布上的标准对象。

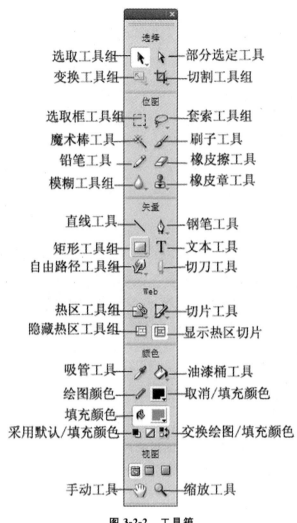

图 3-2-2　工具箱

（四）修改工具栏的使用

Fireworks CS5 的"修改"工具栏位于常用工具栏的右侧,提供一些常见的图形操作命令,如图 3-2-3 所示。

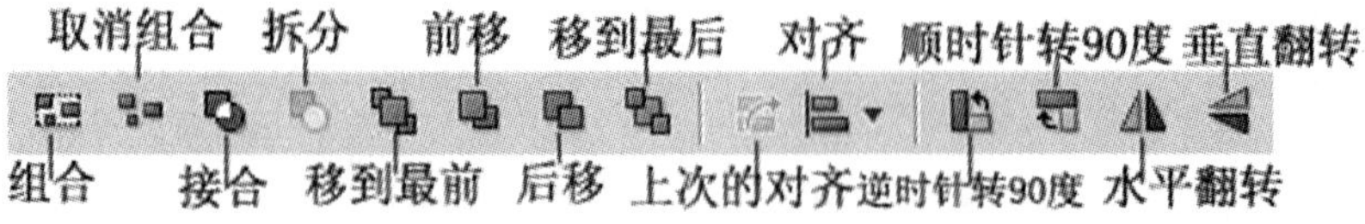

图 3-2-3　修改工具栏

在"修改"工具栏中,"上次的对齐方式"功能按钮用于将所选的多个对象按上一次使用的对齐方式进行对齐。

（五）面板的使用

Fireworks CS5 中的许多功能是通过面板实现的。面板可以浮动在工作区上,也可以停靠在面板停靠架上。面板集中了很多功能和选项,通过面板可以完成多种设置。

1. 分组和移动面板

Fireworks 自动把功能相近的面板停靠在同一个面板停靠架上,选择其中一个面板,整个面板停靠架便会一起出现。也可以手动对浮动面板进行停靠和拆分操作。

例如,要将"形状"面板以选项卡形式从"面板"组合中拆分出来,具体操作如下。

◆ 将鼠标指针移动到"形状"面板的选项卡页签上。

◆ 按下鼠标左键拖动"形状"面板到需要停靠的地方。

与拆分操作相反,如果希望将某个浮动面板停靠到一组浮动面板中,从而形成一个选项卡,则可以拖动该浮动面板的选项卡,然后将之拖动到某个浮动面板框架中。

2. Fireworks CS5 中的常用面板

◆ "优化":指定当前文档的导出设置。

◆ "层":将多个图片和对象当做组来处理。每个对象依次放在不同的层上,可以隐藏层,也可以显示层,或者根据需要将层在多帧之间共享。

◆ "状态":在 Fireworks CS5 之前的版本中,该面板称为帧面板。通过状态面板,不需编辑 JavaScript 代码,就可以方便地实现动画。

◆ "历史":精确控制 Fireworks 的多级撤销命令。用户可以根据需要在 Fireworks 参数设置中设置历史面板中保留的撤销步数的最大步数。

◆ "样式":通过 Fireworks 大量内置的样式,可以灵活地创建对象所需的属性。也可以将对象的集体属性保存为样式,或导入编辑好的样式。Fireworks CS5 改进了样式面板,可以在默认 Fireworks 样式、当前文档样式或其他库样式之间进行选择,轻松访问多个样式集。

◆ "文档库":通过将元件从文档库中拖到文档工作区可以迅速创建 Fireworks 的一个实例,创建的实例同文档库中的元件有对应的动态链接,可以通过在文件库中修改元件,从而自动对所有实例进行修改。

◆ "URL":通过 URL 面板,系统可以自动保存用户编辑过的 URL 地址。此外,还允许用户在 URL 面板中添加新的地址。

◆ "颜色混合器":允许不同的编辑者根据自己的需要调整或选择颜色模型。

◆ "形状":选择所需要的对象外形。可以方便地实现对象的三维效果处理等操作。

◆ "信息":通过信息面板可以迅速读取对象的大小和位置信息,用户还可以根据需要输入数值精确调整这些设置。

◆ "行为":使用行为面板可以方便地为图像添加需要的动作组合,并删除不满意的动作。避免了编写 JavaScript 代码。

◆ "查找":在批量处理时使用该面板可以起到事半功倍的效果。

(六) 文件的操作

在 Fireworks 中创建一个新文档时,其类型为 PNG 图像。也可以将编辑的文档以其他格式导出,如 JPEG、GIF 等。Fireworks 还可以导入 Photoshop、Freehand、Illustrator、CorelDraw 等图像编辑软件编辑的图像,还能从扫描仪或数码相机中直接导入文件。

1. 新建文件

选择菜单栏"文件"→"新建"命令,在弹出的"新建文档"对话框中设置文档的各项参数后,即可新建一个 PNG 文档。"新建文档"对话框中各项属性的含义如下。

◆ 宽度/高度:画布的宽度/高度值,在右边的下拉列表框中可以选择单位。

◆ 分辨率:图像的分辨率,在右边的下拉列表框中可以选择分辨率的单位。

◆ 画布颜色:设置需要的画布颜色,有 3 种设置方式。

白色:使用白色作为画布颜色。

透明:将画布颜色设置为透明,当图像放在有背景图案的网页中时,图像背景不会遮挡网页背景。

自定义:从右方的颜色弹出窗口中选择需要的画布颜色。

设置完毕,单击"确定"按钮,即可创建一个空白的 PNG 文档。

Fireworks CS5 新增了设计模板,利用内置的 5 种不同类型的模板:文档预设、网格系统、移动设备、网页和线框图,用户能够快速创建相应的应用,减少二次开发,提高效率。此外,还可以将常用的文档结构保存为可与设计小组共享的模板。

在"新建文档"对话框中,单击左下角的"模板"按钮,即可打开"通过模板新建"对话框,在弹出的对话框中可以选择需要的模板文件。

2. 打开、保存、关闭文档

如果要编辑一个已经存在的图像文件,则需要先打开该文件。打开图像文件的操作步骤如下。

(1) 单击菜单栏中的"文件"→"打开"命令,或按"Ctrl"+"0"组合键。

(2) 在"打开"对话框中选择需要打开的图像文件。

(3) 单击"打开"按钮,则打开所选的图像文件。

当成功地编辑完一幅作品后,可以将它保存起来,在 Fireworks CS5 中有以下 4 种方法保存文件。

◆ 单击"文件"→"保存"命令,或按"Ctrl+S"键,可以保存图像文件。

◆ 单击菜单栏中的"文件"→"另存为"命令,或按"Shift+Ctrl+S"键,可以将当前的编辑文件按照指定的格式换名存盘。

◆ 单击菜单栏中的"文件"→"另存为模板"命令,可以将当前的编辑文件保存为模板。

◆ 单击"文件"→"导出"命令,可以将文件按照指定的方式保存。

在 Fireworks CS5 中,可以用以下两种方法关闭文件。

◆ 单击文件窗口上的关闭按钮。如果文件未保存,则系统会出现保存文件的提示信息。

◆ 单击菜单栏中的"文件"→"关闭"命令,或按"Ctrl+W"键关闭当前文件。

3．修改文档属性

很多时候需要对新创建的文档的属性进行编辑，使创建的文档的大小、颜色和分辨率等属性满足需要。

画布的大小决定了图像可以存在的空间大小。Fireworks 允许在任意时刻修改画布的大小，方法如下。

（1）执行"修改"→"画布"→"画布大小"命令打开"画布大小"，如图 3-2-4 所示。

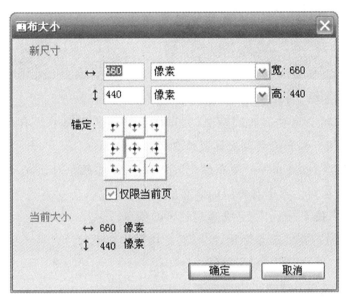

图 3-2-4　"画布大小"对话框

（2）在"新尺寸"区域输入画布新的高度和宽度值，从下拉列表中选择数值的单位。

（3）"锚定"区域中的按钮表示画布扩展或收缩的方向，默认状态下是中间的按钮被按下，表明画布向四周均匀扩展或收缩，也可以根据需要，单击相应的方向按钮。

（4）Fireworks CS5 支持在单个 PNG 文件中创建多个页面，如果只要改变当前页面的大小，则必须保留选中"仅当前页面"选项。如果要修改当前文档中所有页面的大小，则取消选中该复选框。

（5）设置完毕，单击"确定"按钮。

此外，还可以使用工具栏中的裁切工具改变画布的大小。在文档中拖动鼠标勾绘出整个文档的裁切边框后，双击鼠标即可将画布改变为裁切框所包围的大小，如图 3-2-5 所示。

注意：在重设画布大小时，画布大小变化等同于文档大小的变化，但不等同于文档中图像对象的大小变化。也就是说，改变画布大小仅改变画布的大小，画布上所绘制的图像比例并不改变。

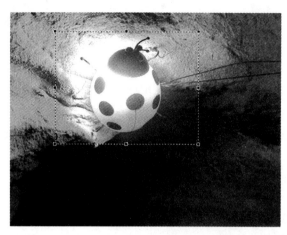

图 3-2-5　改变画布大小

Fireworks 还允许改变画布的颜色,如可以将透明的画布变为有色,或是将有色的画布变为透明。改变画布颜色的具体操作如下。

◆ 选择"修改"→"画布"→"画布颜色"命令打开画布颜色对话框。

◆ 根据需要在对话框中选择新的画布颜色。

◆ 设置完毕,按下"确定",完成修改画布的颜色。

有时可以根据需要将画布旋转,此时的具体操作如下。

◆ 选择菜单"修改"→"画布"命令。

◆ 根据需要选择二级菜单中的不同选项。

注意:旋转画布会导致在其中绘制的所有图像对象同时被旋转。

图 3-2-6 显示了两种画布旋转的结果。第一幅是原始图,第二幅为顺时针旋转 90°。

图 3-2-6　旋转画布

在画布上绘制图像时,有时会出现画布与对象大小不匹配的情况。例如:图像对象绘制在画布中的某个局部位置,而四周都是画布,显得很不协调。这时就需要调整画布,使其刚好容纳所画的图像。

Fireworks 修剪画布的具体操作如下。

◆ 选择"修改"→"画布"→"修剪画布"命令。画布的大小自动被缩小,直至刚好容纳图像内容,如图 3-2-7 所示。

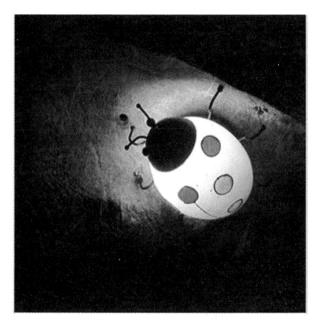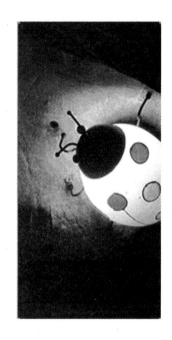

图 3-2-7　修剪画布

◆ 选择"符合画布"命令可以使较小的画布适应较大的图像范围,如图 3-2-8 所示,第一幅图为在较小的画布上移动对象,而第二幅图显示了"符合画布"之后的效果。

注意:只能将画布从大到小进行修剪,而不能将画布从小到大进行修剪。

图 3-2-8　符合画布

(七) 导入图像

在 Fireworks 中可以把在其他软件中绘制的对象、文本以及来自扫描仪或者数码相机的图像导入进来。导入图像的步骤如下。

（1）选择"文件"→"导入"命令。

（2）在导入文件对话框中选择需导入的文件，单击"打开"按钮。

（3）在文档窗口拖动鼠标指针，出现一个虚线矩形框，如图3-2-9所示。松开鼠标，图片被导入矩形框中。导入图片大小、位置和尺寸由拖动产生的矩形框决定，如图3-2-10所示。

也可以直接在文档编辑窗口中单击鼠标，图片也能被导入。单击的位置即图片左上角的位置，图片的大小不变，保持原尺寸。

图3-2-9　画出虚线框　　　　　　　　　图3-2-10　导入图片

此外，Fireworks支持从扫描仪或数码相机中直接导入图像。导入的图像以新文档的形式打开。选择菜单栏"文件"→"扫描"命令，就可以很方便地扫描所需的图像。由于此设置与扫描仪的驱动以及参数设置密切相关，在此不一一叙述。

（八）辅助设计工具的使用

Fireworks CS5为编辑网页图像提供了极为方便的辅助工具，使用它们可以使操作更加精确，大大提高了工作效率。

1. 标尺

使用标尺可以帮助我们在图像窗口的水平和垂直方向上精确设置图像位置。不管创建文档时所用的度量单位是什么，Fireworks中的标尺总是以像素为单位进行度量。

单击"视图"→"显示标尺"或"隐藏标尺"命令，可以显示或隐藏标尺。

2. 辅助线

使用辅助线可以更精确地排列图像，标记图像中的重要区域。常用的辅助线操作有添加、移动、锁定和删除等。

◆ 在显示标尺的状态下，将光标指向水平标尺，按住鼠标向下拖曳可以添加一条水平辅助线；将光标指向垂直标尺，按住鼠标向右拖曳可以添加一条垂直参考线，如图3-2-11所示。

◆ 将光标移动到辅助线上，光标变为双向箭头形状，此时拖曳鼠标可移动辅助线；

如果要将辅助线精确定位,可以双击辅助线,在弹出的对话框中输入辅助线的具体位置,即可将该辅助线移到指定的位置,如图 3-2-12 所示。

 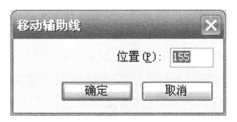

图 3-2-11 利用标尺制作辅助线 　　　　　图 3-2-12 设置辅助线位置

◆ 如果将辅助线拖拽到窗口以外,则删除该辅助线。在 Fireworks CS5 中,用户还可以选择菜单栏"视图"→"辅助线"→"清除辅助线"命令,一次删除画布中的所有辅助线。

◆ 单击"视图"→"辅助线"→"锁定辅助线"命令,辅助线被锁定,不能再移动。

◆ 单击菜单栏中的"视图"→"辅助线"→"对齐辅助线"命令,可以使图像或选择区域自动捕捉距离最近的辅助线,实现对齐操作。

◆ 重复执行菜单栏中的"视图"→"辅助线"→"显示辅助线"命令,可以显示或隐藏辅助线。

◆ 选择"编辑"→"首选参数"→"辅助线和网格"命令,在弹出的如图 3-2-13 所示的"首选参数"对话框中可以设置辅助线的各项参数,包括辅助线的颜色等。

◆ 单击"视图"→"9 切片缩放辅助线"→"锁定辅助线"命令,"9 切片缩放辅助线"被锁定,不能再移动。

图 3-2-13 "首选参数"对话框

使用"9切片缩放辅助线"可以在缩放标准对象或元件时,最好地保留对象指定区域的几何形状,辅助线之外的部分(如对象的4个角)在缩放时不会变形。

智能辅助线是临时的对齐辅助线,可帮助用户相对于其他对象创建对象、对齐对象和编辑对象。

◆ 在菜单栏中选择"视图"→"智能辅助线"→"显示智能辅助线"菜单命令,可激活智能辅助线。

◆ 在菜单栏中选择"视图"→"智能辅助线"→"对齐智能辅助线"菜单命令,可使图像或选择区域自动捕捉距离最近的智能辅助线。

◆ 执行"编辑"→"首选参数"→"辅助线和网格"命令,在弹出的面板中可以更改智能辅助线出现的时间、方式和颜色。

默认情况下,显示并对齐辅助线和智能辅助线,且智能辅助线显示为洋红色。

3. 网格

网格是文档窗口中纵横交错的直线,通过网格可以精确定位图像对象。

◆ 选择"视图"→"网格"→"显示网格"命令即可在文档编辑窗口中显示网格,如图3-2-14所示。与Fireworks早期版本的实线网格不同,Fireworks CS5的网格使用虚线和颜色较浅的默认网格颜色。

图 3-2-14　显示网格

◆ 选择"视图"→"网格"→"对齐网格"命令,在文档中创建或移动对象时,就会自动对齐距离最近的网格线。

◆ 选择"编辑"→"首选参数"→"辅助线和网格"命令,在弹出的"首选参数"对话框中可以设置网格的参数。"↔"设置网格线的水平间距,单位为像素。"↕"设置网格线的垂直间距。

三、动态元件的制作与应用

(一) 动画元件

1. 创建/编辑动画原件

在Fireworks中,可以直接创建动画元件,也可将现有对象转换为动画元件。创建动画元件后可以随时对元件的动画效果进行设置。下面以一个简单例子演示动画元件的创建和编辑方法,具体步骤如下。

（1）选择"编辑"→"插入"→"新建元件",弹出"元件属性"对话框,如图 3-2-15 所示。

（2）在对话框的"名称"栏内输入动画元件的名称,在"类型"栏内选择"动画"。

（3）单击"确定"按钮,在弹出的元件编辑窗口中导入一幅图片作为动画元件,如图 3-2-16 所示。

（4）编辑完动画元件的属性后单击"完成"关闭元件编辑窗口。此时,在画布中会自动添加一个动画元件的实例。

（5）执行"修改"→"动画"→"设置"命令,打开如图 3-2-17 所示的"动画"对话框对动画元件进行编辑。设置状态数为 6,并设置位移、方向和缩放,单击"确定"。此时,单击编辑窗口下方的播放按钮可以看到动画效果。

图 3-2-15 "元件属性"对话框

图 3-2-16 导入图像

图 3-2-17 "动画"对话框

2. 编辑动画路径

使用 Fireworks 可以自动生成直线、旋转的动画效果。如果要制作一些更复杂的动画,那么就需要编辑动画路径了。下面以一个简单例子演示编辑动画路径的方法,具体步骤如下。

（1）制作一个动画元件,选中动画元件后,元件上会显示元件边框、动画路径和动画路径点,如图 3-2-18 所示。

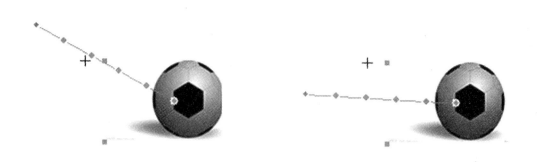

图 3-2-18　改变动画路径

（2）元件上绿色的动画路径点表示运动起始点,红色的动画路径点表示运动结束点,中间蓝色的动画路径点均表示中间的位置。动画路径点与动画的帧数目相同,每帧都会对应一个动画路径点。

设置动画路径点的位置,可以编辑动画路径。不同的动画路径点,有不同的作用。

◆ 拖动蓝色的动画路径点可以在保持结束点不变的前提下改变动画方向。

◆ 拖动红色的动画路径点可以在保持起始点不变的前提下改变运动方向。

◆ 拖动绿色的动画路径点可以移动动画路径,并保持方向不变。

在改变动画方向时,按住"Shift"键,可以以 45°的改变量来改变动画方向。

（二）动画状态

动画元件的每一个动作都存放在"状态"（Fireworks CS5 之前的版本称为帧）中,当按照一定顺序播放这些状态时,即可产生动画效果。Fireworks 中的状态就像电影胶片中的帧一样,在某一个时刻只能看到某一个帧。在每个状态的播放时间不变的前提下,增加一个状态,相当于增加了胶片的长度,也就是延长了动画的时间。也可以改变状态的顺序,这和电影胶片的剪辑也是不谋而合的。

1. 添加删除帧

一般开始创建动画时,文件中只有一个状态。而动画必须包含 2 个或 2 个以上的状态才能在图像中显示动态效果。所以,创建新的动画图像时,首要任务是在文档中添加状态。

根据不同的需要,可以采用下面几种不同的方法在动画中添加状态。

◆ 如果要在动画最后追加一个状态,单击"状态"面板右下角的"新建"→"重制状态"按钮即可。追加的状态除画布颜色与第 1 状态相同外,其余都是空白。

◆ 如果要在当前状态后面插入一个状态,可选中当前状态,选择菜单栏"编辑"→"插入"→"状态"命令。插入状态位于动画的当前状态之后,属性参数介于相邻两个状态之间。

◆ 按住"Alt"键,在"状态"面板的状态列表区域单击鼠标左键,可直接添加新的空白状态。

◆ 如果要在指定位置插入多个状态,可以单击"状态"面板右上角的面板菜单按钮,选择面板菜单的"添加状态"命令。此时会弹出"添加状态"对话框,如图 3-2-19 所示。在"数量"栏设定插入状态的数目,在"插入新状态"栏内设定插入位置。设置完毕,单击"确定"按钮,即可在指定位置插入多个状态。插入状态共有 4 种插入位置。

◇ "在开始":插入的状态位于所有状态之前。

◇ "在当前状态之前":插入的状态位于当前状态之前。

◇ "在当前状态之后":插入的状态位于当前状态之后。

◇ "在结尾":插入的状态位于所有状态之后。

图 3-2-20 表示在"状态"面板中添加了 3 个新状态。

图 3-2-19 添加状态

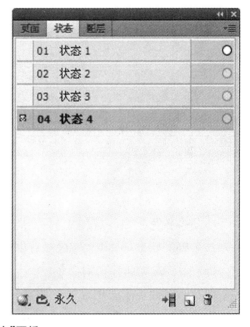

图 3-2-20 "状态"面板

对于不需要的状态,可以将其在文档中删除,删除状态有如下几种操作:

◇ 在"状态"面板中选中要删除的状态,打开"状态"面板菜单,选择"删除状态"命令。删除选中的状态。

◇ 在"状态"面板上选中要删除的状态,单击"状态"面板上的删除"状态"按钮,删除选中的状态。

◇ 在"状态"面板上选中要删除的状态,将该帧拖动到"状态"面板上的删除"状态"

按钮上,即可删除状态。

2. 重新排序状态

在新建状态和复制状态的操作中,总有一些状态没有调整到合适的位置;或者不小心误操作,弄错了状态的顺序。这时,调整状态的顺序就显得很重要了。

在 Fireworks 中调整状态顺序的操作很简单,在"状态"面板中,选中需要调整顺序的状态,直接用鼠标将它拖动到状态列表中合适的位置就行了。对状态重新排序后,Fireworks 自动对所有的状态重新排列,并且状态的名称也会根据新的顺序改变,如图 3-2-21 所示。

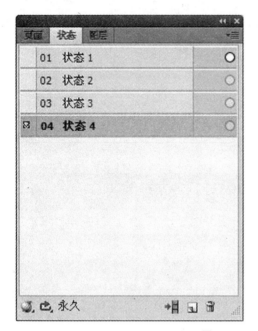 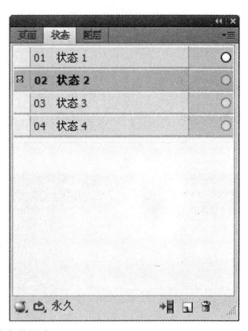

图 3-2-21　改变状态的顺序

3. 编辑状态中的对象

动画中各状态之间是独立的关系,编辑某状态不会对其他状态产生影响。不过有些时候需要跨状态编辑对象,这就需要使用一些状态命令。

(1) 在状态之间移动对象。

在"状态"面板上选中需要移出对象的状态,在文档编辑窗口选中需要移动的对象。拖动移出状态右侧的单选按钮即可将对象移动到其他状态中。

(2) 状态之间复制对象。

可以用下面任意一种方法在状态之间复制对象。

◆ 在状态之间移动对象时,按住"Alt"键即可将对象复制到其他状态中。

◆ 选中需要复制的对象,单击"状态"面板左上角的"面板菜单"按钮,选择"面板"菜单的"复制到状态"命令,弹出"复制到状态"对话框,如图 3-2-22 所示。在对话框中选择目标状态位置。设置完毕,单击"确定"按钮即可将对象复制到指定状态中。复制状态的目标位置共有 4 种选择。

◇"所有状态"：将选中对象复制到所有状态中。

◇"上一个状态"：将选中对象复制到当前状态的前一状态。

◇"下一个状态"：将选中对象复制到当前状态的后一状态。

◇"范围"：将选中对象复制到指定范围的状态中。选择该项时，需要在下面的两个文本框设置起始位置和结束位置。

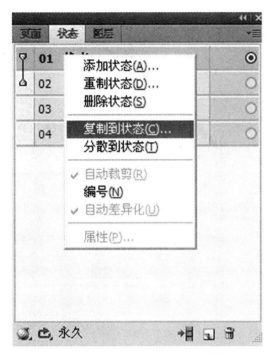

图 3-2-22　复制到状态

（3）在状态之间共享层。

在状态之间共享层可以方便地实现在多个图像状态中重复某些固定的内容，如背景等。若需要修改该对象，只需要在一个状态中对其进行修改，就可以反映到所有的状态中，从而减轻了工作。

4. 洋葱皮技术

洋葱皮是动画制作术语，其原始含义是在半透明绘图纸上绘制动画帧，绘制完毕后将绘有图片的半透明纸重叠起来透光观看。这样，就可以看到多个动画图片内容，以便编者编辑和比较。

使用 Fireworks 可以模拟洋葱皮效果，将多个状态的图像在同一个编辑窗口中显示。

单击"状态"面板左下角的"洋葱皮效果"按钮可调出洋葱皮效果菜单，如图 3-2-23 所示，菜单包含以下命令。

◆"无洋葱皮"：不使用洋葱皮技术。

◆"显示下一个状态"：使用洋葱皮技术显示当前状态的后一状态。

◆"显示前后状态"：使用洋葱皮技术显示当前状态的前一状态和后一状态。

◆"显示所有状态"：使用洋葱皮技术显示动画的所有状态。

◆"自定义"：自定义洋葱皮效果，选择该项，会弹出"洋葱皮"对话框。在对话框中设置在当前状态之前和之后显示的状态数目以及显示时的透明度。

◆"多状态编辑"：可以通过单击动画路径上的点选中不同状态中的对象，并进行编辑。

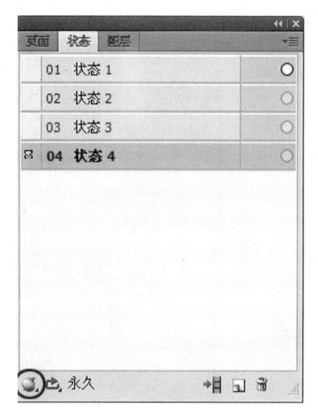

图 3-2-23　洋葱皮设置

5. 设置状态延迟时间

状态延迟决定了一个状态显示的时间，在 Fireworks 中，一个状态显示的时间是以 1/100 秒为单位的。控制动画中各状态的延迟时间可以改变动画的节奏。在 Fireworks 中，各状态的延迟时间可以不一样。在某个动画中，为了突出重点，通常可以将动画中某个主要内容的延迟时间设置得比较长。

选择"状态"面板菜单中的"属性"选项，将弹出如图 3-2-24 所示的效果图，在"状态延时"数值框中输入该状态需要显示的时间。单击窗口外的区域完成设定。

6. 设置动画循环

在播放动画时，有时需要永久地播放动画，有时需要设置播放的次数，在 Fireworks 中，允许对动画的循环次数进行控制。若要设置循环次数，单击"状态"面板底部的按钮打开如图 3-2-25 所示的循环设定菜单，选中需要的循环次数即可。

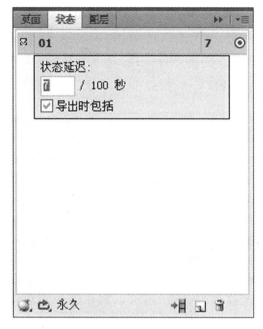
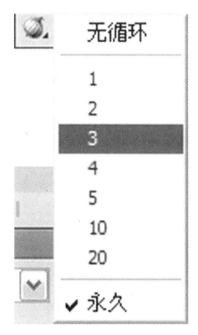

图 3-2-24　状态延时设定　　　　　图 3-2-25　循环次数设定

7．插帧动画

插帧也是动画制作术语,其原始含义是主设计师绘制出动画的关键帧,然后由助手绘制关键帧之间的其他帧图,最后形成连续的帧动画。Fireworks 的插帧动画功能也有同样的效果,用户只需设计出关键帧的图像,Fireworks 会自动生成关键帧之间的过渡帧,形成连贯统一的动画效果。使用插帧动画可以大大减少动画时间的工作量,只需编辑几个关键帧,其他状态图由 Fireworks 自动生成。

下面以一个简单实例制作演示插帧动画的制作方法,具体操作如下。

（1）新建一个文档,导入一幅心形图片,如图 3-2-26 所示。

（2）选中图片,选择“修改”→“元件”→“转换为元件”命令,将图片转换为图形元件。

（3）通过“文档库”面板,添加一个实例。

（4）选择“修改”→“变形”→“数值变形”命令,在弹出的对话框中设置变形类型为“旋转”,角度为 90°。

（5）同理添加 4 个实例,并将各实例分别旋转 180°、270° 以及 360°。将实例移动到关键帧对应的位置,均匀地放在一条水平线上,此时的效果如图 3-2-27 所示。

图 3-2-26　图形元件　　　　　　　图 3-2-27　图形元件

（6）选中所有作为关键帧的实例。选择菜单"修改"|"元件"|"补间实例"命令，打开"补间实例"对话框。

（7）在"步骤"文本框中，输入在两个实例之间由 Fireworks 插入的状态的数目。

（8）插入的状态的数目越多，动画就越细腻，当然，图像也就越大。本例选择4，选中"分发到状态"复选框。

（9）单击"确定"，完成插帧动画。单击"状态"面板底部的"洋葱皮"按钮，选中"显示所有状态"命令。

若未选中"分发到状态"复选框，则 Fireworks 生成的中间过程都出现在同一个状态中，并且它们全部都以实例的形式存在，称作插帧实例。

每个插帧实例的位置和旋转角度都是由 Fireworks 根据两个关键帧实例之间的差别自动计算的。可以看到，Fireworks 生成的插帧实例同自行指定的关键帧实例本质上相同。

通过插帧不仅能制作诸如旋转或移动这样的动画，还可以制作许多的动画效果。例如：通过设置各个关键帧实例的不透明性，从而生成淡入淡出的动画效果；或是改变各个关键帧实例的活动特效，生成更为特异的动画效果。

8. 切片动画

若想在一幅很大的图像中设置较小的部分为动画效果，可以使用 Fireworks 中的切片技术。Fireworks 允许将图像的某个单独切片设置为动画效果。这也就是为单独的某个切片添加多个图帧，导出时，该切片四周的其他图像切片导出为普通的图像，而动画的切片区域导出为动画 GIF 图像。

例如：在图 3-2-28 的背景图中的左上方设置树叶飘落的动画，基本操作如下。

（1）打开一幅风景图片，在图像中绘制出需要制作成动画的切片对象。

（2）在文档中创建多个状态，如图 3-2-28 中的第一幅图所示。

（3）在各个状态中切片对象所在的位置上，分别设置动画的各个状态内容，如图 3-2-28 中的第二幅图所示。

（4）在文档中选中切片对象，并设置其优化选项。文件格式应设置为"GIF 动画"。

（5）对图像中其他的区域进行常规优化。

（6）完成导出。

图 3-2-28　创建飘落树叶动画

9. 优化动画

好的动画优化在保持动画质量基本不变的情况下，可大大降低文件的大小，而且有时还能对动画做一些特别的设置，如设置某种颜色为透明色。

（1）优化 GIF 动画

◆ 动画的优化设置是在"优化"面板中完成的，具体步骤如下。

◆ 选择菜单栏"窗口"→"优化"命令，即可调出优化面板，如图 3-2-29 所示。

◆ 选择 GIF 动画文件格式。

◆ 选择"颜色"设置，选择显示的颜色种类越少，文件越小。

◆ 设置压缩损失，值越大，文件越小。

◆ 设置抖动值，此项设置对文件的大小没有影响。

◆ 制作动画时，很难做到动画和画布一样大小。输出动画到网页上时，画布的颜色和网页背景的颜色会不匹配。此时，将画布的颜色设置为透明可以解决这个问题。使用设置透明色命令，可以将一种或多种颜色设置为透明，从而达到这种特殊的效果。

◆ 在透明选项列表框中选择"索引色透明"，即可将画布的颜色设置为透明。

图 3-2-29　"优化"面板

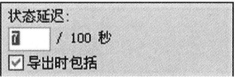

图 3-2-30　"状态延迟"对话框

（2）优化 GIF 动画图像

◆ 在"状态"面板中，选中需要优化的状态。

◆ 打开"状态"面板菜单，选择"属性"命令，打开如图 3-2-30 所示的"状态延迟"对话框。

◆ 选中"导出时包括"复选框，则在导出图像时包括该状态；清除该复选框，则在导出图像时不将该状态导出。若某个状态不被导出，则在"状态"面板上，该状态右侧会出现一个红色的叉，如图 3-2-31 所示。

图 3-2-31　设置不导出状态

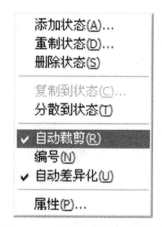

图 3-2-32　自动裁剪和自动差异化

◆ 在"状态"面板中的面板菜单中选择"自动裁切"命令,Fireworks 对文档中各状态自动进行比较,裁出所有状态中有变化的区域。利用这一操作可以只保存图像中改变过的内容,而不会将未改变的内容重复存储,从而可以缩小文件大小。

◆ 在"状态"面板的"面板"菜单中选择"自动差异化"命令,激活 Fireworks 的自动差异化功能,可以将自动裁切区域中未改变的像素转换为透明像素,如图像的背景等,进一步减少文件大小,如图 3-2-32 所示。

(3) 使用"导出预览"对话框优化文档

选择菜单"文件"→"图像预览"命令,打开"导出预览"对话框。选择"动画"选项卡,出现"导出预览"对话框,如图 3-2-33 所示。

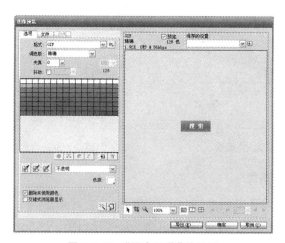

图 3-2-33　"导出预览"对话框

单击"处置方式"按钮,打开下拉列表,如图 3-2-34 所示,包含以下几个选项。

◆"未指明":由 Fireworks 自动选择对各状态的处理方式。

◆"无":不对状态进行处理,生成图像时采用状态与状态的简单叠加。即显示完第一状态后,第二状态叠加显示在第一状态之上,第三状态叠加显示在前两个状态之上,依此类推。这种选项通常用于在一个较大的背景上叠加显示较小的对象,如果对象是重叠的,那么就可以获得诸如从小变大的效果。

◆"恢复到背景":在生成的图像中,每个状态中的内容都显示在背景之上。该方式适合在一个透明的背景中移动对象。

◆"恢复为上一个":在生成的图像中,当前状态的内容会显示在前一状态之上。该方式适合在一个图片类型的背景上移动对象。选择了某种方式后,在"动画"选项卡帧列表项中部,会显示该方式的首字母缩写,如图 3-2-35 所示。

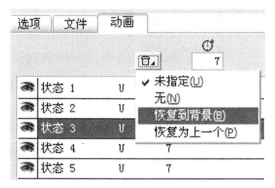

图 3-2-34　"处置方式"下拉列表

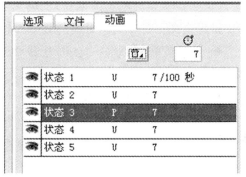

图 3-2-35　不同处置方式

单击状态列表中状态项左边的眼睛图标,可以控制状态的导出与否。出现眼睛图标,表示该状态项会导出。再次单击眼睛图案,图标消失,表示不导出该状态。

选中一个或多个状态,在状态延时文本框中输入需要的状态延迟时间,单位为 1/100 秒;在"动画"选项卡的状态列表的右下角位置,显示有动画总的延迟时间。

单击"循环播放"按钮,在下拉列表中选择循环播放次数,如图 3-2-36 所示。

选中"自动裁切"和"自动差异化"复选框,可以激活 Fireworks 对应的特性。

在"导出预览"对话框的右部还可以对动画进行剪切和预览动画等。

(4) 预览动画

可以在 Fireworks 的文档窗口中预览动画效果,也可以在浏览器中对动画进行预览。单击 Fireworks 程序窗口状态行右方的"动画播放"按钮,可以在文档窗口中直接预览动画的播放效果,如图 3-2-37 所示。

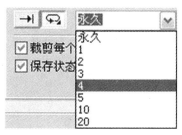

图 3-2-36　循环次数设置

图 3-2-37　"动画播放"按钮

注意:在文档窗口中播放动画时,不论循环次数设置为多少,动画都将一直循环播放下去,直到按下动画播放按钮中的停止按钮为止。此外,文档窗口中显示的内容同导出的 GIF 图像内容有一定的差别。因为文档窗口中可以显示全彩色图像,而导出的 GIF 图像最多只有 256 色。

选择菜单"文件"→"在浏览器中预览"→"在 IE 中预览"命令,可以直接在 IE 浏览器中预览。此时,也可以直接按"F12"键打开 IE 浏览器。

注意:在"优化"面板中必须选择"GIF 动画"作为导出文件格式,否则在浏览器中预览文档时将看不到动画。即使打算将动画以 SWF 文件或 Fireworks PNG 文件导入 Flash 中,也必须这样做。

Fireworks 指定两个浏览器:主浏览器和次浏览器。

指定主浏览器和次浏览器的具体操作如下。

◆ 选择菜单"文件"→"在浏览器中预览"→"设置主浏览器"命令,打开"定位浏览器"对话框。

◆ 选择要设为主浏览器的执行程序。

◆ 单击"打开"完成设置。

◆ 同样,选择"文件"→"在浏览器中预览"→"设置次浏览器"命令可以设置次浏览器。

10. 导出动画

通常情况下,使用 Fireworks 编辑的动画都是以 GIF 格式导出的。

(1)在"优化"面板中将"导出文件格式"设置为"GIF 动画"。

(2)选择菜单栏"文件"→"导出"命令。

(3)在"导出"对话框中设定导出 GIF 文件的名称和存放路径,并将"保存类型"设置为"仅图像"。

(4)设置完毕,单击"保存"按钮,即可将动画以 GIF 格式导出。

四、实例制作

(一)标题动画

打开 Fireworks 编辑器,创建一个大小为 400×80 的新文件;分辨率设置为 300 像素/英寸;背景色设置为"自定义",选择"蓝色"作为背景,选择"确定"按钮。

(1)选择"文本"工具,在"文本"属性窗口中设置参数如下:在文本输入区中输入字符串为"fireworks";字体设置为"Impact";大小为 50;字体颜色设置为"红色",字体"加粗";选择"平滑消除锯齿",效果如图 3-2-38 所示。

(2)在"层"面板中选择"层 1",设置其不透明度为 15%,效果如图 3-2-39 所示。

图 3-2-38　输入文本

图 3-2-39　文本效果

（3）选择"文本"工具，在"属性"面板中设置字体为"Impact"；大小为 44；字体颜色为"绿色"，字体"加粗"，选择"平滑消除锯齿"；在文本输入区中输入字符串为"Dreamweaver"；选择该图层，设定不透明度为 25％，效果如图 3-2-40 所示。

（4）选择"文本"工具，在"文本"属性面板中设置字体为"Impact"；大小为 35；字体颜色为"黄色"，选择字体"加粗"；选择"平滑消除锯齿"；在文本输入区中输入字符串"Flash"；选择该图层，设定其不透明度为 15％，效果如图 3-2-41 所示。

fireworks	**fireworks**
图 3-2-40　文本淡化效果	图 3-2-41　文本效果

（5）选择"直线"工具，在其"属性"面板上设置笔触颜色为"紫色"；笔触模式为"铅笔"→"1 像素柔化"，宽度设置为 1；纹理的不透明度设置为 0％。

按照如图 3-2-42 所示的效果在画布上绘制一组直线。

（6）选择"修改"→"组合"命令将直线组群。

（7）选择"椭圆"绘制工具，绘制两个圆形，在"属性"面板上设置其笔触填充选择"无"，内部填充方式为"实心"→"棕色"。效果如图 3-2-43 所示。

图 3-2-42　直线绘制效果　　　　　图 3-2-43　圆形绘制位置

（8）选择"椭圆"绘制工具，在画布的中心绘制一个圆形。选择染色桶工具对其进行颜色的填充。在颜色调整对话框中选择"放射性"选项；编辑颜色为"白绿渐变色"；边缘设置为"消除锯齿"；纹理的透明度设置为 0％。在其"属性设置"对话框中进行线框设置，宽度为 3；选择"1 像素柔化"；透明度设置为 0；颜色设置为"棕色"，效果如图 3-2-44 所示。

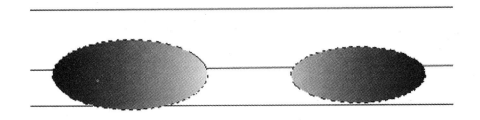

图 3-2-44　填充效果

（9）选择"选取"工具；选中细线、两个小圆形和一个大圆形，选择"修改"→"组合"命令，将其成组。

（10）右键单击"层"面板，在弹出的上、下文菜单中选择"在状态之间共享层"命令，共享该层，会发现在层 1 的后面出现一个双箭头标志，说明该层已经共享，如图 3-2-45 所示。

（11）单击"层"面板右边的倒三角，在弹出的层操作菜单中选择"新建层"命令，添加新的图层，如图 3-2-46 所示。

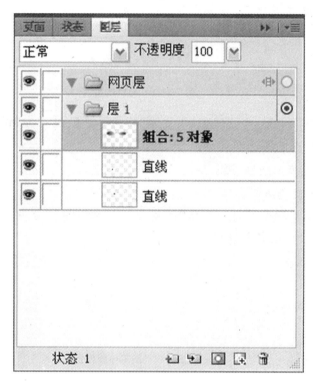

图 3-2-45　层共享　　　　　　　　　　　图 3-2-46　新建层操作

（12）选择"文本"工具，在"文本属性"面板中设定字体为华文彩云；大小为 28；颜色为"白色"；选择"平滑消除锯齿"选项，在如图 3-2-47 所示的位置输入"动"字符。

（13）选择"修改"→"元件"→"转换为元件"命令，在弹出的"转换为元件"对话框中设置元件名称为"动"，类型为"动画"，选择"确定"按钮，如图 3-2-48 所示。

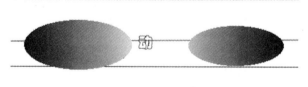

图 3-2-47　输入文本　　　　　　　　　　图 3-2-48　"转换元件"对话框

（14）在弹出的"动画"属性设定窗口中，设置状态为 5；移动设置为 160；方向设置为 9；缩放到设置为 100；不透明度从 100～100；旋转设为 360，点选"顺时针"选项，如图 3-2-49所示。

（15）完成的动画设定，效果如图 3-2-50 所示。

图 3-2-49 "动画"属性设定

图 3-2-50 动画设定效果图

（16）选择"第 1 状态"，在画布上输入"画""创""作"的动画效果，效果如图 3-2-51 所示。

（17）选择"第 3 状态"，选择"文本"工具，在"文本属性"面板中设置字体为"Arial"；大小为 25；颜色为"白色"；水平缩放设置为 40％；选择"平滑消除锯齿"选项；输入"Adobe Fireworks"字符串，效果如图 3-2-52 所示。

图 3-2-51 多个动画路径

图 3-2-52 第 3 状态效果

（18）选择"修改"→"元件"→"转换为元件"命令，使用默认的名字，选择"动画"复选框。选择"确定"，将弹出如图 3-2-49 所示的"动画"属性设定窗口，参数设定如：状态设置为 3；移动设置为 218；方向设置为 186；缩放到为 100；不透明度从 50～100；旋转设为 0，点选"顺时针"选项。

（19）完成动画设定效果。

（20）选择"预览"按钮进行预览，单击"播放"按钮进行播放。

（二）文字标志

（1）新建一个文档，颜色为"白色"。

（2）选择文本工具，在"属性"面板中设置文字颜色为"深蓝色"，在画布上输入"文字标志制作技巧"。

（3）在工具箱中选取钢笔工具，绘制一条路径，路径要求平滑，如图 3-2-53 所示。

（4）选定文本和路径，选择"文本"→"附加到路径"命令，文本沿路径分布，得到如图 3-2-54 所示效果。

图 3-2-53　输入文本及绘制路径　　　　　　　图 3-2-54　文本沿路径分布

（5）选择"文本"工具，在画布上输入"welcome"字样。

（6）在工具箱中选取"钢笔"工具，绘制一条路径，注意与前一条路径的呼应效果，如图 3-2-55 所示。

（7）选定"welcome"字样及刚刚画出的路径，选择"文本"→"附加到路径"命令，文本沿路径分布，得到如图 3-2-56 所示的效果。

（8）选定"文字图标"字样，利用"变形"工具，对文本进行变形处理，同样，对"welcome"字样进行变形处理，效果如图 3-2-57 所示。

（9）选定全部文本，在"属性"面板中，选择"线状填充"。

（10）单击"属性"面板的"添加特效"按钮，选择"斜角与浮雕"→"内斜角"命令，如图 3-2-58 所示，在弹出的对话框中设置对比度为 75％，柔化度为 3，宽度为 10，光照角度为 135，如图 3-2-59，最终效果如图 3-2-60 所示。

图 3-2-55　绘制新路径　　　　　　　　　图 3-2-56　文本沿路径分布

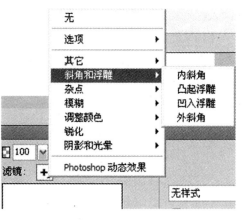

图 3-2-57　文字变形操作　　　　　　　　图 3-2-58　添加特效

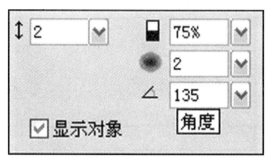

图 3-2-59　添加特效对话框

图 3-2-60　最终效果

⟲ 第三节　Flash CS5

一、Flash CS5 简介

Flash 可以实现多种动画特效,是由一帧帧的静态图片在短时间内连续播放而形成的视觉效果,表现为动态过程。在现阶段,Flash 应用的领域主要有娱乐短片、片头、广告、MTV、导航条、小游戏、产品展示、应用程序开发的界面和开发网络应用程序等几个方面。

(一) Flash 基本功能

1. 绘图

Flash 包括多种绘图工具,它们在不同的绘制模式下工作。许多创建工作都开始于矩形和椭圆这样的简单形状,因此能够熟练地绘制、修改它们的外观是很重要的。对于 Flash 提供的 3 种绘制模式,它们决定了"舞台"上的对象彼此之间如何交互,以及能够怎样编辑它们。默认情况下,Flash 使用合并绘制模式,但是用户可以启用对象绘制模式,或者使用"基本矩形"或"基本椭圆"工具,以使用基本绘制模式。

2. 编辑图形

绘图和编辑图形不但是创作 Flash 动画的基本功,也是进行多媒体创作的基本功。只有基本功扎实,才能在以后的学习和创作道路上一帆风顺,使用 Flash Professional8 绘图和编辑图形——这是 Flash 动画创作的三大基本功的第一位。在绘图的过程中要学习怎样使用元件来组织图形元素,这也是 Flash 动画的一个巨大特点。Flash 中的每幅图形都开始于一种形状。形状由两个部分组成:填充(Fill)和笔触(Stroke),前者是形状里面的部分,后者是形状的轮廓线。如果用户记住这两个组成部分,那么就可以比较顺利地创建美观、复杂的画面。

3. 补间动画

补间动画是整个 Flash 动画设计的核心,也是 Flash 动画的最大优点,它有动画补间和形状补间两种形式。用户学习 Flash 动画设计,最主要的就是学习"补间动画"设计。在应用影片剪辑元件和图形元件创作动画时,有一些细微的差别,用户应该完整把握这些细微的差别。

(二) Flash CS5 新增功能特性

Flash CS5 新增功能特性如表 3-3-1 所示。

表 3-3-1　Flash CS5 新增功能特性

新增功能	特性
1. FL 格式	XFL 格式,将变成现在 Fla 项目的默认保存格式
2. 文本布局	在 Flash CS5 Professional 中已经在垂直文本、外文字符集、间距、缩进、列及优质打印等方面都有所提升。提升后的文本布局,可以让用户轻松控制打印质量及排版文本
3. 码片段库	具有专业编程的 IDE 才会出现的代码片段库,可以方便地通过导入和导出功能,管理代码
4. Flash Builder 完美集成	让 Flash Builder 来做最专业的 Flash ActionScript 编辑器
5. Flash Catalyst 完美集成	可以将团队中的设计及开发快速串联起来
6. Flash Player 10.1 无处不在	无须为每个不同规格设备重新编译,就可以让作品部署到多设备上

(三) 操作界面

1. 界面显示

在打开 Flash CS5 后,窗口将显示如图 3-3-1 所示的内容,通过选择"从模板创建"或"新建"等栏目中的选项,可以进行具体的操作。

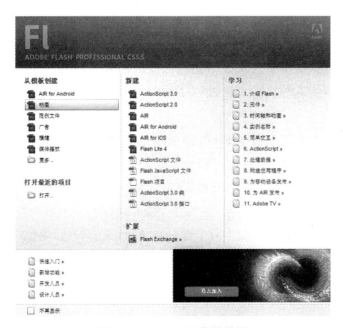

图 3-3-1　Flash CS5 初始界面

2. 菜单栏

图 3-3-2 所示为打开 Flash CS5 后显示的菜单栏,可以通过各项功能实现最终的设计与制作。

图 3-3-2　Flash CS5 菜单栏

3. 工具箱

图 3-3-3 所示为打开 Flash CS5 后工具箱中所显示的内容,可以通过各项工具完成最终的制作。

图 3-3-3　Flash CS5 工具箱

4. 时间轴

在 Flash 制作中,时间轴发挥着重要的作用,分为层控制区和时间控制区,如图 3-3-4所示。

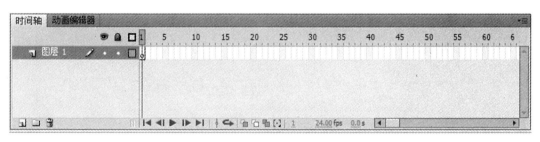

图 3-3-4　Flash CS5 时间轴窗口

二、Flash CS5 操作基础

(一) Flash CS5 工作界面

Flash CS5 工作界面主要由应用程序栏、菜单栏、工具面板、编辑区、浮动面板、属性面板和时间轴等区域组成,如图 3-3-5 所示。

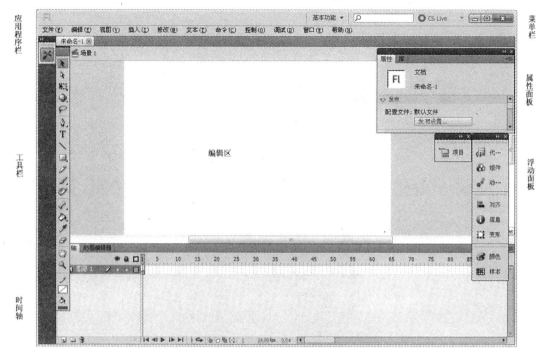

图 3-3-5　Flash CS5 工作界面

(二) Flash CS5 工作环境

为了提高制作动画的效率,可以对软件进行设置。

1. 设置首选参数

选择"编辑"→"首选参数"命令或通过快捷键"Ctrl＋U",如图 3-3-6 所示,打开"首选参数"对话框,可以在此对话框中对软件进行常规应用程序、编辑操作及剪贴板操作等参数的设置,如图 3-3-7 所示。

图 3-3-6　进入"首选参数"

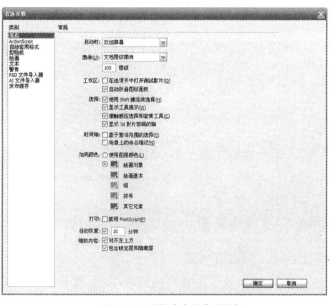

图 3-3-7　"首选参数"对话框

2. 设置快捷键

为了提高工作效率,用户通常采用快捷键来操作软件,在软件的内部设置了一些快捷键,用户也可以根据自己的习惯和需要自定义快捷键。

选择"编辑"→"快捷键"命令,如图 3-3-8 所示,打开"快捷键"对话框,如图 3-3-9 所示,用户可以在"当前设置"下拉列表框中选择不同的快捷键方法,并在"命令"选项区域中设置具体操作对应的快捷键。

图 3-3-8 进入"快捷键"设置

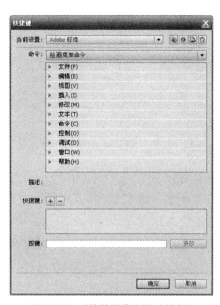

图 3-3-9 "快捷键"设置对话框

3. 标尺

通过标尺工具可以使用户掌握"舞台"中的元素的具体位置,对精确定位动画元素有很大帮助。

选择"视图"→"标尺"命令,如图 3-3-10 所示,即可在"舞台"上显示标尺,如图 3-3-11 所示。

图 3-3-10 选择"标尺"操作

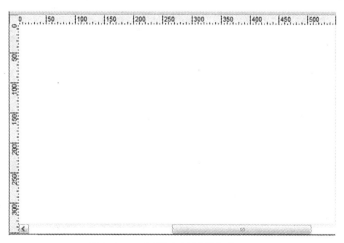

图 3-3-11 显示有标尺的舞台

4. 网格

网格的添加可以方便用户精确定位对象。

选择"视图"→"网格"→"显示网格"命令,如图 3-3-12 所示,即可在"舞台"上显示网格,如图 3-3-13 所示。

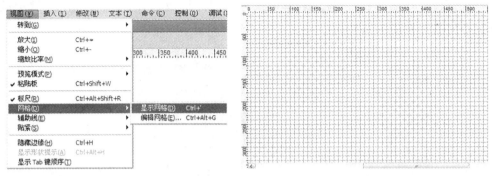

图 3-3-12　选择"网格"操作　　　　　　图 3-3-13　显示有网格的舞台

5. 辅助线

辅助线主要是配合标尺使用,其作用除了定位"舞台"中的对象外,还可在用户绘制图形时提供线条位置的参考。

选择"视图"→"辅助线"→"编辑辅助线"命令,如图 3-3-14 所示,打开"辅助线"对话框,可以对辅助线的颜色进行设置,同时还可以为辅助线设置贴紧和锁定属性,如图 3-3-15 所示。

在工作区的上方或左方通过按住鼠标左键向工作区拖动,也可获得水平或竖直的辅助线,如图 3-3-16 所示。

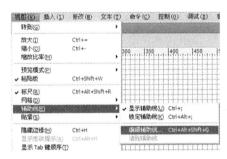

图 3-3-14　选择"编辑辅助线"操作　　　　　图 3-3-15　"辅助线"对话框

图 3-3-16　拖曳鼠标产生辅助线

三、时间轴及图层的使用

（一）时间轴的使用

时间轴用于组织和控制文档内容在一定时间内播放的图层数和帧数。与胶片一样，Flash 文档也将时长分为帧。图层就像堆叠在一起的多张幻灯胶片一样，每个图层都包含一个显示在"舞台"中的不同图像。时间轴的主要组件是图层、帧和播放头。

文档中的图层列在时间轴左侧的一列中。每个图层中包含的帧显示在该图层名右侧的一行中。时间轴顶部的时间轴标题指示帧编号。播放头指示当前在"舞台"中显示的帧。播放 Flash 文档时，播放头从左向右通过时间轴。

当时间轴状态显示在时间轴的底部时，它指示所选的帧编号、当前帧频以及到当前帧为止的运行时间。

（二）图层的使用

图层就像透明的薄片一样，在"舞台"上一层层地向上叠加。图层可以帮助用户组织文档中的插图。用户可以在图层上绘制和编辑对象，而不会影响其他图层上的对象。如果一个图层上没有内容，那么就可以透过它看到下面的图层。要绘制、上色或者对图层及文件夹进行修改，需要在时间轴中选择该图层以激活它。多层动画是 Flash 动画设计中使用最为广泛的动画类型。在 Flash 中，图层有四种状态。

◆ 活动状态：可以对该层进行各种操作。一次只能有一个图层处于活动状态。

◆ 隐藏状态：即在编辑时是看不见的。处于隐藏状态的图层不能被修改。

◆ 锁定状态：被锁定的图层无法进行任何操作。

◆ 外框模式：处于外框模式的层，层上的所有图形只能显示轮廓。

1. 创建图层

要创建图层，方法有以下三种。

◆ 单击时间轴底部的"添加图层"按钮，如图 3-3-17 所示。

◆ 选择主菜单"插入"→"时间轴"→"图层"，如图 3-3-18 所示。

◆ 选中时间轴中的一个图层名，单击鼠标右键，在弹出的快捷菜单中选择"插入图层"，如图 3-3-19 所示。

图 3-3-17　新建图层方法一

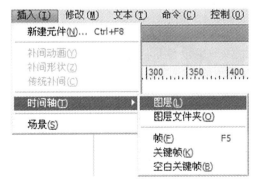

图 3-3-18　新建图层方法二

图 3-3-19　新建图层方法三

173

2. 创建图层文件夹

要创建图层文件夹,方法有以下两种。

◆ 在时间轴中选择一个图层或文件夹,然后选择"插入"→"时间轴"→"图层文件夹",如图 3-3-20 所示。

◆ 右键单击时间轴中的一个图层名称,然后在弹出菜单中选择"插入文件夹",如图 3-3-21 所示。

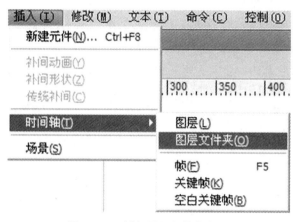

图 3-3-20　插入图层文件夹方法一　　　　图 3-3-21　插入图层文件夹方法二

3. 查看图层和图层文件夹

在工作过程中,可能需要显示或隐藏图层或文件夹。时间轴中图层或文件夹名称旁边的红色×表示它处于隐藏状态。在发布 Flash SWF 文件时,FLA 文档中的任何隐藏图层都会保留,并可在 SWF 文件中看到。为了帮助用户区分对象所属的图层,可以用彩色轮廓显示图层上的所有对象。用户可以更改每个图层使用的轮廓颜色;可以更改时间轴中图层的高度,从而在时间轴中显示更多的信息(如声音波形);还可以更改时间轴中显示的图层数。

要显示或隐藏图层或文件夹,方法如下。

(1) 单击时间轴中图层或文件夹名称右侧的"眼睛"列,可以隐藏该图层或文件夹。再次单击它可以显示该图层或文件夹。

(2) 单击眼睛图标可以隐藏时间轴中的所有图层和文件夹。再次单击它可以显示所有的层和文件夹。

(3) 在"眼睛"列中拖动可以显示或者隐藏多个图层或文件夹。

(4) 按住"Ctrl"键单击图层或文件夹名称右侧的"眼睛"列可以隐藏所有其他图层和文件夹。再次按住"Ctrl"键单击可以显示所有的图层和文件夹。或者直接单击"眼睛"列上方的  图标来实现全部显示或隐藏。

4. 编辑图层或图层文件夹

(1) 选择图层或图层文件夹。

要选择图层或文件夹,可执行以下操作之一。

◆ 单击时间轴中图层或文件夹的名称。

◆ 在时间轴中单击要选择的图层的任意一个帧。

◆ 在"舞台"中选择要选择的图层上的一个对象。

要选择两个或多个图层或文件夹,可执行以下操作之一。

◆ 要选择连续的几个图层或文件夹,按住"Shift"键在时间轴中单击它们的名称。

◆ 要选择几个不连续的图层或文件夹,按住"Ctrl"键单击时间轴中它们的名称。

（2）重命名图层或文件夹。

要重命名图层或文件夹,可执行以下操作之一。

◆ 双击时间轴中图层或文件夹的名称,然后输入新名称,如图 3-3-22 所示。

◆ 右键单击图层或文件夹的名称,然后从上、下文菜单中选择"属性"。在"名称"文本框中输入新名称,然后单击"确定",如图 3-3-23 所示。

◆ 在时间轴中选择该图层或文件夹,然后选择"修改"→"时间轴"→"图层属性"。在"图层属性"对话框中,在"名称"文本框中输入新名称,然后单击"确定",如图 3-3-24 所示。

图 3-3-22　重命名方法一　　　图 3-3-23　重命名方法二　　　图 3-3-24　重命名方法三

（3）锁定或解锁一个或多个图层或文件夹。

要锁定或解锁一个或多个图层或文件夹,可执行下列操作之一。

◆ 单击图层或文件夹名称右侧的"锁定"列可以锁定它。再次单击"锁定"列可以解锁该图层或文件夹。

◆ 单击挂锁图标可以锁定所有的图层和文件夹。再次单击它可以解锁所有的图层和文件夹。

◆ 在"锁定"列中拖动可以锁定或解锁多个图层或文件夹。

◆ 按住"Ctrl"键单击图层或文件夹名称右侧的"锁定"列,可以锁定所有其他图层或文件夹。再次按住"Ctrl"键单击"锁定"列可以解锁所有的图层或文件夹。或者单击"锁定"列上方 图标完成锁定的全部任务。

（4）复制图层或图层文件夹。

若要复制图层,可执行以下操作。

◆ 单击时间轴中的图层名称可以选择整个图层,选择"编辑"→"时间轴"→"复制帧"(快捷键"Ctrl＋Alt＋C"),如图 3-2-25 所示。单击"新建图层"按钮可以创建新层,如图 3-3-26 所示。单击该新图层,然后选择"编辑"→"时间轴"→"粘贴帧"(快捷键"Ctrl＋Alt＋V"),如图 3-3-27 所示。

图 3-3-25　复制帧　　　　图 3-3-26　新建图层　　　　图 3-3-27　粘贴帧

若要复制图层文件夹的内容,可执行以下操作。

◆ 如果需要,单击时间轴中文件夹名称左侧的三角形可以折叠它。

◆ 单击文件夹名称可以选择整个文件夹。选择"编辑"→"时间轴"→"复制帧"(快捷键"Ctrl＋Alt＋C"),如图 3-3-28 所示。选择"插入"→"时间轴"→"图层文件夹"以创建新文件夹,如图 3-3-29 所示。单击该新文件夹,然后选择"编辑"→"时间轴"→"粘贴帧"(快捷键"Ctrl＋Alt＋V"),如图 3-3-30 所示。

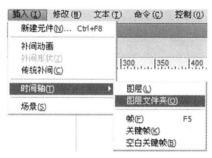

图 3-3-28　复制帧　　　　图 3-3-29　插入文件夹　　　　图 3-3-30　粘贴帧

(5) 删除图层或文件夹。

若要删除图层或文件夹,可执行以下操作。

◆ 单击时间轴中的"删除图层"按钮,如图 3-3-31 所示。

◆ 将图层或文件夹拖到"删除图层"按钮,如图 3-3-32 所示。

◆ 右键单击该图层或文件夹的名称,然后从弹出菜单中选择"删除图层",如图 3-3-33 所示。

图 3-3-31　删除图层方法一　　　图 3-3-32　删除图层方法二　　　图 3-3-33　删除图层方法三

（6）更改图层或文件夹顺序。

更改图层或文件夹的顺序：将时间轴中一个或多个图层或文件夹拖动到时间轴中其他图层上方或下方的所需位置。

四、Flash 动画制作

（一）逐帧动画制作

帧的类型：Flash 中帧可以分为关键帧和普通帧。

1．关键帧

◆ 定义：用来存储用户对动画的对象属性所作的更改或者 ActionScript 代码。

◆ 显示：单个关键帧在时间轴上用一个黑色圆点表示。

◆ 补间动画：关键帧之间可以创建补间动画，从而生成流畅的动画。

◆ 空白关键帧：关键帧中不包含任何对象即为空白关键帧，显示为一个空心圆点。

2．普通帧

普通帧是指内容没有变化的帧，通常用来延长动画的播放时间。空白关键帧后面的普通帧显示为白色，关键帧后面的普通帧显示为浅灰色。普通帧的最后一帧中显示为中空矩形。

3．逐帧动画的原理

逐帧动画的原理是逐一创建出每一帧上的动画内容，然后顺序播放各动画帧上的内容，从而实现连续的动画效果。

4．逐帧动画实例——"飞翔的小鸟"

"飞翔的小鸟"动画效果如图 3-3-34 所示，操作步骤如下。

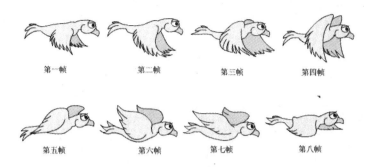

第一帧　　　　第二帧　　　　第三帧　　　　第四帧

第五帧　　　　第六帧　　　　第七帧　　　　第八帧

图 3-3-34　动画效果

(1) 运行 Flash CS5 软件。

(2) 新建一个 Flash 文档。

(3) 设置文档属性,如图 3-3-35 所示。

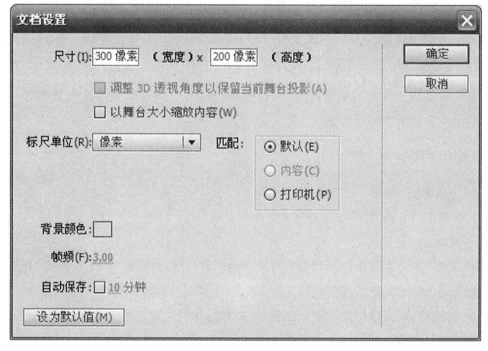

图 3-3-35　文档设置

(4) 设置文档尺寸为"300 像素(宽度)×200 像素(高度)"。设置"帧频"为 3fps。

(5) 在第一帧处插入图 3-2-34 中的第一帧图片,鼠标单击第二帧,插入关键帧,在此处插入图 3-2-34 中的第二帧图片,依次完成所有内容即可。

(6) 应用快捷键"Ctrl+Enter"测试动画效果,应用快捷键"Ctrl+S"保存影片文件,实例制作完成。

(二) 补间形状动画制作

1. 补间形状动画原理

补间形状动画是指在两个或两个以上的关键帧之间对形状进行补间,从而创建出一个形状随着时间变成另一个形状的动画效果。补间形状动画可以实现两个矢量图之间的颜色、形状及位置的变化。

2. 补间形状动画属性面板

Flash CS5 属性面板随选定的对象不同而发生相应的变化,当建立一个补间形状动画后,单击时间轴,其属性面板如图 3-3-36 所示。在"补间"选项栏中经常使用的选项有以下几种。

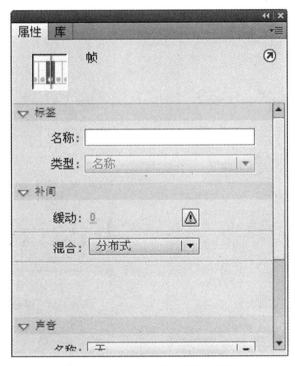

图 3-3-36　补间形状动画属性面板

(1)"缓动"参数。

在"缓动"参数中输入相应的数值,形状补间动画则会随之发生相应的变化。

◆ 其值在 $-100\sim0$ 之间时,动画变化的速度从慢到快。

◆ 其值在 $0\sim100$ 之间时,动画变化的速度从快到慢。

◆ 数值为 0 时,补间帧之间的变化速率是不变的。

(2)"混合"参数。

在"混合"下拉列表框中包含"角形"和"分布式"两个参数。

◆"角形"选项是指创建的动画中间形状会保留明显的角和直线。这种模式适合于具有锐化转角和直线的混合形状。

◆"分布式"选项是指创建的动画中间形状比较平滑和不规则。

3. 补间形状动画实例——"文字变形"

本实例通过制作简单的文字变形动画,带领读者初步了解形状变形的使用方法。

操作步骤如下。

（1）书写文字。

◆ 运行 Flash CS5 软件。

◆ 新建一个 Flash 文档。

◆ 将"图层 1"改名为"文字"。

◆ 单击"文字"图层的第 1 帧，按快捷键"T"，或单击"工具"面板上的"T"，如图 3-3-37 所示，在"舞台"空白处单击，输入文字"Hello World"，如图 3-3-38 所示。

◆ 锁定"文字"图层，如图 3-3-39 所示。

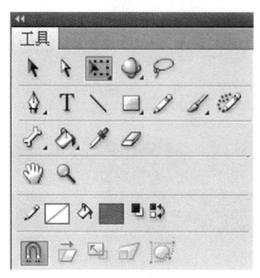

图 3-3-37　工具面板　　　　　　　　图 3-3-38　舞台中输入文字

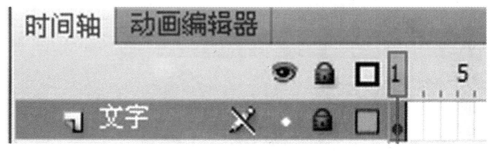

图 3-3-39　锁定"文字"图层

（2）文字变形。

◆ 单击"文字"图层第 1 帧，按"Ctrl＋Alt＋C"复制关键帧。

◆ 单击 新建图层，选择新建图层的第 1 帧，按"Ctrl＋Alt＋V"粘贴关键帧。

◆ 选择所复制的文字。此处需要先将复制的"文字"图层解锁。按"Ctrl＋B"或者右键单击"Hello World"文字处，在弹出的菜单中选择"分离"选项，如图 3-3-40 所示，"分离"文字效果如图 3-3-41 所示。

图 3-3-40 "分离"文字

图 3-3-41 "分离"效果

◆ 在分离的文字上单击鼠标右键,在弹出的快捷菜单中选择"分散到图层",如图 3-3-42 所示,将每个字母分散到各个单独的图层,如图 3-3-43 所示。

图 3-3-42 "分散到图层"选项

图 3-3-43 分散后效果

◆ 删除空的文字图层。

◆ 选中图层"H"到"d"上的所有文字。

◆ 按"Ctrl＋B"分离文字，文字呈虚线效果，如图 3-3-44 所示。

◆ 设置文字的颜色。

◆ 选中图层"H"到"d"上的第 15 帧，按"F6"键添加关键帧，如图 3-3-45 所示。

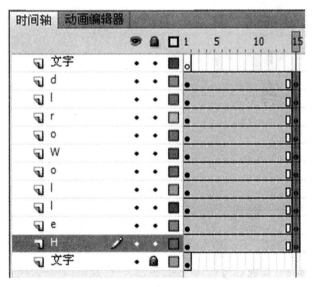

HelloWorld

图 3-3-44　文字再次分离效果　　　　图 3-3-45　共同添加关键帧

◆ 按"Ctrl＋T"组合键或单击"窗口"菜单下拉列表中的"变形"选项，如图 3-3-46 所示，打开"变形"窗口，如图 3-3-47 所示。

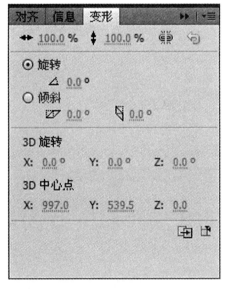

图 3-3-46　选择"变形"选项　　　　图 3-3-47　"变形"面板

◆ 将需要变形的字母分别调整宽度、高度和颜色透明度,如图 3-3-48 所示。

◆ 在每一个字母所在的图层的两个关键帧之间单击鼠标右键,在弹出的快捷菜单中选择"创建补间形状",如图 3-3-49 和图 3-3-50 所示。

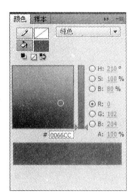  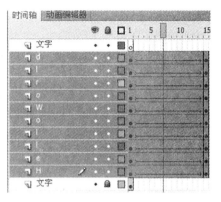

图 3-3-48　颜色面板　　**图 3-3-49　创建补间形状**　　**图 3-3-50　创建补间形状效果**

（3）调整节奏。

◆ 为动画添加缓动效果,选中每个字母图层的形变区域单击鼠标左键,单击"窗口"菜单下拉列表中的"属性"选项,如图 3-3-51 所示,或按"Ctrl＋F3",在弹出的"属性"面板中设置缓动值为 100,如图 3-3-52 所示。

图 3-3-51　选择"属性"选项　　　**图 3-3-52　"属性"面板设置"缓动"**

◆ 设置各图层的动画顺序,先选中"H"图层的第 1 帧到第 15 帧,如图 3-3-53 所示,按住鼠标左键将所选区域向后移动 5 帧。

◆ 同样的方法,将其他字母图层依次向后拖动累加 5 帧,如图 3-3-54 所示。

图 3-3-53　选中所有 15 帧

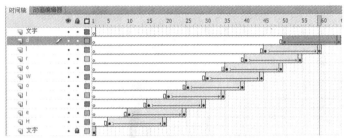
图 3-3-54　排列动画顺序效果

（4）测试动画效果。

按"Ctrl＋Enter"阅览动画效果,按"Ctrl＋S"保存影片文件,实例制作完成。

（三）传统补间动画制作

1. 传统补间动画原理

传统补间动画是指在两个或两个以上的关键帧之间对元件进行补间的动画,使一个元件随着时间变化其颜色、位置和旋转等属性。

2. 元件和库

元件是指创建一次即可以多次重复使用的图形、按钮或影片剪辑。元件是以实例的形式来体现,库则是容纳和管理元件的工具。

元件的类型有三种。

◆ "图形"元件:用于创建与主时间轴同步的可重复的动画片段。图形元件与主时间轴同步运行,例如:如果图形元件包含 10 帧,那么要在主时间轴中完整播放该元件的实例,主时间轴中需要至少包含 10 帧。另外,在图形元件的动画序列中不能使用交互式对象和声音,即使使用了,也不会有作用。

◆ "按钮"元件:创建响应鼠标弹起、指针经过、按下和点击的交互式按钮。

◆ "影片剪辑"元件:创建可以重复使用的动画片段。例如:影片剪辑元件有 10 帧,在主时间轴中只需要 1 帧即可,因为影片剪辑将播放它自己的时间轴。

3. 制作传统补间动画实例——"旋转的文字"

（1）排列文字。

◆ 启动 Flash CS5,新建一个文档,然后将文档属性做如图 3-3-55 所示的设置。

◆ 单击"工具箱"中的"文本工具"按钮 ,然后在其属性面板中做如图 3-3-56 所示的设置,并在"舞台"中输入如图 3-3-57 所示的文字。

◆ 新建一个"图层 2",然后按住"Shift"键的同时使用"椭圆工具"绘制一个如图 3-3-58 所示的圆形。

◆ 选中文字,然后按"Ctrl＋B"组合键打散文字,如图 3-3-59 所示。

◆ 使用"选择工具"将文字拖曳到线条上使文字围绕圆圈进行排放,如图 3-3-60 所示。

注:在排放文字时可激活"工具箱"中的"贴紧至对象"按钮 ,这样在排放文字时就会自动贴紧圆线了。

◆ 依次选中单个文字,然后按"F8"键将每个文字都转为影片剪辑,然后使用"任意变形工具"调整文字方向,如图 3-3-61 所示,删除圆形线,再选中所有文字,最终将其转换为影片剪辑,效果如图 3-3-62 所示。

图 3-3-55 文档属性设置

图 3-3-56 文本属性设置

图 3-3-57 文字输入图

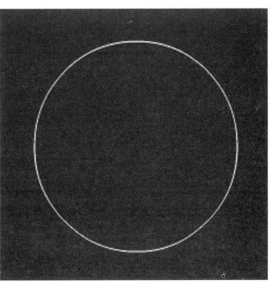

图 3-3-58 绘制圆

图 3-3-59 文字分离

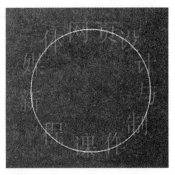

图 3-3-60 排列文字成圆形

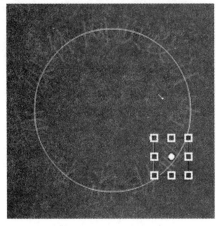

图 3-3-61 单个文字变形

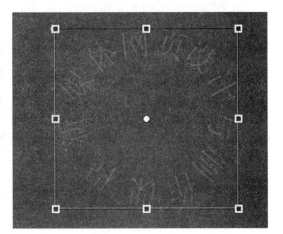

图 3-3-62 整体文字效果

（2）旋转动画。

◆ 双击"库"中元件 13 前的图标，进入影片剪辑编辑区，如图 3-3-63 和图 3-3-64 所示，然后选中第 100 帧，再按"F6"键或右键单击选择插入关键帧，如图 3-3-65 所示。

◆ 选择第 1 帧，然后在该帧上单击右键，并在弹出的菜单中选择"创建传统补间"命令，如图 3-3-66 所示，最后在属性面板中做如图 3-3-67 所示的设置。

图 3-3-63 进入影片剪辑区

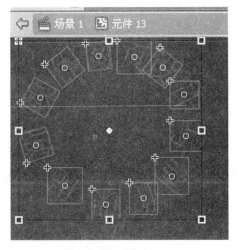

图 3-3-64 显示结果

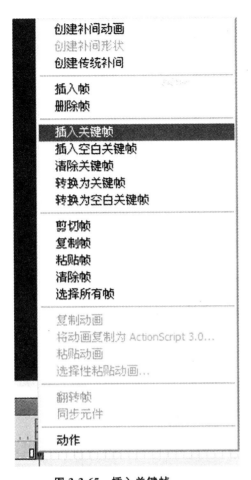

图 3-3-65 插入关键帧

图 3-3-66 创建传统补间动画

◆ 返回到"场景 1",新建一个"背景层",然后使用"矩形工具"制作出一个绿色背景,如图 3-3-68 所示。

图 3-3-67 属性设置

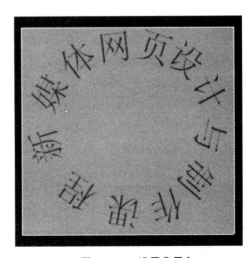

图 3-3-68 设置背景色

◆ 选中影片剪辑，然后按"F8"键将其转化为影片剪辑（名称为"旋转字"），再进入该影片剪辑的编辑区，新建一个图层，最后将影片剪辑复制一份到新图层中，如图 3-3-69 所示。

◆ 选中两个图层的第 50 帧，然后按"F6"键插入关键帧，如图 3-3-70 所示。

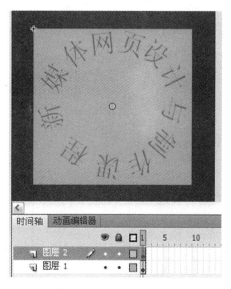

图 3-3-69　复制图层　　　　　图 3-3-70　在两个图层的第 50 帧插入关键帧

◆ 再选中两个图层的第 100 帧，按"F6"键插入关键帧，然后在两个图层的第 50 帧创建传统补间动画，如图 3-3-71 所示。

◆ 选中第 100 帧，然后使用"任意变形工具"将两个图层的影片剪辑调整成如图 3-3-72所示的效果。

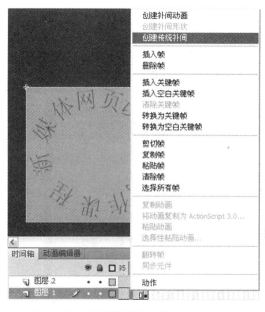

图 3-3-71　创建传统补间动画　　　　　图 3-3-72　变形文字

◆ 创建出两个图层,然后在第 150 帧和第 200 帧处创建出关键帧,再采用相同的方法在两个图层的 150~200 帧之间创建出传统补间动画,最后将两个图层的影片剪辑文字调整成如图 3-3-73 所示的效果。

注:新建的这两个图层复制后的内容中前 100 帧的内容要删除。

◆ 选择"图层 3"的"影片剪辑",然后将其向下移动一些像素,再为其添加"模糊"和"发光"滤镜,具体参数设置如图 3-3-74 所示。

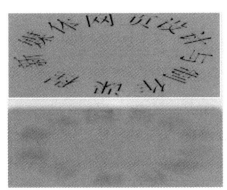

图 3-3-73　两个图层调整后的效果　　　　　图 3-3-74　滤镜调整

◆ 创建出两个图层,然后在这两个图层的第 350 帧和第 400 帧处创建出关键帧,再采用相同的方法在 350~400 帧之间创建出传统补间动画,最后将"图层 5"的第 400 帧处的影片剪辑调整成如图 3-3-75 所示的效果。

◆ 选择"图层 6"第 400 帧处的影片剪辑,然后将其向上移动一些像素,再设置文字颜色为黑色,最后使用"任意变形工具"将其调整成如图 3-3-76 所示的效果。

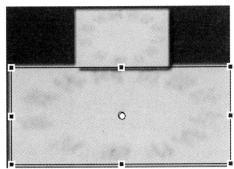

图 3-3-75　图层 5 的效果　　　　　图 3-3-76　图层 6 的效果

◆ 采用前面的方法为后面的帧创建循环动画效果(将第 1 帧复制到后面的帧中形成一个循环动画)。

◆ 按"Ctrl+Enter"阅览动画效果,按"Ctrl+S"保存影片文件,实例制作完成。

（四）补间动画制作

1. 补间动画原理

补间动画的特点是会自动为用户将变更结果记录成关键帧，且只对变更的属性记录关键帧，而对未变更的属性不做记录。

图 3-3-77 中将播放头移至第 20 帧，而后将小球从右侧移动到左侧，第 20 帧处会产生关键帧，由于记录小球在左侧的位置。选中"舞台"中的小球，可以查看小球运动的轨迹线，使用"选择"工具可对轨迹线进行调整，如图 3-3-78 所示，这样小球就会从右侧沿弧线运动到左侧。

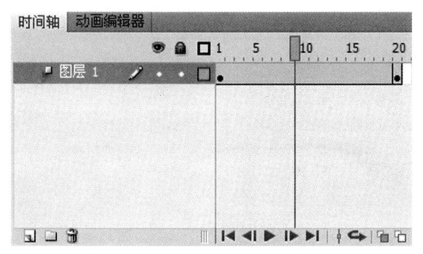

图 3-3-77　时间轴效果图

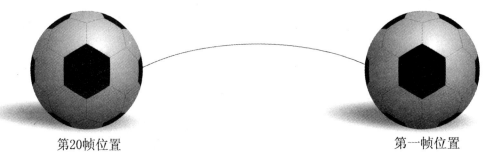

第20帧位置　　　　　　　　　　　　　　　　　第一帧位置

图 3-3-78　运动效果

2. 认识 3D 工具

3D 工具用于模拟三维空间效果，只能用于补间动画，只能对影片剪辑元件及文本字段进行操作。

3D 工具包含"3D 旋转"工具和"3D 移动"工具，两者配合可营造出比较逼真的三维空间感，方便制作特殊效果的动画，如图 3-3-79 所示。

3D 工具拥有自身独特的属性，在"属性"面板中有"3D 位置坐标""透视角度"及"消失点"参数的设置选项，如图 3-3-80 所示。

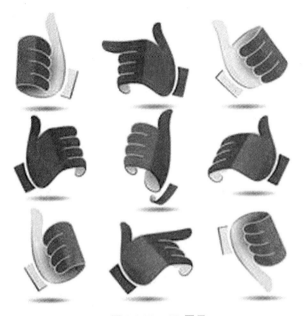

图 3-3-79　3D 图示

图 3-3-80　3D"属性"面板

3. 补间动画制作实例——翻转立体照片

（1）首先，打开 Flash CS5 软件，新建文档（ActionScript 3.0），然后导入 6 张同样尺寸的照片，如图 3-3-81 所示。

图 3-3-81　导入的照片实例

（2）单击"窗口"，选择"工具"，使用选择工具全选此 6 张照片，按"F8"键，将此 6 张照片放到一个影片剪辑当中，命名为"照片库"，每一张照片就是这个立方体的一个面，再

191

按快捷键"Ctrl+B"分离每一张照片,将每一张照片创建成单独的影片剪辑,分别命名为"元件1"~"元件8"。

(3) 然后,分别为每一张照片设置坐标(x,y,z)。

(4) 将第1张照片设置成(0,0,0)、第2张图片设置成(0,0,200)。注意:"200"这个数据就是照片的边长数值。设置方法及显示结果如图3-3-82所示。

图 3-3-82　设置方法及显示结果

(5) 将第3张照片,使用3D旋转工具(如图3-3-83所示),将其Y轴旋转90°之后,设置坐标为(0,0,200),如图3-3-84所示。

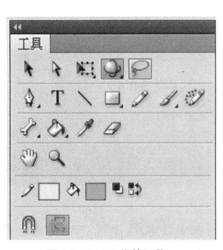

图 3-3-83　3D 旋转工具　　　　　　　　　　**图 3-3-84　前三张效果**

（6）将第 4 张照片，使用 3D 旋转工具，将 Y 轴旋转 90°，坐标设置为（200，0，200），效果如图 3-3-85 所示。

（7）将第 5 张照片，使用 3D 旋转工具，将 X 轴旋转 90°，坐标设置为（0，200，200），效果如图 3-3-86 所示。

（8）将最后一张照片，使用 3D 旋转工具，将 X 轴旋转 90°，坐标设置为（0，0，200），效果如图 3-3-87 所示。至此，立方体已经制作完成。

图 3-3-85　第四张效果　　　图 3-3-86　第五张效果　　　图 3-3-87　第六张效果

（9）全选刚刚制作的立方体，按"F8"键创建新的影片剪辑，之后在第 100 帧插入帧，在 0～100 帧之间单击鼠标右键，插入补间动画，再在动画编辑器中设置相应的旋转动作，如旋转 Z 轴 360°。还可以设置相应的滤镜及色彩效果。

（10）按"Ctrl＋Enter"阅览动画效果，按"Ctrl＋S"保存影片文件，实例制作完成。

（五）引导层动画制作

1. 引导层动画原理

引导层动画与逐帧动画和传统补间动画不同，它是通过在引导层上加线条来作为被引导层上元件的运动轨迹，从而实现对被引导层上元素的路径约束。

将普通图层拖动到引导层或被引导层的下面，即可将普通图层转化为被引导层，在一组引导中，引导层只能有一个，而被引导层可以有多个，即多层引导。

引导层上的路径必须使用钢笔工具🖊、铅笔工具✏、线条工具＼、椭圆工具◯或矩形工具▢所绘制的线。

2. 引导层创建与取消

（1）创建引导层。

方法一：新建两个图层，在"图层 1"上单击鼠标右键，在弹出的快捷菜单中选择"引导层"命令，如图 3-3-88 所示，用鼠标将"图层 2"拖动到"图层 1"的下面释放，使引导层的图标由➴变为➴，从而使引导层和被引导层创建完成，如图 3-3-89 所示在"图层 1"上绘制引导路径，在"图层 2"上制作补间动画。

图 3-3-88　"引导层"命令

图 3-3-89　"引导层"创建效果

方法二：在需要被引导的图层上单击鼠标右键，在弹出的快捷菜单中选择"添加传统运动引导层"命令。在自动新建的引导层上绘制引导路径，如图 3-3-90 所示。

（2）取消"引导层"或"被引导层"。

在"引导层"或"被引导层"上单击鼠标右键，在弹出的快捷菜单中选择"属性"命令，打开"图层属性"对话框，如图 3-3-91 所示，然后设置"类型"为"一般"，单击"确定"按钮即可将"引导层"或"被引导层"转换为一般图层。

图 3-3-90　"添加传统运动引导层"命令

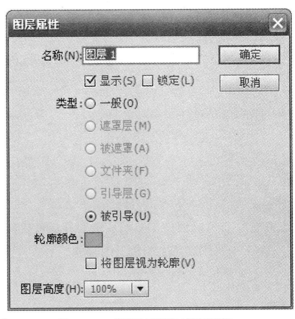

图 3-3-91　"图层属性"对话框设置

3. 引导层动画制作实例——"树叶飘落"

（1）首先，打开 Flash CS5 软件，新建文档（ActionScript 3.0），然后单击"新建"→"导入"→"导入到库"，在弹出的对话框中选择"树叶"图片，单击"打开"按钮，将该图片导入到库中，以备使用。

（2）新建图层，重命名为"树叶"，如图 3-3-92 所示，在"树叶"图层，单击鼠标右键，在弹出的菜单中，选择"添加传统运动引导层"命令，如图 3-3-93 所示，图层变为如图 3-3-94 所示的样式。

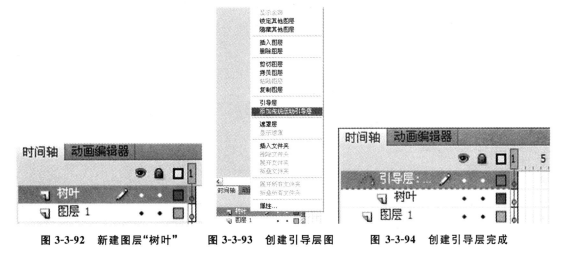

图 3-3-92　新建图层"树叶"　　图 3-3-93　创建引导层图　　图 3-3-94　创建引导层完成

（3）选择图层"引导层：树叶"的第 1 帧，使用"铅笔"工具，在"舞台"上绘制一条曲线，如图 3-3-95 所示，作为树叶飘落的路径。注意：铅笔模式选择"平滑"，如图 3-3-96 所示，铅笔工具属性中"平滑"数值设置为"100"，如图 3-3-97 所示。

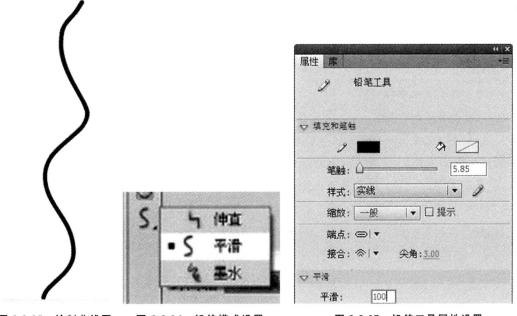

图 3-3-95　绘制曲线图　　图 3-3-96　铅笔模式设置　　图 3-3-97　铅笔工具属性设置

（4）启动"选择"工具，将"库"中的树叶图片导入"舞台"中，按"F8"转换为图形元件，如图 3-3-98 所示，调整"树叶"元件的大小及位置，使其变形中心吸附在曲线上端，如图 3-3-99 所示。

（5）在所有图层的第 300 帧处插入帧，在图层"树叶"的第 290 帧插入关键帧，再将"树叶"元件拖动到曲线的下端，如图 3-3-100 所示。

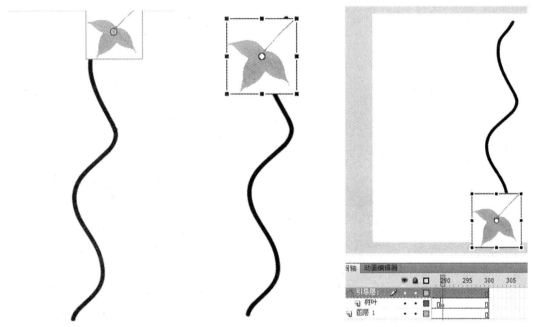

图 3-3-98　将图片转换为元件　图 3-3-99　将元件吸附在路径端点　图 3-3-100　移到另一端点

（6）在"树叶"图层的第 100、150、200、250 帧处，分别插入关键帧，并将元件拖动到相应的转弯处，利用"变形"工具中的"任意变形"对元件进行变形操作。

（7）在图层"树叶"的第 1 帧到第 100 帧、第 100 帧到第 150 帧、第 150 帧到第 200 帧、第 200 帧到第 250 帧和第 250 帧到 290 帧中处创建传统补间动画。

（8）按"Ctrl＋Enter"阅览动画效果，按"Ctrl＋S"保存影片文件，实例制作完成。

（六）遮罩层动画制作

1. 遮罩层动画原理

遮罩层与普通层不同，在具有遮罩层的图层中，只能透过遮罩层上的形状，才可以看到被遮罩层上的内容，如在"图层 1"上放置一幅背景图片，在"图层 2"上绘制一个五角星，在没有遮罩层之前，如图 3-3-101 所示，五角星遮住了与背景重叠的区域，如果将"图层 2"转换为遮罩层之后，可以透过遮罩层上的五角星看到被遮罩的与五角星重叠的区域，如图 3-3-102 所示。

在一组遮罩中，遮罩层只能有一个，而被遮罩层可以有多个，这就是多层遮罩。

图 3-3-101　遮罩前效果　　　　　　　　图 3-3-102　遮罩后效果

2. 遮罩层动画制作实例——"电子相册制作"

（1）打开 Flash CS5 软件，新建文档（ActionScript 3.0）。

（2）使用线条工具在"舞台"的最左侧画一条线，如图 3-3-103 所示，然后在该层第 30 帧插入关键帧，使用拖动工具将刚刚画好的线平移到"舞台"的右侧，如图 3-3-104 所示。

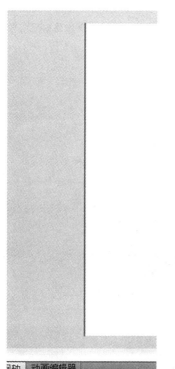

图 3-3-103　在"舞台"左侧画线　　　　　图 3-3-104　第 30 帧处线条移到右侧

（3）在第1帧～第30帧中任意一帧，右键单击鼠标，在弹出的快捷菜单中，选择"创建补间形状"，如图3-3-105所示。

（4）新建"图层2"完成和"图层1"相同的操作，需要注意的是，在"图层2"中第1帧将线画在右侧，第30帧将线移到左侧。操作完成后如图3-3-106所示。

图3-3-105　创建补间形状　　　　　图3-3-106　图层2操作完成后的效果

（5）新建"图层3"，导入一张图片，相对"舞台"大小对齐，如图3-3-107所示。

（6）新建"图层4"，在该层第20帧处插入关键帧，导入一张图片，相对"舞台"大小，在第30帧插入帧，如图3-3-108所示。

图3-3-107　导入第一张图片　　　　　图3-3-108　导入第2张图片

（7）新建"图层5"，在第20帧插入关键帧，用矩形工具在该图层上"舞台"中间画一个矩形框,填充颜色任意选择,如图 3-3-109 所示。注意:高度要与之前所画线条齐平。

（8）在"图层 5"的第 30 帧插入关键帧,将刚刚画好的矩形框拉大到相对于"舞台",即与图片大小一致,如图 3-3-110 所示。然后在第 20 帧～第 30 帧之间创建形状补间,如图 3-3-111 所示。

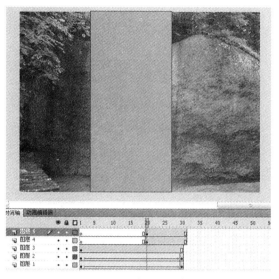

图 3-3-109　画出矩形线框

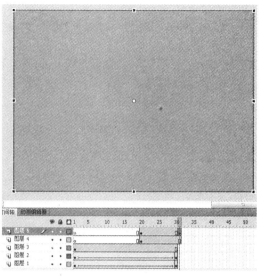

图 3-3-110　矩形线框变形操作

◆ 在"图层 5"上右键单击鼠标,在弹出的快捷菜单中选择"遮罩层"命令,如图 3-3-112 所示。

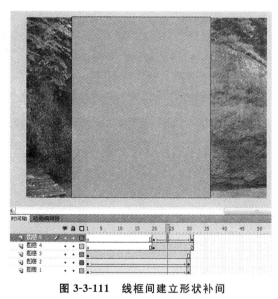

图 3-3-111　线框间建立形状补间

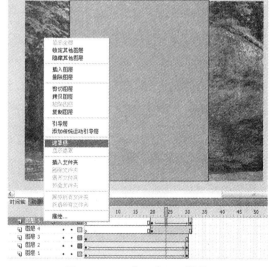

图 3-3-112　建立遮罩层操作

◆ 按"Ctrl＋Enter"阅览动画效果,按"Ctrl＋S"保存影片文件,实例制作完成。

（七）骨骼动画制作

1. 骨骼动画原理

在了解骨骼动画之前,先介绍什么是"正向运动"和"反向运动"。所谓"正向运动",

就是把几个连接部件的一端固定起来,另一端可以自由运动,如人的行走,单个下肢可以理解为大腿连着小腿,而小腿又连着脚,在行走的过程中,相当于两条腿相对于腰固定,大腿带动小腿,小腿带动脚,这样的一系列运动,称为"正向运动"(Forward Kinematics,简称 FK);而人伸手去拿东西,可以看做是"手带动上臂",而"上臂又带动胳膊",即自由端带动固定端,此类运动称为"反向运动"(Inverse Kinematics,简称 IK)。

Flash CS5 中有两个处理反向运动的工具:一个是"骨骼工具",可以使用该工具为元件和形状添加骨骼;另一个是"绑定工具",可以使用该工具调整形状对象的各个骨骼和控制点之间的关系。

如图 3-3-113 所示,在舞台上使用椭圆工具分别画出圆形和椭圆形,并将二者转换为元件,之后单击骨骼工具在两个元件上画出连接两个元件的骨骼。利用选择工具可以随意移动椭圆元件,如图 3-3-114 所示。

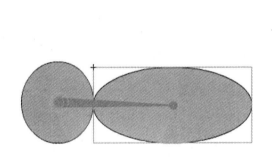

图 3-3-113　连接两个元件

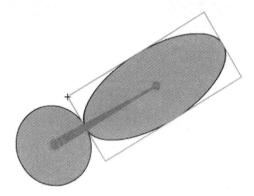

图 3-3-114　移动其中一个元件的效果

2. 骨骼动画制作实例——"简单的跑步动画"

(1) 新建一个 Flash 文档,在"属性"面板中设置"舞台"尺寸为 550×400 像素,背景色为灰色,如图 3-3-115 所示。

(2) 绘制人体图形,选择"插入"→"新建元件"或者直接按"Ctrl＋F8"快捷键,在弹出的"创建新元件"对话框中设置"名称"为"头"、类型为"图形",如图 3-3-116 所示。单击"确定"按钮新建按钮创建完成。

图 3-3-115　文档属性设置图

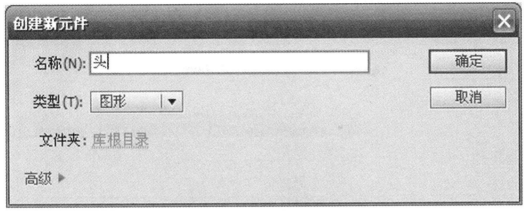

图 3-3-116 "创建新元件"对话框

（3）使用椭圆工具，在"舞台"上画出一个椭圆，轮廓线为黑色，填充色为蓝色，属性设置如图 3-3-117 所示，效果如图 3-3-118 所示。

图 3-3-117 椭圆工具属性设置

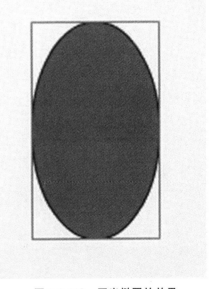

图 3-3-118 画出椭圆的效果

（4）利用同样的方法，绘制出"脖子""身体""臂""手""脚"和"腿"等身体各部分的图形元件。在创建过程中需要使用不同颜色区分左右两侧部位。创建完成后，库面板如图 3-3-119 所示。

（5）选择"插入"→"新建元件"或者直接按"Ctrl＋F8"快捷键，在弹出的"创建新元件"对话框中设置"名称"为"跑步"、类型为"影片剪辑"，如图 3-3-120 所示。单击"确定"按钮，新建按钮创建完成。

图 3-3-119　库面板显示内容

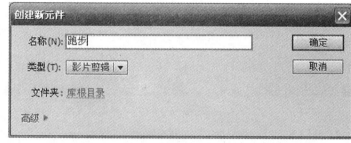

图 3-3-120　创建"跑步"影片剪辑元件

（6）在库面板中双击"跑步"元件，进入编辑界面，将"图层 1"重命名为"身体"，从库面板中把"头""脖子"和"身体"三部分图形元件拖放到"舞台"中并调整位置和大小，如图 3-3-121 所示。

（7）单击选择工具栏中的"骨骼工具"，利用该工具将"头""脖子"和"身体"三部分连接起来。这时，在时间轴上的图层控制区会添加一个骨架图层，并且"身体"图层中的元件实例全部转移到骨架图层中。因此，这时将原"身体"图层删除，将骨架图层重命名为"身体"，如图 3-3-122 所示。

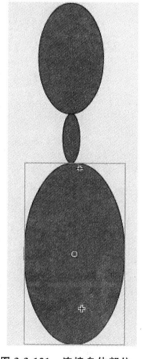

图 3-3-121　连接身体部位

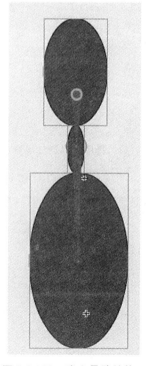

图 3-3-122　建立骨骼结构

（8）利用上述方法，将身体其他部位创建骨骼结构，如图 3-3-123 所示。注意：右臂、左臂、左腿和右腿分别新建图层之后链接三部分，如左上臂、左前臂和左手连接为一个骨架。同时，将左臂和左腿骨架放在身体骨架的下面，如图 3-3-124 所示。

（9）在时间轴面板中所有图层的第 15 帧和第 30 帧插入关键帧，如图 3-3-125 所示。

（10）在所有图层的第 15 帧上分别调整各个部位，做出跑步动作，如图 3-3-126 所示。

（11）切换到场景，将"跑步"影片剪辑拖动到"舞台"中，按"Ctrl＋Enter"阅览动画效果，按"Ctrl＋S"保存影片文件，实例制作完成。

图 3-3-123　身体各部位骨架结构

图 3-3-124　骨架图层结构

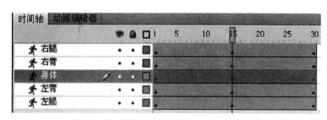

图 3-3-125　各个图层插入关键帧

图 3-3-126　调整后骨架结构

本章小结

　　本章主要讲述了 Photoshop CS5、Fireworks CS5 和 Flash CS5 三种软件的基本功能和使用方法，Photoshop CS5 主要讲述的是对图形图像的基本处理方法。通过 Fireworks CS5 的学习，可以创建和编辑矢量图形与位图图像。Flash CS5 主要介绍了基本动画的制作方法，使读者能够对动画制作有个初步的认识。

　　思考与练习

1. Photoshop CS5、Fireworks CS5 和 Flash CS5 三种软件的基本功能是什么？
2. 利用 Photoshop CS5 软件处理相关的图像。
3. 利用 Flash CS5 软件制作简单的动画，如飘落的羽毛等。

第四章　网页设计语言

1. 通过 HTML 语言的学习,掌握基本超文本语言的使用方法。
2. 了解 PHP 的安装过程及配置情况。
3. 掌握 ASP 的基本使用技巧,能够利用其设计网页。

◐ 第一节　HTML 标记语言

一、HTML 基础

(一) HTML 的特点

HTML 文档制作不是很复杂,且功能强大,支持不同数据格式的文件嵌入,这也是WWW 盛行的原因之一,其主要特点如下。

1. 简易性

HTML 版本升级采用超集方式,从而更加灵活方便。

2. 可扩展性

HTML 语言的广泛应用带来了加强功能、增加标志符等要求,HTML 采取子类元素的方式,为系统扩展带来保证。

3. 平台无关性

虽然 PC 大行其道,但使用 MAC 等其他机器的大有人在,HTML 可以使用在广泛的平台之上。

(二) HTML 的编辑

HTML 本身就是文本,只是需要浏览器来解释,因此能够用来编辑文本的软件即可编辑 HTML,HTML 的编辑工具大致分为三种。

1. 基本编辑软件

Windows 自带的记事本或写字板都可以用来编辑 HTML,Wps 和 Word 也可以,只需要上述软件编辑完成之后,存储的文件扩展名为.htm 或.html,就可以使用浏览器进行解释了。

2. 半所见即所得编辑软件

类似 HOTDOG 等软件能大大提高开发效率,使用户在短时间内完成编辑工作。

3. 所见即所得编辑软件

类似 FrontPage 和 Dreamweaver 等编辑网页的工具软件都可直接编辑 HTML,也是使用最广泛的编辑软件。

(三) HTML 的基本结构

一个 HTML 文档由一系列的元素和标记组成。元素名不区分大小写,HTML 用标记来规定元素的属性和它在文件中的位置,HTML 超文本文档分文档头和文档体两部分:在文档头里,对这个文档进行了一些必要的定义;在文档体中,才是要显示的各种文档信息。

下面是一个最基本的 html 文档的代码:A. html。

〈HTML〉〈! ┄┄┄┄┄┄┄┄┄┄┄┄┄┄┄┄文件开始标记〉

〈HEAD〉〈! ┄┄┄┄┄┄┄┄┄┄┄┄┄┄┄标头区开始标记〉

〈TITLE〉一个简单的 HTML 示例〈/TITLE〉

〈/HEAD〉〈! ┄┄┄┄┄┄┄┄┄┄┄┄┄标头区结束〉

〈BODY〉〈! ┄┄┄┄┄┄┄┄┄┄┄┄┄文件主体〉

〈CENTER〉

〈H1〉欢迎光临我的主页〈/H1〉

〈BR〉

〈HR〉

〈FONTSIZE=7COLOR=red〉

|这是我第一次做主页|

〈/FONT〉

〈/CENTER〉

〈/BODY〉

〈/HTML〉〈! ┄┄┄┄┄┄┄┄┄┄┄┄┄结尾标记〉

〈HTML〉〈/HTML〉在文档的最外层,文档中的所有文本和 html 标记都包含在其中,它表示该文档是以超文本标识语言(HTML)编写的。

〈HEAD〉〈/HEAD〉是 HTML 文档的头部标记,在浏览器窗口中,头部信息是不被显示在正文中的,在此标记中可以插入其他标记,用以说明文件的标题和整个文件的一些公共属性。该标记可以省略。

〈TITLE〉〈/TITLE〉是嵌套在〈HEAD〉头部标记中的,标记之间的文本是文档标题,它被显示在浏览器窗口的标题栏。该标记可以省略。

〈BODY〉〈/BODY〉标记一般不能省略,标记之间的文本是正文,是浏览器要显示的页面内容。

上面的这几对标记在文档中都是唯一的,HEAD 标记和 BODY 标记是嵌套在 HTML 标记中的。

(四) HTML 元素

HTML 元素指的是从开始标签(Start Tag)到结束标签(End Tag)的所有代码。

1. HTML 元素的定义

HTML 元素是从开始标签开始到结束标签结束,开始标签常被称为开放标签 (Opening Tag),结束标签常被称为闭合标签(Closing Tag)。其间就是内容,如表 4-1-1 所示。

表 4-1-1　元素内容

开始标签	元素内容	结束标签
〈p〉	This is a paragraph	〈/p〉
〈a href="default-htm"〉	This is a link	〈/a〉

2. HTML 元素语法

◆ HTML 元素以开始标签起始,以结束标签终止。

◆ 元素的内容是开始标签与结束标签之间的内容。

◆ 某些 HTML 元素具有空内容(Empty Content)。

◆ 空元素在开始标签中进行关闭(以开始标签的结束而结束)。

◆ 大多数 HTML 元素可拥有属性。

3. 嵌套的 HTML 元素

大多数 HTML 元素可以嵌套(可以包含其他 HTML 元素)。HTML 文档由嵌套的 HTML 元素构成。

(1) HTML 文档实例。

〈html〉

〈body〉

〈p〉This is my first paragraph. 〈/p〉

〈/body〉

〈/html〉

上面的例子包含三个 HTML 元素。

(2) HTML 实例解释

◆ 〈p〉元素:〈p〉This is my first paragraph. 〈/p〉

这个〈p〉元素定义了 HTML 文档中的一个段落。这个元素拥有一个开始标签〈p〉,以及一个结束标签〈/p〉。元素内容是:This is my first paragraph。

◆ 〈body〉元素:

〈body〉

〈p〉This is my first paragraph. 〈/p〉

〈/body〉

〈body〉元素定义了 HTML 文档的主体。这个元素拥有一个开始标签〈body〉,以及一个结束标签〈/body〉。元素内容是另一个 HTML 元素(p 元素)。

◆〈html〉元素:

〈html〉

〈body〉

〈p〉This is my first paragraph.〈/p〉

〈/body〉

〈/html〉

〈html〉元素定义了整个 HTML 文档。这个元素拥有一个开始标签〈html〉,以及一个结束标签〈/html〉。元素内容是另一个 HTML 元素(body 元素)。

4. 不要忘记结束标签

即使忘记了使用结束标签,大多数浏览器也会正确地显示 HTML:

〈p〉This is a paragraph

〈p〉This is a paragraph

上面的例子在大多数浏览器中都没问题,但不要依赖这种做法。忘记使用结束标签会产生不可预料的结果或错误。

5. 空的 HTML 元素

没有内容的 HTML 元素被称为空元素。空元素是在开始标签中关闭的。〈br〉就是没有关闭标签的空元素(〈br〉标签定义换行)。在 XHTML、XML 以及未来版本的 HTML 中,所有元素都必须被关闭。在开始标签中添加斜杠,如〈br /〉,是关闭空元素的正确方法,HTML、XHTML 和 XML 都接受这种方式。即使〈br〉在所有浏览器中都是有效的,但使用〈br /〉其实是更长远的保障。

6. HTML 提示:使用小写标签

HTML 标签对大小写不敏感:〈P〉等同于〈p〉。许多网站都使用大写的 HTML 标签。

W3School 使用的是小写标签,因为万维网联盟(W3C)在 HTML 4 中推荐使用小写,而在未来(X)HTML 版本中强制使用小写。

(五) HTML 属性

HTML 标签可以拥有属性。属性提供了有关 HTML 元素的更多信息。

属性总是以名称/值对的形式出现,如:name="value"。

属性总是在 HTML 元素的开始标签中规定。

1. 属性实例

HTML 链接由〈a〉标签定义。链接的地址在 href 属性中指定:

〈a href="http://www.w3school.com.cn"〉This is a link〈/a〉

(1) 属性例子 1。

〈h1〉定义标题的开始。

〈h1 align="center"〉拥有关于对齐方式的附加信息。

TIY:居中排列标题。

（2）属性例子 2。

〈body〉定义 HTML 文档的主体。

〈body bgcolor＝"yellow"〉拥有关于背景颜色的附加信息。

TIY:背景颜色。

（3）属性例子 3。

〈table〉定义 HTML 表格。

〈table border＝"1"〉拥有关于表格边框的附加信息。

2．HTML 属性参考手册

HTML 属性参考手册如表 4-1-2 所示。

表 4-1-2　HTML 属性参考手册

属性	值	描述
class	classname	规定元素的类名（classname）
id	id	规定元素的唯一 id
style	style_definition	规定元素的行内样式（inline style）
title	text	规定元素的额外信息（可在工具提示中显示）

二、创建 HTML 代码

各种浏览器对 html 元素机器属性的解释不完全一样,但标准的 html 文件都具有一个基本的整体结构,这也是 html 获得广泛应用的原因之一。一个 html 文档所必需的元素包括标题、注释等。

（一）标题

浏览器一般在窗口的标题条上显示 HTML 文档的标题。不论用户用的是 Mac,Xwindows,还是 Microsoft windows 的某一版本,所有的图形程序都会在其窗口顶部显示一个标题条。设置页面标题十分直观,在头部区段,只需将〈title〉和〈/title〉夹在页面标题之间,HTML 标题（Heading）是通过〈h1〉-〈h6〉等标签进行定义的。〈h1〉定义最大的标题,〈h6〉定义最小的标题,如图 4-1-1 所示。

图 4-1-1　标题实例

应确保将 HTML heading 标签只用于标题。不要仅仅是为了产生粗体或大号的文本而使用标题。搜索引擎使用标题为网页的结构和内容编制索引。因为用户可以通过标题来快速浏览网页,所以用标题来呈现文档结构是很重要的。应该将 h1 用作主标题(最重要的),其后是 h2(次重要的),再其次是 h3,以此类推。

(二) 注释

我们经常要在一些代码旁做一些 HTML 注释,这样做的好处有很多,如:方便查找,方便比对,方便项目组里的其他程序员了解代码,而且可以方便以后对自己代码的理解与修改等。这样可以提高其可读性,使代码更易被人理解。浏览器会忽略注释,也不会显示它们。

注释的语法:开始括号之后(左边的括号)需要紧跟一个叹号,结束括号之前(右边的括号)不需要。注释实例如图 4-1-2 所示。

图 4-1-2 注释实例

(三) 背景

〈body〉拥有两个配置背景的标签。背景可以是颜色或者图像。

1. 背景颜色

背景颜色属性将背景设置为某种颜色。属性值可以是十六进制数、RGB 值或颜色名。例如:

〈body bgcolor＝"＃000000"〉

〈body bgcolor＝"rgb(0,0,0)"〉

〈body bgcolor＝"black"〉

以上的代码均将背景颜色设置为黑色,如图 4-1-3 所示。

图 4-1-3 html 背景颜色设置

2. 背景属性将背景设置为图像

属性值为图像的 URL。如果图像尺寸小于浏览器窗口,那么图像将在整个浏览器窗口进行复制。

〈body background="clouds. gif"〉

〈body background="http://www. w3school. com. cn/clouds. gif"〉

URL 可以是相对地址,如第一行代码;也可以是绝对地址,如第二行代码,如图 4-1-4 所示。

提示:如果打算使用背景图片,需要谨记以下几点。

◆ 背景图像是否增加了页面的加载时间。

◆ 图像文件不应超过 10k。

◆ 背景图像是否与页面中的其他图像搭配良好。

◆ 背景图像是否与页面中的文字颜色搭配良好。

◆ 图像在页面中平铺后,看上去还可以吗?

◆ 文字被背景图像喧宾夺主了吗?

◆ 直接改名的背景图像有可能不能显示,如 123. bmp 直接改为 123. jpg。

图 4-1-4 html 背景图片设置

(四) 文本格式化

HTML 可定义很多供格式化输出的元素,如粗体和斜体字等。

(1) 文本格式化标签,如表 4-1-3 所示。

表 4-1-3 文本格式化标签

标签	描述
〈b〉	定义粗体文本
〈big〉	定义大号字
〈em〉	定义着重文字
〈i〉	定义斜体字

续表

标签	描述
⟨small⟩	定义小号字
⟨strong⟩	定义加重语气
⟨sub⟩	定义下标字
⟨sup⟩	定义上标字
⟨ins⟩	定义插入字
⟨del⟩	定义删除字
⟨s⟩	不赞成使用。使用⟨del⟩代替
⟨strike⟩	不赞成使用。使用⟨del⟩代替
⟨u⟩	不赞成使用。使用样式(style)代替

（2）文本格式化实例，如图 4-4-5 所示。

图 4-1-5　文本格式化实例

（五）链接

使用超级链接与网络上的另一个文档相连。几乎可以在所有的网页中找到链接。单击链接可以从一张页面跳转到另一张页面。超链接可以是一个字、一个词或者一组词，也可以是一幅图像，可以单击这些内容来跳转到新的文档或者当前文档中的某个部分。

HTML 链接语法。通过使用⟨a⟩标签在 HTML 中创建链接，如：

　　⟨a href＝"url"⟩Link text⟨/a⟩

href 属性规定链接的目标。开始标签和结束标签之间的文字被作为超级链接来显示。

（六）表格

表格由〈table〉标签来定义。每个表格均有若干行（由〈tr〉标签定义），每行被分割为若干单元格（由〈td〉标签定义）。字母 td 是表格数据（table data），即数据单元格的内容。数据单元格可以包含文本、图片、列表、段落、表单、水平线和表格等，如图 4-1-6 所示。

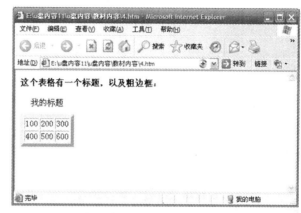

图 4-1-6　HTML 表格实例

表格标签，如表 4-1-4 所示。

表 4-1-4　表格标签

表格标签	描述
〈table〉	定义表格
〈caption〉	定义表格的标题
〈th〉	定义表格的表头
〈tr〉	定义表格的行
〈td〉	定义表格单元
〈thead〉	定义表格的页眉
〈tbody〉	定义表格的主体
〈tfoot〉	定义表格的页脚
〈col〉	定义用于表格列的属性
〈colgroup〉	定义表格列的组

（七）列表

HTML 支持无序、有序和自定义列表。

1. 无序列表

无序列表是一个项目的列表，此列项目使用粗体圆点（典型的小黑圆圈）进行标记。

无序列表始于〈ul〉标签，每个列表项始于〈li〉，实例如图 4-1-7 所示。

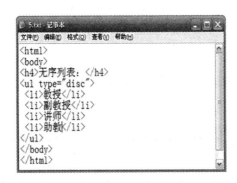

图 4-1-7 无序列表实例

2. 有序列表

列表项目使用数字进行标记。有序列表始于〈ol〉标签，每个列表项始于〈li〉标签，实例如图 4-1-8 所示。

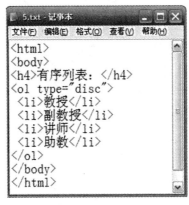

图 4-1-8 有序列表实例

3. 自定义列表

自定义列表不仅仅是一列项目，而是项目及其注释的组合。自定义列表以〈dl〉标签开始，每个自定义列表项以〈dt〉开始，每个自定义列表项的定义以〈dd〉开始，实例如图 4-1-9 所示。

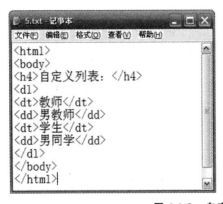

图 4-1-9 自定义列表实例

(八) 表单

表单用于搜集不同类型的用户输入,是一个包含表单元素的区域。表单元素是允许用户在表单(如文本域、下拉列表、单选框和复选框等)中输入信息的元素。

表单使用表单标签(〈form〉)定义。

1. 文本域(Text Fields)

当用户要在表单中键入字母和数字等内容时,就会用到文本域,如图 4-1-10 所示。

注意:表单本身并不可见。同时,在大多数浏览器中,文本域的默认宽度是 20 个字符。

图 4-1-10 文本域输入实例

2. 单选按钮(Radio Buttons)

当用户从若干给定的选择中选取其一时,就会用到单选框,如图 4-1-11 所示。

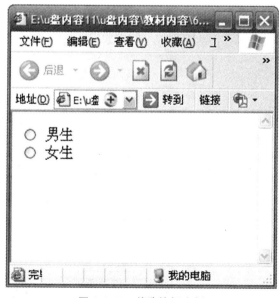

图 4-1-11 单选按钮实例

3. 复选框(Checkboxes)

当用户需要从若干给定的选择中选取一个或若干选项时,就会用到复选框,如图 4-1-12 所示。

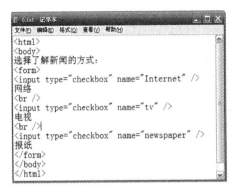

图 4-1-12　复选按钮实例

4. 表单的动作属性(Action)和确认按钮

当用户单击确认按钮时,表单的内容会被传送到另一个文件。表单的动作属性定义了目的文件的文件名。由动作属性定义的这个文件通常会对接收到的输入数据进行相关的处理,如图 4-1-13 所示。

图 4-1-13　动作属性及确认按钮实例

5. 表单标签

表单标签如表 4-1-5 所示。

表 4-1-5　表单标签

标签	描述
〈form〉	定义供用户输入的表单
〈input〉	定义输入域
〈textarea〉	定义文本域(一个多行的输入控件)
〈label〉	定义一个控制的标签
〈fieldset〉	定义域
〈legend〉	定义域的标题
〈select〉	定义一个选择列表
〈optgroup〉	定义选项组
〈option〉	定义下拉列表中的选项
〈button〉	定义一个按钮
〈isindex〉	已废弃。由〈input〉代替

（九）图像

通过使用 HTML,可以在文档中显示图像。

1. 图像标签(〈img〉)和源属性(src)

在 HTML 中,图像由〈img〉标签定义。〈img〉是空标签,意思是说,它只包含属性,并且没有闭合标签。要在页面上显示图像,需要使用源属性(src)。src 是指"source"。源属性的值是图像的 URL 地址。

定义图像的语法是:〈img src="url" /〉,URL 是指存储图像的位置,如图 4-1-14 所示。

浏览器将图像显示在文档中图像标签出现的地方。如果将图像标签置于两个段落之间,那么浏览器会首先显示第一个段落,然后显示图片,最后显示第二段。

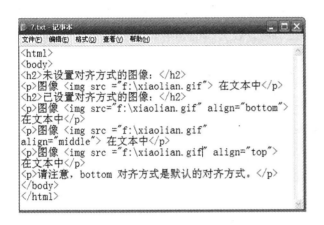
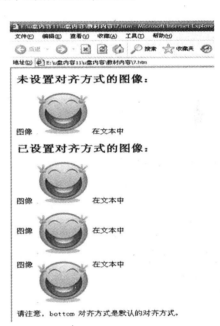

图 4-1-14　图像排列实例

2. 替换文本属性(alt)

alt 属性用来为图像定义一串预备的、可替换的文本。替换文本属性的值是用户定义的。

〈img src="boat. gif" alt="Big Boat"〉

在浏览器无法载入图像时,替换文本属性告诉用户他们失去的信息。此时,浏览器将显示这个替代性的文本而不是图像。为页面上的图像都加上替换文本属性是个好习惯,这样有助于更好地显示信息,并且对于那些使用纯文本浏览器的人来说是非常有用的,如图 4-1-15 所示。

图 4-1-15　为图片显示替换文本实例

提示：假如某个 HTML 文件包含 10 个图像，那么为了正确显示这个页面，需要加载 11 个文件。加载图片是需要时间的，所以我们的建议是慎用图片。

（十）框架

通过使用框架，用户可以在同一个浏览器窗口中显示不止一个页面。每份 HTML 文档称为一个框架，并且每个框架都独立于其他的框架。

Frame 标签定义了放置在每个框架中的 HTML 文档。在图 4-1-16 所示的例子中，我们设置了一个两列的框架集。第一列被设置为占据浏览器窗口的 25%。第二列被设置为占据浏览器窗口的 75%。HTML 文档"frame_a.htm"被置于第一个列中，而 HTML 文档"frame_b.htm"被置于第二个列中。

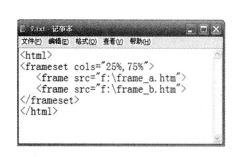 

图 4-1-16　框架标签实例

提示：假如一个框架有可见边框，用户可以拖动边框来改变它的大小。为了避免这种情况发生，可以在〈frame〉标签中加入：noresize="noresize"。为不支持框架的浏览器添加〈noframes〉标签，不能将〈body〉〈/body〉标签与〈frameset〉〈/frameset〉标签同时使用。不过，假如用户添加包含一段文本的〈noframes〉标签，就必须将这段文字嵌套于〈body〉〈/body〉标签内。在如图 4-1-17 所示的一个实例中，可以查看它是如何实现的。

图 4-1-17 〈noframes〉标签实例

三、CSS 语言

(一) CSS 语法

CSS 规则由两个主要的部分构成:选择器以及一条或多条声明。下面这行代码的作用是将 h1 元素内的文字颜色定义为红色,同时将字体大小设置为 14 像素。

h1 {color:red; font-size:14px;}

在这个例子中,h1 是选择器,color 和 font-size 是属性,red 和 14px 是值。

◆ 选择器通常是用户需要改变样式的 HTML 元素。

◆ 每条声明由一个属性和一个值组成。

◆ 属性(property)是用户希望设置的样式属性(style attribute)。

◆ 每个属性有一个值。属性和值被冒号分开。

如果要定义不止一个声明,则需要用分号将每个声明分开。下面的例子展示出如何定义一个红色文字的居中段落。最后一条规则是不需要加分号的,因为分号在英语中是一个分隔符号,不是结束符号。然而,大多数有经验的设计师会在每条声明的末尾都加上分号,这么做的好处是,当从现有的规则中增减声明时,会尽可能地减少出错的可能性。就像这样:

p {text-align:center; color:red;}

应该在每行只描述一个属性,这样可以增强样式定义的可读性,就像这样:

```
p {
text-align: center;
color: black;
font-family: arial;
}
```

1. CSS 用法

（1）行内样式表（style 属性）。

为 HTML 应用 CSS 的一种方法是使用 HTML 属性 style，如图 4-1-18 所示。

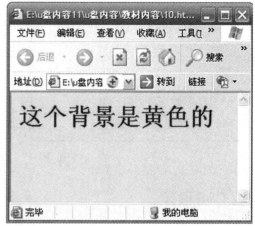

图 4-1-18　行内样式表实例

（2）内部样式表（style 元素）。

为 HTML 应用 CSS 的另一种方法是采用 HTML 元素 style，如图 4-1-19 所示。

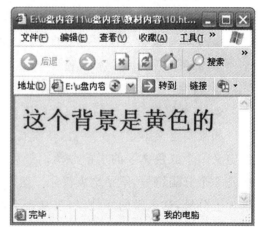

图 4-1-19　内部样式表实例

（3）外部样式表（引用一个样式表文件），推荐此方法。

外部样式表就是一个扩展名为 CSS 的文本文件。跟其他文件一样，用户可以把样式表文件放在 Web 服务器上或者本地硬盘上。例如：样式表文件名为 style.css，它通常被存放于名为 style 的目录中。如何在一个 HTML 文档里引用一个外部样式表文件（style.css）如图 4-1-20 所示。

图 4-1-20　外部样式表实例

2. CSS 样式

（1）背景。

◆ 背景色：可以使用 background-color 属性为元素设置背景色。这个属性接受任何合法的颜色值。例如：将背景色设置为灰色，同时元素中的文本向外稍有延伸，只需增加一些内边距，如图 4-1-21 所示。

图 4-1-21　CSS 背景色实例

◆ 背景图像：要把图像放入背景，需要使用 background-image 属性。background-image 属性的默认值是 none，表示背景上没有放置任何图像，如图 4-1-22 所示。

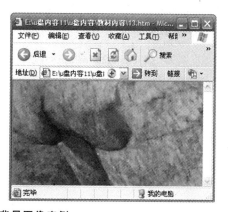

图 4-1-22　CSS 背景图像实例

（2）文本。

通过文本属性，用户可以改变文本的颜色和字符间距、对齐文本、装饰文本、对文本进行缩进等。

◆ 缩进文本。把 Web 页面上段落的第一行缩进，这是一种最常用的文本格式化效果。CSS 提供了 text-indent 属性，该属性可以方便地实现文本缩进。通过使用 text-indent 属性，所有元素的第一行都可以缩进一个给定的长度，甚至该长度可以是负值。这个属性最常见的用途是将段落的首行缩进，下面的规则会使所有段落的首行缩进 5em：p ｛text-indent：5em；｝。

注意：一般来说，可以为所有块级元素应用 text-indent，但无法将该属性应用于行内元素，图像之类的替换元素上也无法应用 text-indent 属性。不过，如果一个块级元素（如段落）的首行中有一个图像，它会随该行的其余文本移动。

提示：如果想把一个行内元素的第一行"缩进"，可以用左内边距或外边距创造这种效果。

◆ 水平对齐。text-align 是一个基本的属性，它会影响一个元素中的文本行互相之间的对齐方式。它的前 3 个值相当直接，不过第 4 个和第 5 个则略有些复杂。值 left、right 和 center 会导致元素中的文本分别左对齐、右对齐和居中。西方语言都是从左向右读，所有 text-align 的默认值是 left。文本在左边界对齐，右边界呈锯齿状（称为"从左到右"文本）。对于希伯来语和阿拉伯语之类的语言，text-align 则默认为 right，因为这些语言从右向左读。不出所料，center 会使每个文本行在元素中居中。

提示：将块级元素或表元素居中，要通过在这些元素上适当地设置左、右外边距来实现。

◆ 文本方向。如果阅读的是英文书籍，那么就会从左到右、从上到下地阅读，这就是英文的流方向。不过，并不是所有语言都如此。我们知道古汉语就是从右到左来阅读的，当然还包括希伯来语和阿拉伯语等。CSS 引入了一个属性来描述其方向性。direction 属性影响块级元素中文本的书写方向、表中列布局的方向、内容水平填充其元素框的方向以及两端对齐元素中最后一行的位置。

注意：对于行内元素，只有当 unicode-bidi 属性设置为 embed 或 bidi-override 时，才会应用 direction 属性。direction 属性有两个值：ltr 和 rtl。大多数情况下，默认值是 ltr，显示从左到右的文本。如果显示从右到左的文本，则应使用值 rtl。

CSS 文本颜色实例如图 4-1-23 所示。

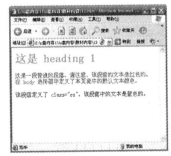

图 4-1-23　CSS 文本颜色实例

CSS 文本缩进实例如图 4-1-24 所示。

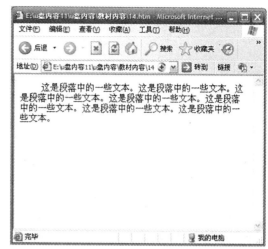

图 4-1-24　CSS 文本缩进实例

CSS 文本对齐实例如图 4-1-25 所示。

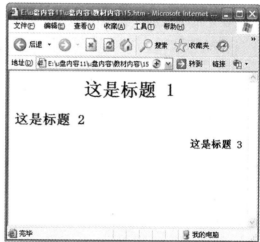

图 4-1-25　CSS 文本对齐实例

CSS 文本属性如表 4-1-6 所示。

表 4-1-6　CSS 文本属性

属性	描述
color	设置文本颜色
direction	设置文本方向
line-height	设置行高
letter-spacing	设置字符间距
text-align	对齐元素中的文本
text-decoration	向文本添加修饰

续表

属性	描述
text-indent	缩进元素中文本的首行
text-shadow	设置文本阴影。CSS2 包含该属性,但是 CSS2-1 没有保留该属性
text-transform	控制元素中的字母
unicode-bidi	设置文本方向
white-space	设置元素中空白的处理方式
word-spacing	设置字间距

（3）链接。

能够设置链接样式的 CSS 属性有很多种（color、font-family、background 等）。链接的四种状态如下。

◆ a:link,普通的、未被访问的链接。

◆ a:visited,用户已访问的链接。

◆ a:hover,鼠标指针位于链接的上方。

◆ a:active,链接被单击的时刻。

当为链接的不同状态设置样式时,请按照以下次序规则。

◆ a:hover 必须位于 a:link 和 a:visited 之后。

◆ a:active 必须位于 a:hover 之后。

链接实例,编写代码如下。

```
〈! DOCTYPE html〉
〈html〉
〈head〉
〈style〉
a-one:link {color: #ff0000;}
a-one:visited {color: #0000ff;}
a-one:hover {color: #ffcc00;}


a-two:link {color: #ff0000;}
a-two:visited {color: #0000ff;}
a-two:hover {font-size:150%;}


a-three:link {color: #ff0000;}
a-three:visited {color: #0000ff;}
a-three:hover {background: #66ff66;}
```

a-four:link {color:#ff0000;}

a-four:visited {color:#0000ff;}

a-four:hover {font-family:'微软雅黑';}

a-five:link {color:#ff0000;text-decoration:none;}

a-five:visited {color:#0000ff;text-decoration:none;}

a-five:hover {text-decoration:underline;}

〈/style〉

〈/head〉

〈body〉

〈p〉请把鼠标指针移动到下面的链接上,看看它们的样式变化。〈/p〉

　　〈p〉〈b〉〈a class="one" href="/index-html" target="_blank"〉这个链接改变颜色〈/a〉〈/b〉〈/p〉

　　〈p〉〈b〉〈a class="two" href="/index-html" target="_blank"〉这个链接改变字体尺寸〈/a〉〈/b〉〈/p〉

　　〈p〉〈b〉〈a class="three" href="/index-html" target="_blank"〉这个链接改变背景色〈/a〉〈/b〉〈/p〉

　　〈p〉〈b〉〈a class="four" href="/index-html" target="_blank"〉这个链接改变字体〈/a〉〈/b〉〈/p〉

　　〈p〉〈b〉〈a class="five" href="/index-html" target="_blank"〉这个链接改变文本的装饰〈/a〉〈/b〉〈/p〉

　　〈/body〉

　　〈/html〉

浏览器解释上面代码如图 4-1-26 所示。

图 4-1-26 CSS 链接实例

（4）列表。

CSS 列表从某种意义上讲，不是描述性的文本的任何内容都可以认为是列表。人口普查、太阳系、家谱、参观菜单甚至你的所有朋友，都可以表示为一个列表或者是列表的列表。

由于列表如此多样，使得列表相当重要，所以说，CSS 中列表样式不太丰富确实是一大憾事。

◆ 列表类型。

要影响列表的样式，最简单（同时支持最充分）的办法就是改变其标志类型。例如：在一个无序列表中，列表项的标志（marker）是出现在各列表项旁边的圆点。在有序列表中，标志可能是字母、数字或另外某种计数体系中的一个符号。要修改用于列表项的标志类型，可以使用属性 list-style-type：ul {list-style-type ：square}上面的声明把无序列表中的列表项标志设置为方块。

◆ 列表项图像。

有时，常规的标志是不够的。用户可能想对各标志使用一个图像，这可以利用 list-style-image 属性做到：ul li {list-style-image ：url(xxx. gif)}只需要简单地使用一个 url（）值，就可以使用图像作为标志。

◆ 列表标志位置。

CSS2.1 可以确定标志出现在列表项内容之外还是内容内部。这是利用 list-style-position 完成的。

◆ 简写列表样式。

为简单起见，可以将以上 3 个列表样式属性合并为一个方便的属性：list-style，就像这样：li {list-style ：url(example. gif) square inside}，list-style 的值可以按任何顺序列出，而且这些值都可以忽略。只要提供了一个值，其他的就会填入其默认值。

列表实例如图 4-1-27 所示。

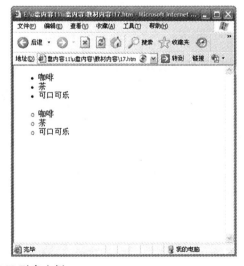

图 4-1-27 CSS 列表实例

（5）表格。

CSS 表格属性可以帮助用户极大地改善表格的外观。

◆ 表格边框。

如果需要在 CSS 中设置表格边框，请使用 border 属性。

下面的例子为 table、th 以及 td 设置了蓝色边框。

```
table，th，td
{
border：1px solid blue;
}
```

注意：上例中的表格具有双线条边框。这是由于 table、th 以及 td 元素都有独立的边框。

如果需要把表格显示为单线条边框，请使用 border-collapse 属性。

◆ 折叠边框。

border-collapse 属性设置是是否将表格边框折叠为单一边框。

```
table
{
border-collapse:collapse;
}

table，th，td
{
border：1px solid black;
}
```

◆ 表格宽度和高度。

通过 width 和 height 属性定义表格的宽度和高度。

下面的例子将表格宽度设置为 100％，同时将 th 元素的高度设置为 50px。

```
table
{
width:100％;
}
th
{
height:50px;
}
```

227

◆ 表格文本对齐。

text-align 和 vertical-align 属性设置表格中文本的对齐方式。text-align 属性设置水平对齐方式,如左对齐、右对齐或者居中。

```
td
{
text-align:right;
}
```

vertical-align 属性设置垂直对齐方式,如顶部对齐、底部对齐或居中对齐。

```
td
{
height:50px;
vertical-align:bottom;
}
```

◆ 表格内边距。

如果需要控制表格中内容与边框的距离,请为 td 和 th 元素设置 padding 属性。

```
td
{
padding:15px;
}
```

◆ 表格颜色。

下面的例子设置边框的颜色,以及 th 元素的文本和背景颜色。

```
table, td, th
{
border:1px solid green;
}

th
{
background-color:green;
color:white;
}
```

◆ CSS Table 属性。

CSS Table 属性如表 4-1-7 所示。

表 4-1-7　CSS Table 属性

属性	描述
border-collapse	设置是否把表格边框合并为单一的边框
border-spacing	设置分隔单元格边框的距离
caption-side	设置表格标题的位置
empty-cells	设置是否显示表格中的空单元格
table-layout	设置显示单元、行和列的算法

3. HTML＋CSS 应用实例

(1) 实例 1:边框阴影和内容垂直居中。

代码如下。

〈html〉

〈head〉

〈meta http-equiv＝Content-Type content＝text/html; charset＝gb2312 /〉

〈title〉边框为阴影效果〈/title〉

〈style type＝text/css〉

div {border-width: 1px; border-style: solid; padding: 1px;}

-a {background-color: #F3F3F3; border-color: #FBFBFB;}

-b {background-color: #D8D8D8; border-color: #E8E8E8;}

-c {background-color: # FFF; border-color: # BBB; height: 100px; color: #ff0000;}

-middle-demo-4{ width:300px; border: #FF0000 1px solid; height: 300px; position:absolute; }

-middle-demo-4 div{ border: #009900 1px solid; height:20px; width:300px; position:absolute; margin-top:-10px; top:50%; left:0; }

-middle-demo-4 div div{ border: #330066 1px solid; height:20px; width:300px; margin-top:-12px; margin-left:-2px; position:relative; top: 50%; left:0; }

〈/style〉

〈/head〉

〈body〉

〈div class＝a〉

〈div class＝b〉

〈div class＝c〉

边框为阴影效果

〈/div〉

〈/div〉　〈/div〉

〈div class＝middle-demo-4〉

〈div〉

〈div〉

让内容垂直居中

〈/div〉

〈/div〉

〈/div〉

〈/body〉

〈/html〉

浏览器运行结果如图 4-1-28 所示。

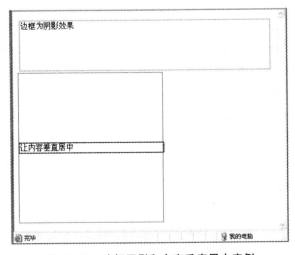

图 4-1-28　边框阴影和内容垂直居中实例

（2）实例 2：会议通知模板设置。

代码编写如下。

〈html〉

〈head〉

〈 meta　http-equiv ＝ “ Content-Type ” 　content ＝ “ text/html；　charset ＝ gb2312”／〉

〈title〉制作会议通知〈/title〉

〈/head〉

〈body〉

〈h2 align＝“center”〉关于＿＿＿＿＿会议的通知 〈/h2〉

〈p〉各职能部门：〈/p〉

定于×月×日召开××××会。现将有关事宜通知如下：〈br〉

〈pre〉　〈ul〉〈p〉〈li〉会议议题：_____　　〈p〉〈li〉参加人员：_____

____〈br〉_____　　〈br〉_____

〈p〉〈li〉会议时间：从____到____结束_____

〈p〉〈li〉会议地点：_____

〈p〉〈li〉具体事项：

〈ol〉〈li〉_____

〈li〉_____　　〈li〉_____

〈/ol〉〈/pre〉　〈/ul〉　〈p lign＝"right"〉_____公司

〈p align＝"right"〉年　　月　　日

〈/body〉

〈/html〉

浏览器运行结果如图 4-1-29 所示。

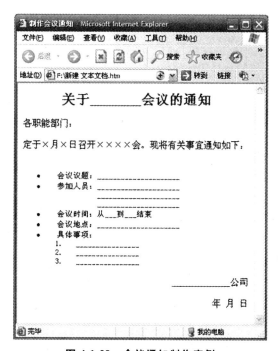

图 4-1-29　会议通知制作实例

（二）Div＋CSS 设计

Div 即 CSS 单元的位置和层次。在网页上利用 HTML 定位文字和图像是一件"令人心痛"的事情。我们必须使用表格标签和隐式 GIF 图像，即使这样也不能保证定位的精确，因为浏览器和操作平台的不同会使显示的结果发生变化。而 CSS 能使用户看到希望的曙光。利用 CSS 属性，可以精确地定位要素的位置，还能将定位的要素叠放在彼此之上。层叠样式表是 DHTML 的基础。层叠样式表（外语缩写：CSS）用来设定网页上的元素是如何展示的。Cascading Style Sheets Positioning（CSS-P）是层叠样式表的一个扩展,它可用来控制任何材料在网页上或是在窗口中的位置。

1. Div 定义和用法

〈div〉可定义文档中的分区或节(division/section)。〈div〉标签可以把文档分割为独立的、不同的部分。它可以用作严格的组织工具,并且不使用任何格式与其关联。如果用 id 或 class 来标记〈div〉,那么该标签的作用会变得更加有效。

〈div〉是一个块级元素。这意味着它的内容自动地开始一个新行。实际上,换行是〈div〉固有的唯一格式表现。可以通过〈div〉的 class 或 id 应用额外的样式。不必为每一个〈div〉都加上类或 id,虽然这样做也有一定的好处。

可以对同一个〈div〉元素同时应用 class 和 id 属性,但更常见的情况是只应用其中一种。这两者的主要差异是,class 用于元素组(类似的元素,或者可以理解为某一类元素),而 id 用于标识单独的、唯一的元素。

2. Div 属性

Div 属性如表 4-1-8 所示。

表 4-1-8　Div 属性

类别	标签	描述
文字效果	color：#999999 文字颜色	文字颜色
	font-family：	宋体文字
	font-size：10pt	文字大小
	font-style:italic	文字斜体
	font-variant:small-caps	小字体
	letter-spacing：1pt	文字间距
	line-height：200%	设定行高
	font-weight:bold	文字粗体
	vertical-align:sub	下标字
	vertical-align:super	上标字
	text-decoration:line-through	加删除线
	text-decoration:overline	加顶线
	text-decoration:underline	加底线
	text-decoration:none	删除连接底线
	text-transform：capitalize	首字大写
	text-transform：uppercase	英文大写
	text-transform：lowercase	英文小写
	text-align:right	文字右对齐
	text-align:left	文字左对齐
	text-align:center	文字居中对齐

续表

类别	标签	描述
背景	background-color：black	背景颜色
	background-image：url(image/bg. gif)	背景图片
	background-attachment：fixed	固定背景
	background-repeat：repeat	重复排列—网页预设
	background-repeat：no-repeat	不重复排列
	background-repeat：repeat-x	在 x 轴重复排列
	background-repeat：repeat-y	在 y 轴重复排列
	background-position：90％ 90％	背景图片 x 与 y 轴的位置
链接	A	所有超链接
	A：link	超链接文字格式
	A：visited	浏览过的链接文字格式
	A：active	按下链接的格式
	A：hover	鼠标移至链接
边框	border-top：1px solid black	上框
	border-bottom：1px solid ＃6699cc	下框
	border-left：1px solid ＃6699cc	左框
	border-right：1px solid ＃6699cc	右框
	border：1px solid ＃6699cc	四边框
线	〈textarea style＝"border：1px dashed pink"〉	虚线
	〈textarea style＝"border：1px solid pink"〉	实线

(1)实例 1：设置导航栏。

代码编写如下。

〈html〉

〈head〉

〈meta http-equiv＝"Content-Type" content＝"text/html；

charset＝gb2312" /〉

〈title〉导航菜单〈/title〉

〈style〉

body { font-size：12px；}

a { color：＃00f；}

＃menu ul { list-style：none；}

＃menu ul li { width：80px；float：left；color：＃888；}

```
#menu ul li a { display:block; text-decoration:none;
font-weight:bold;}
#menu ul li a:hover { color:#f60;}
</style>
</head>
<body>
<div id="menu">
<ul>
<li><a href="/">主页</a>home</li>
<li><a href="/">新闻</a>news</li>
<li><a href="/">视频</a>video</li>
<li><a href="/">图片</a>pictures</li>
<li><a href="/">链接</a>links</li>
</ul>
</div>
</body>
</html>
```

浏览器运行结果如图 4-1-30 所示。

主页 **新闻** **视频** **图片** **链接**
home news video pictures links

图 4-1-30 导航栏设置

(2) 实例 2:设置层的透明度。

代码编写如下。

```
<html>
<head>
<meta http-equiv="Content-Type" content="text/html; charset=
gb2312" />
<title>div 层半透明效果</title>
<style>
body {background:url(/fengjing.jpg);}
#layout { position:absolute; top:50px; left:50px; width:200px; height:
300px; border:1px solid #006699; background:#fff; filter:alpha(opacity=70);
opacity:0-7;}
</style>
```

```
〈/head〉
〈body〉
〈div id="layout"〉〈/div〉
〈/body〉
〈/html〉
```

浏览器运行结果如图 4-1-31 所示。

图 4-1-31　层透明度设置

四、JavaScript 语言

（一）JavaScript 语法

1. JavaScript 注释语法。

//注释内容

/ *

注释内容

* /

JavaScript 注释示例

使用两个双斜杠注释行

```
//document. write("www. dreamdu. com");
```
使用斜杠星注释代码块（多行）

```
/ *
var dreamdu = "www. dreamdu. com";
var dreamdu = "du";
 * /
```

2. JavaScript 变量语法

```
var my=5;

var mysite="d r e a m d u";
```

解释一下：

var 代表声明变量（声明就是创建的意思）。var 是 variable 的缩写。

my 与 mysite 都为变量名（可以任意取名），必须使用字母或者下划线开始。

5 与"dreamdu"都为变量值，5 代表一个数字，"dreamdu"是一个字符串，因此应使用双引号。

JavaScript 变量起名注意事项：

变量名必须使用字母或者下划线开始。

变量名必须使用英文字母、数字、下划线组成。

变量名不能使用 JavaScript 关键词与 JavaScript 保留字，而且不能使用 JavaScript 语言内部的单词，如 Infinity，NaN，undefined。

3. JavaScript 数值类型

JavaScript 数值类型表示一个数字，如 5、12、−5、2e5。

正数：大于 0 的数为正数，可以在正数前面加上正号（＋），也可以省略。例如：5、12 等数字。

负数：小于 0 的数为负数，在正数前加减号（一）。例如：−5、−18 等数字。

有理数：0、正数、负数统称为有理数。

4. JavaScript 指数表示法

语法：aeb

a，b 为一个数字。aeb 等价于 a 乘以 10 的 b 次方。

示例：2e3 为指数表示法等价于

```
2e3===2 * 10 * 10 * 10

1e2 为指数表示法

1e2===1 * 10 * 10
```

5. 定义一个数字类型变量

  var iA＝5；

  var iB＝2e3；

6. JavaScript 字符串定义方法

  ar str＝"字符串"； //方法一

  var str＝new string("字符串")； //方法二

通常使用方法一,比较简单。应该使用单引号''或者双引号""将字符串囊括其中。

7. JavaScript 字符串使用注意事项

  字符串类型可以表示一串字符,如"www.dreamdu.com"'梦之都',字符串类型应使用双引号("")或单引号('')括起来。

应该使用\(反斜杠)在 JavaScript 字符串中表示转义字符(转义字符就是在字符串中无法直接表示的)。

8. JavaScript 算术运算符与表达式：

JavaScript 算术运算符与表达式语法如下。

  var i＝a＋b；

  var——声明变量

  i——变量名

  ＝——赋值运算符

  a,b——操作数

  ＋——算术运算符

上面表达式的意义是:把 a 加上 b 所得的值,赋予变量 i。

JavaScript 赋值运算符负责为变量赋值,JavaScript 赋值运算符包括＝,＋＝,－＝,＊＝,/＝,%＝。

用赋值运算符和运算对象(操作数)连接起来,符合规则的 JavaScript 语法的式子,称为 JavaScript 赋值表达式。

JavaScript 赋值运算符与赋值表达式语法如下。

  var i＋＝a；

  ＋＝——赋值运算符

上面表达式的意义是:把 i 加上 a 所得的值,赋予变量 i。

(二) HTML＋CSS＋JavaScript 设计

HTML、CSS、JavaScript 在网页设计中所扮演的角色都很重要,HTML 是基础架构,CSS 是元素格式、页面布局的灵魂,而 JavaScript 是实现网页的动态性和交互性的点睛之笔。

HTML 以〈html〉开始，以〈html〉结束，这是一个成对的标记。CSS 以〈style〉开始，以〈/style〉结束，也是一个成对的标记。JavaScript 以〈script type＝"text/javascript"〉；开始，以〈/script〉结束。

设计实例代码如下。

```
〈html〉
〈head〉
〈title〉第一个实例〈/title〉
〈style type＝"text/css"〉
〈! ——
body｛background-image：url（1-4-1. jpg）；background- attachment：scroll；
background-position：100％ 100％；
background-repeat：no-repeat｝
h2｛font-family：黑体；font-size：22pt；color：red；text-align：center｝
p1｛font-size：20px；color：＃000000；text-align：left｝
——〉
〈/style〉
〈/head〉
〈body〉
〈h2〉第一个 HTML、CSS、JavaScript 实例〈/h2〉
〈hr〉
〈p class＝"p1"〉1. HTML 是网页架构基础。〈/p〉
〈p class＝"p1"〉2. 用 CSS 定义背景图片的位置、标题 2 和段落的格式。〈/p〉
〈p class＝"p1"〉3. 用 JavaScript 编写文字随鼠标旋转的特效。〈/p〉
〈script type＝"text/javascript"〉
if（document. all）｛
yourLogo ＝ "第一个 HTML、CSS、JavaScript 实例";
logoFont ＝ "黑体";
logoFont ＝ "Arial";
logoColor ＝ "ff0000";
yourLogoyourLogo ＝ yourLogo. split（''）；
L ＝ yourLogo. length；
TrigSplit ＝ 360 / L；
Sz ＝ new Array（）
logoWidth ＝ 100；
logoHeight ＝ －30；
```

```
ypos = 0;
xpos = 0;
step = 0.03;
currStep = 0;
document.write('<div id="outer" style="position:absolute;top:0px;left:
0px"><div style="position:relative">');
for (i = 0; i< L; i++) {
document.write ('<div id = "ie" style = "position:absolute;top:0px;
left:0px;'
+'width:20px;height:20px;font-family:'+logoFont+';font-size:100px;'
+'color:'+logoColor+';text-align: center">'+yourLogo[i]+'</div>');
}
document.write('</div></div>');
function Mouse( ) {
ypos = event.y;
xpos = event.x-5;
}
document.onmousemove=Mouse;
function animateLogo( ){
outer.style.pixelTop = document.body.scrollTop;
for (i = 0; i< L; i++) {
ie[i].style.top = ypos + logoHeight * Math.sin(currStep + i * TrigSplit
* Math.PI / 180);
ie[i].style.left = xpos + logoWidth * Math.cos(currStep + i * TrigSplit
* Math.PI / 180);
Sz[i] = ie[i].style.pixelTop-ypos;
if (Sz[i]< 5) Sz[i] = 5;
ie[i].style.fontSize = Sz[i] / 0.9;
}
currStep -= step;
setTimeout('animateLogo()', 20);
}
window.onload = animateLogo;
}
</script>
</body>
```

〈/html〉

网页效果如图 4-1-32 所示。

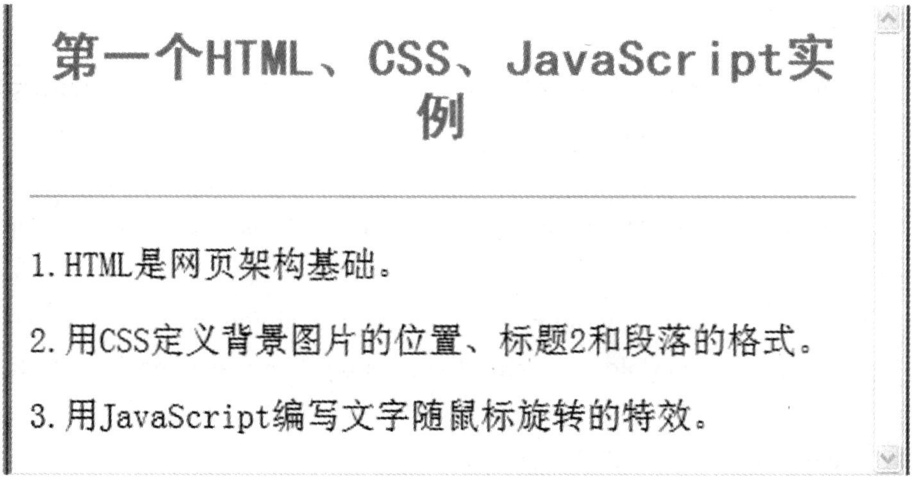

第一个HTML、CSS、JavaScript实例

1. HTML是网页架构基础。

2. 用CSS定义背景图片的位置、标题2和段落的格式。

3. 用JavaScript编写文字随鼠标旋转的特效。

图 4-1-32 网页效果图

❂ 第二节 HTML5

一、HTML5 元素

（一） HTML5 新的 Input 类型

HTML5 拥有多个新的表单输入类型。这些新特性提供了更好的输入控制和验证。

1. Input 类型 e-mail

e-mail 类型用于应该包含 e-mail 地址的输入域。在提交表单时，会自动验证 e-mail 域的值。实例如下。

E-mail：〈input type＝"email" name＝"user_email" /〉

提示：iPhone 中的 Safari 浏览器支持 e-mail 输入类型，并通过改变触摸屏键盘来配合它（添加 @ 和 .com 选项）。

2. Input 类型 url

url 类型用于应该包含 URL 地址的输入域。在提交表单时，会自动验证 url 域的值。实例如下。

Homepage：〈input type＝"url" name＝"user_url" /〉

提示：iPhone 中的 Safari 浏览器支持 url 输入类型，并通过改变触摸屏键盘来配合它（添加 .com 选项）。

3. Input 类型 number

number 类型用于应该包含数值的输入域。用户还能够设定对所接受的数字的限定。实例如下。

　　　　Points：〈input type＝"number" name＝"points" min＝"1" max＝"10" /〉

　　提示：iPhone 中的 Safari 浏览器支持 number 输入类型，并通过改变触摸屏键盘来配合它(显示数字)。

　　4. Input 类型 range

　　range 类型用于应该包含一定范围内数字值的输入域。range 类型显示为滑动条。用户还能够设定对所接受的数字的限定。实例如下。

　　　　〈input type＝"range" name＝"points" min＝"1" max＝"10" /〉

　　5. Input 类型 Date Pickers(日期选择器)

　　HTML5 拥有多个可供选取日期和时间的新输入类型。

　　　　date ——选取日、月、年。

　　　　month ——选取月、年。

　　　　week ——选取周和年。

　　　　time ——选取时间(小时和分钟)。

　　　　datetime ——选取时间、日、月、年(UTC 时间)。

　　　　datetime-local ——选取时间、日、月、年(本地时间)。

　　下面的例子允许用户从日历中选取一个日期。实例如下。

　　　　Date：〈input type＝"date" name＝"user_date" /〉

　　6. Input 类型 search

　　search 类型用于搜索域，如站点搜索或 Google 搜索。search 域显示为常规的文本域。

　　(二) HTML5 的新的表单元素

　　HTML5 拥有若干涉及表单的元素和属性。

　　1. datalist 元素

　　datalist 元素规定输入域的选项列表。列表是通过 datalist 内的 option 元素创建的。如果需要把 datalist 绑定到输入域，请用输入域的 list 属性引用 datalist 的 id。实例如下。

　　　　Webpage：〈input type＝"url" list＝"url_list" name＝"link" /〉

　　　　〈datalist id＝"url_list"〉

　　　　〈option label＝"W3School" value＝"http://www. W3School. com. cn" /〉

　　　　〈option label＝"Google" value＝"http://www. google. com" /〉

　　　　〈option label＝"Microsoft" value＝"http://www. microsoft. com" /〉

　　　　〈/datalist〉

　　提示：option 元素永远都要设置 value 属性。

2. keygen 元素

keygen 元素的作用是提供一种验证用户的可靠方法。keygen 元素是密钥对生成器（key-pair generator）。当提交表单时，会生成两个键：一个是私钥，一个是公钥。私钥（private key）存储于客户端，公钥（public key）则被发送到服务器。公钥可用于之后验证用户的客户端证书（client certificate）。目前，浏览器对此元素的糟糕的支持度不足以使其成为一种有用的安全标准。实例如下。

⟨form action＝"demo_form. asp" method＝"get"⟩

Username：⟨input type＝"text" name＝"usr_name" /⟩

Encryption：⟨keygen name＝"security" /⟩

⟨input type＝"submit" /⟩

⟨/form⟩

3. output 元素

output 元素用于不同类型的输出，如计算或脚本输出。实例如下。

⟨output id＝"result" onforminput＝"resCalc()"⟩⟨/output⟩

（三）HTML5 的新的表单属性

1. autocomplete 属性

autocomplete 属性规定 form 或 input 域应该拥有自动完成功能。

注释：autocomplete 适用于⟨form⟩标签，以及以下类型的⟨input⟩标签：text，search，url，telephone，email，password，datepickers，range 以及 color。

当用户在自动完成域中开始输入时，浏览器应该在该域中显示填写的选项。实例如下。

⟨form action＝"demo_form. asp" method＝"get" autocomplete＝"on"⟩

First name：⟨input type＝"text" name＝"fname" /⟩⟨br /⟩

Last name：⟨input type＝"text" name＝"lname" /⟩⟨br /⟩

E-mail：⟨input type＝"email" name＝"email" autocomplete＝"off" /⟩⟨br /⟩

⟨input type＝"submit" /⟩

⟨/form⟩

注释：在某些浏览器中，用户可能需要启用自动完成功能，以使该属性生效。

2. autofocus 属性

autofocus 属性规定在页面加载时，域自动地获得焦点。

注释：autofocus 属性适用于所有⟨input⟩标签的类型。

实例如下。

User name：⟨input type＝"text" name＝"user_name"autofocus＝"autofocus" /⟩HTML5 表单设计

3. form 属性

form 属性规定输入域所属的一个或多个表单。

注释：form 属性适用于所有〈input〉标签的类型。form 属性必须引用所属表单的 id。

实例如下。

〈form action＝"demo_form.asp" method＝"get" id＝"user_form"〉

First name：〈input type＝"text" name＝"fname" /〉

〈input type＝"submit" /〉

〈/form〉

Last name：〈input type＝"text" name＝"lname" form＝"user_form" /〉

亲自试一试

注释：如果需要引用一个以上的表单，请使用空格分隔的列表。

4. 表单重写属性

表单重写属性(form override attributes)允许用户重写 form 元素的某些属性设定。

表单重写属性有以下几种。

formaction ——重写表单的 action 属性。

formenctype ——重写表单的 enctype 属性。

formmethod ——重写表单的 method 属性。

formnovalidate ——重写表单的 novalidate 属性。

formtarget ——重写表单的 target 属性。

注释：表单重写属性适用于以下类型的〈input〉标签：submit 和 image。

实例如下。

〈form action＝"demo_form.asp" method＝"get" id＝"user_form"〉

E-mail：〈input type＝"email" name＝"userid" /〉〈br /〉

〈input type＝"submit" value＝"Submit" /〉

〈br /〉

〈input type＝"submit" formaction＝"demo_admin.asp" value＝"Submit as admin" /〉

〈br /〉

〈input type＝"submit" formnovalidate＝"true" value＝"Submit without validation" /〉

〈br /〉

〈/form〉

注释：这些属性对于创建不同的提交按钮很有帮助。

243

5. height 和 width 属性

height 和 width 属性规定用于 image 类型的 input 标签的图像高度和宽度。

注释：height 和 width 属性只适用于 image 类型的〈input〉标签。

实例如下。

〈input type＝"image" src＝"img_submit. gif" width＝"99" height＝"99" /〉

6. list 属性

list 属性规定输入域的 datalist。datalist 是输入域的选项列表。

注释：list 属性适用于以下类型的〈input〉标签：text，search，url，telephone，email，date pickers，number，range 以及 color。

实例如下。

Webpage：〈input type＝"url" list＝"url_list" name＝"link" /〉

〈datalist id＝"url_list"〉

〈option label＝"W3Schools" value＝"http：//www. w3school. com. cn" /〉

〈option label＝"Google" value＝"http：//www. google. com" /〉

〈option label＝"Microsoft" value＝"http：//www. microsoft. com" /〉

〈/datalist〉

7. min、max 和 step 属性

min、max 和 step 属性用于为包含数字或日期的 input 类型规定限定（约束）。

max 属性规定输入域所允许的最大值。

min 属性规定输入域所允许的最小值。

step 属性为输入域规定合法的数字间隔（如果 step＝"3"，则合法的数是 $-3,0,3,6$ 等）。

注释：min、max 和 step 属性适用于以下类型的〈input〉标签：date pickers、number 以及 range。

下面的例子显示一个数字域，该域接受介于 0 到 10 之间的值，且步进为 3（即合法的值为 0、3、6 和 9）。实例如下。

Points：〈input type＝"number" name＝"points" min＝"0" max＝"10" step＝"3" /〉

8. multiple 属性

multiple 属性规定输入域中可选择多个值。

注释：multiple 属性适用于以下类型的〈input〉标签：email 和 file。

实例如下。

Select images：〈input type＝"file" name＝"img" multiple＝"multiple" /〉

9. novalidate 属性

novalidate 属性规定在提交表单时不应该验证 form 或 input 域。

注释:novalidate 属性适用于⟨form⟩以及以下类型的⟨input⟩标签:text,search,url,telephone,email,password,date pickers,range 以及 color。

实例如下。

> ⟨form action＝"demo_form. asp" method＝"get" novalidate＝"true"⟩
> E-mail:⟨input type＝"email" name＝"user_email" /⟩
> ⟨input type＝"submit" /⟩
> ⟨/form⟩

10. pattern 属性

pattern 属性规定用于验证 input 域的模式(pattern)。

模式(pattern)是正则表达式。用户可以在 JavaScript 教程中学习到有关正则表达式的内容。

注释:pattern 属性适用于以下类型的⟨input⟩标签:text,search,url,telephone,email 以及 password。

下面的例子显示了一个只能包含三个字母的文本域(不含数字及特殊字符)。实例如下。

> Country code:⟨input type＝"text" name＝"country_code"
> pattern＝"[A-z]{3}" title＝"Three letter country code" /⟩

11. placeholder 属性

placeholder 属性提供一种提示(hint),描述输入域所期待的值。

注释:placeholder 属性适用于以下类型的⟨input⟩标签:text,search,url,telephone,email 以及 password。

提示(hint)会在输入域为空时显示出现,会在输入域获得焦点时消失。实例如下。

> ⟨input type ＝ "search" name ＝ "user _ search" placeholder ＝ "Search W3School" /⟩

12. required 属性

required 属性规定必须在提交之前填写输入域(不能为空)。

注释:required 属性适用于以下类型的⟨input⟩标签:text,search,url,telephone,email,password,date pickers,number,checkbox,radio 以及 file。

实例如下。

> Name:⟨input type＝"text" name＝"usr_name" required＝"required" /⟩

二、HTML5 音视频设计

(一) 音频

HTML5 提供了播放音频的标准。直到现在,仍然不存在一项旨在网页上播放音频的标准。今天，大多数音频是通过插件（如 Flash）来播放的。然而，并非所有浏览器都拥有同样的插件。HTML5 规定了一种通过 audio 元素来包含音频的标准方法。audio 元素能够播放声音文件或者音频流。

如果需要在 HTML5 中播放音频，所需要的是：

〈audio src＝"song. ogg" controls＝"controls"〉

〈/audio〉

control 属性供添加播放、暂停和音量控件。

〈audio〉与〈/audio〉之间插入的内容是供不支持 audio 元素的浏览器显示的。

实例如下。

〈audio src＝"song. ogg" controls＝"controls"〉

Your browser does not support the audio tag.

〈/audio〉

上面的例子使用一个 ogg 文件，适用于 Firefox、Opera 以及 Chrome 浏览器。要确保适用于 Safari 浏览器，音频文件必须是 MP3 或 Wav 类型。

audio 元素允许多个 source 元素。source 元素可以链接不同的音频文件。浏览器将使用第一个可识别的格式。

实例如下。

〈audio controls＝"controls"〉

〈source src＝"song. ogg" type＝"audio/ogg"〉

〈source src＝"song. mp3" type＝"audio/mpeg"〉

Your browser does not support the audio tag.

〈/audio〉

〈audio〉标签属性如表 4-2-1。

表 4-2-1　〈audio〉标签的属性

属性	值	描述
autoplay	autoplay	如果出现该属性，则音频在就绪后马上播放
controls	controls	如果出现该属性，则向用户显示控件，如播放按钮
loop	loop	如果出现该属性，则每当音频结束时重新开始播放
preload	preload	如果出现该属性，则音频在页面加载时进行加载，并预备播放；如果使用 "autoplay"，则忽略该属性
src	url	要播放的音频的 URL

（二）视频

直到现在，仍然不存在一项旨在网页上显示视频的标准。今天，大多数视频是通过插件(如 Flash)来显示的。然而,并非所有浏览器都拥有同样的插件。

HTML5 规定了一种通过 video 元素来包含视频的标准方法。

如果需要在 HTML5 中显示视频,所需要的是:

〈video src＝"movie. ogg" controls＝"controls"〉

〈/video〉

control 属性供添加播放、暂停和音量控件。

包含宽度和高度属性也是不错的主意。

〈video〉与〈/video〉之间插入的内容是供不支持 video 元素的浏览器显示的。

实例如下。

〈video src＝"movie. ogg" width＝"320" height＝"240" controls＝"controls"〉

Your browser does not support the video tag.

〈/video〉

上面的例子使用一个 ogg 文件,适用于 Firefox、Opera 以及 Chrome 浏览器。要确保适用于 Safari 浏览器,视频文件必须是 MPEG4 类型。

video 元素允许多个 source 元素。source 元素可以链接不同的视频文件。浏览器将使用第一个可识别的格式。

实例如下。

〈video width＝"320" height＝"240" controls＝"controls"〉

〈source src＝"movie. ogg" type＝"video/ogg"〉

〈source src＝"movie. mp4" type＝"video/mp4"〉

Your browser does not support the video tag.

〈/video〉

〈video〉标签的属性如表 4-2-2 所示。

表 4-2-2 〈video〉标签的属性

属性	值	描述
autoplay	autoplay	如果出现该属性,则视频在就绪后马上播放
controls	controls	如果出现该属性,则向用户显示控件,如播放按钮
height	pixels	设置视频播放器的高度
loop	loop	如果出现该属性,则当媒介文件完成播放后再次开始播放
preload	preload	如果出现该属性,则视频在页面加载时进行加载,并预备播放;如果使用 "autoplay",则忽略该属性
src	url	要播放的视频的 URL
width	pixels	设置视频播放器的宽度

第三节　PHP

一、PHP 语法基础

(一) 基础 PHP 语法

PHP 脚本可放置于文档中的任何位置。

PHP 脚本以〈? php 开头，以 ?〉结尾：

```
〈? php
//此处是 PHP 代码
?〉
```

PHP 文件的默认文件扩展名是 ".php"。

PHP 文件通常包含 HTML 标签以及一些 PHP 脚本代码。

下面的例子是一个简单的 PHP 文件，其中包含了使用内建 PHP 函数 "echo" 在网页上输出文本 "Hello World!" 的一段 PHP 脚本。

实例：

```
〈! DOCTYPE html〉
〈html〉
〈body〉

〈h1〉我的第一张 PHP 页面〈/h1〉

〈? php
echo "Hello World!";
?〉

〈/body〉
〈/html〉
```

运行实例

注释：PHP 语句以分号结尾(；)。PHP 代码块的关闭标签也会自动表明分号(因此在 PHP 代码块的最后一行不必使用分号)。

(二) PHP 中的注释

PHP 代码中的注释不会被作为程序来读取和执行。它唯一的作用是供代码编辑者阅读。

注释可以让其他程序员了解在每个步骤进行的工作(如果供职于团队)并提醒自己做过什么。大多数程序员都曾经历过一两年后对项目进行返工，然后不得不重新考虑他们做过的事情。注释可以记录在写代码时的思路。

PHP 支持三种注释：

实例：

```
〈! DOCTYPE html〉
〈html〉
〈body〉


〈? php
//这是单行注释


#这也是单行注释


/ *
这是多行注释块
它横跨了
多行
* /
?〉


〈/body〉
〈/html〉
运行实例
```

(三) PHP 大小写敏感

在 PHP 中,所有用户定义的函数、类和关键词(如 if、else、echo 等)都对大小写不敏感。

在下面的例子中,所有这三条 echo 语句都是合法的(等价)：

实例：

```
〈! DOCTYPE html〉
〈html〉
〈body〉


〈? php
ECHO "Hello World! 〈br〉";
echo "Hello World! 〈br〉";
EcHo "Hello World! 〈br〉";
```

```
?>

</body>
</html>
```
运行实例

不过在 PHP 中,所有变量都对大小写敏感。

在下面的例子中,只有第一条语句会显示 $color 变量的值(这是因为 $color、$COLOR 以及 $coLOR 被视作三个不同的变量):

实例:

```
<! DOCTYPE html>
<html>
<body>

<? php
$ color="red";
echo "My car is " . $ color . "<br>";
echo "My house is " . $ COLOR . "<br>";
echo "My boat is " . $ coLOR . "<br>";
?>

</body>
</html>
```

三、PHP+MYSQL 设计

Web 数据库的基本结构如图 4-3-1 所示。

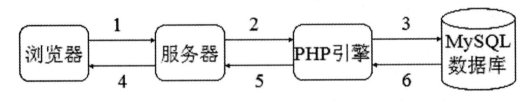

图 4-3-1　Web 数据库的基本结构

1. 用户的 Web 浏览器发出 HTTP 请求,请求特定 Web 页面。例如:用户通过 HTML 表单的形式要求搜索一种商品。

2. Web 服务器收到搜索请求,获取该脚本文件,并将它传到 PHP 引擎,要求它处理。

3. PHP 引擎开始解析脚本。脚本中有一条连接数据库的命令,还有执行一个查询

（搜索商品）的命令。PHP 打开通向 MySQL 数据库的连接,发送适当的查询。

4. MySQL 服务器接受数据库查询并处理。将结果（搜索到的商品）返回到 PHP 引擎。

5. PHP 引擎完成脚本运行,通常这包括将查询结果格式化成 HTML 格式,然后将输出的 HTML 返回到 Web 服务器。

6. Web 服务器将 HTML 发送到浏览器。这样用户就能看到搜索的商品数据。

在任何用于从 Web 访问数据库的脚本中,都应该遵循以下这些步骤。

第一,检查并过滤来自用户的数据。

第二,建立一个适当的数据库连接。

第三,查询数据库。

第四,获取查询结构。

第五,将结果显示给用户。

（一）建立一个连接

mysql_connect——打开一个到 MySQL 服务器的连接。

（1）语法格式:resource mysql_connect（主机、用户名和密码 ）。

（2）返回类型:成功则返回一个 MySQL 连接标志,失败则返回 FALSE。

（3）参数说明:MySQL 的主机名可同时加端口,如:'localhost:3306'。还有数据库的用户名与密码。

（4）一旦脚本结束,到服务器的连接就会被关闭。除非之前已经调用了 mysql_close( )来关闭它。

实例:

```
〈? php
$ link＝mysql_connect("localhost","root","");
if( $ link! ＝false)
{
echo "连接成功".〈p〉;
}
else
{
echo "与本地端 MySQL 服务器连接失败";
}
?〉
```

（二）选择数据库

mysql_select_db——选择 MySQL 数据库。

（1）语法格式:bool mysql_select_db（ 数据库名,[连接标志符]）。

（2）返回类型:成功则返回 TRUE,失败则返回 FALSE。

说明：数据库名为用户要操作的数据库，类似于我们通过命令行界面中使用的"SQL>use 数据库名；"。如果没有指定连接标志符，则使用上一个打开的连接。如果没有打开的连接，本函数将无参数调用 mysql_connect()来尝试打开一个并予以使用。

(三) 发送 SQL 语句

1. mysql_query——发送一条 MySQL 查询

(1) 语法格式：resource mysql_query（SQL 语句,[连接标志符]）。

(2) 返回类型：成功则返回执行结果，失败则返回 FALSE。

说明：此函数只是扮演一种传递的角色，必须使用 SQ1 指令才能达到存取的应用。mysql_query 函数可以传递各种 SQ1 语法，包含 DDL、DML、QUERY。对于 SELECT 语句，执行成功则返回一个资源，失败则返回 FALSE；对于 INSERT、DELETE、UPDATE 语句，返回 TRUE 或 FALSE 表示是否执行成功。

2. mysql_db_query——发送一条 MySQL 查询

(1) 语法格式：resource mysql_db_query（数据库名,SQL 语句 [,连接标志符]）。

(2) 返回类型：成功则返回执行结果，失败则返回 FALSE。

说明：此函数选择一个数据库并在其上执行 SQL 语句。与 mysql_query 函数不同的是有了选择数据库的功能。注意 mysql_db_query 函数不会切换回先前连接到的数据库。换句话说，不能用此函数临时在另一个数据库上执行 SQ1 查询，只能手工切换回来。建议用户可在 SQ1 查询中使用 database.table 语法来替代此函数。

实例：

```php
<? php
//建立数据库连接
$ link = mysql_connect("localhost", "root", "");
mysql_select_db( "mysql", $ link); //选择数据库
$ sql= " select * from user "; //定义 MySQL 指令
$ send=mysql_query( $ sql);//发送并执行 SQL 指令
echo $ send;//输出结果,(资源)
//或者如下：
// $ send=mysql_db_query("mysql", $ sql, $ link);
//echo $ send;
?>
```

(四)检索查询结果

1. mysql_fetch_row——从结果集中取得一行作为索引数组

(1) 语法格式：array mysql_fetch_row（resource result）。

(2) 返回类型：返回根据结果集提取记录保存在数组中，如果没有获取记录，则返回 FALSE。

说明：mysql_fetch_row()从和指定的结果标志关联的结果集中取得一行数据并作为数组返回。每个结果的列存储在一个数组的单元中，偏移量从 0 开始。依次调用 mysql_fetch_row() 将返回结果集中的下一行，如果没有更多行，则返回 FALSE。

实例：

```php
〈? php
//建立数据库连接
$ link = mysql_connect("localhost", "root", "");
mysql_select_db( "mysql", $ link); //选择数据库
$ sql= " select * from user "; //定义 MySQL 指令
$ send=mysql_query( $ sql);//发送并执行 SQL 指令
while( $ row=mysql_fetch_row( $ send)){
foreach( $ row as $ v){
echo " $ v";//数据输出
}
echo "〈br〉";
}
?〉
```

2. mysql_fetch_array——从结果集中取得一行作为关联数组，或索引数组，或二者兼有

（1）语法格式：array mysql_fetch_array（查询结果指针[，数组存储型态常数]）。

（2）返回类型：返回根据从结果集取得的行生成的数组，如果没有更多行，则返回 FALSE。

说明：mysql_fetch_array() 是 mysql_fetch_row() 的扩展版本。除了将数据以数字索引方式存储在数组中之外，还可以将数据作为关联索引存储，用字段名作为键名。数组存储型态常数共有三种：

　　MYSQL_ASSOC：关联数组
　　MYSQL_NUM：索引数组
　　MYSQL_BOTH：两者共用（默认值 ）

实例：

```php
〈? php
$ Link_State = mysql_connect("localhost", "root", "");
//定义 MySQL 指令参数
$ SQL_String = "select * from user";//选取 user 表
//开启资料库,传递查询指令
$ Send = mysql_db_query("mysql", $ SQL_String);
```

```
//取得所在栏位整笔资讯
$ Field_Data = mysql_fetch_array($ Send，SQL_BOTH);
//利用 foreach 叙述输出阵列
foreach ($ Field_Data as $ name=〉$ value)
echo "$ name：$ value 〈br〉";
?〉
```

（五）取得栏位数与记录数

1. mysql_num_fields( )与 mysql_num_rows(　)

函数可通过资料表传递回来的查询结果指针，来取得其中所有的栏位数与记录数。用法：

mysql_num_fields(查询结果指针)

取得结果集中字段的数目。

mysql_num_rows(查询结果指针)

取得结果集中行的数目。

2. mysql_fetch_field——从结果集中取得列信息并作为对象返回

（1）语法格式：object mysql_fetch_field（查询结果指针，列位置）。

（2）返回类型：返回一个包含字段信息的对象。

（3）对象的属性为：

name——列名

table——该列所在的表名

max_length——该列最大长度

type——该列的类型

unsigned-1，如果该列是无符号数，返回 1

注：本函数返回的字段名是区分大小写的。

实例：

```
〈? php
$ Link_State = mysql_connect("localhost"，"root"，"");//定义 MySQL 指令参数
$ SQL_String = "select * from user";//选取 user 表单
//开启资料库,传递查询指令
$ Send = mysql_db_query("mysql"，$ SQL_String);
$ Field_Data = mysql_fetch_field($ Send,0); //取得第一列资讯
echo "列名称："。$ Field_Data-〉name。"〈br〉";
echo "所属表名称："。$ Field_Data-〉table。"〈br〉";
echo "列字段类型："。$ Ficld_Data-〉type。"〈br〉";
echo "列最大长度："。$ Field_Data-〉max_length。"〈br〉";
```

?>

3. mysql_result——取得结果集指定记录和字段数据。

(1) 语法格式:mysql_result(结果集资源,记录行号,[字段名称字符串])。

(2) 返回类型:返回 MySQL 结果集中一行记录的指定字段内容。

4. mysql_data_seek——移动结果集内部指针

(1) 语法格式:bool mysql_data_seek (结果集资源,移动行号)。

(2) 返回类型:成功则返回 TRUE,失败则返回 FALSE。此函数将指定的结果标志所关联的 MySQL 结果集内部的行指针移动到指定的行号。行号从 0 开始。行号的取值范围应该从 0 到(mysql_num_rows(　)−1)。

(六) 关闭数据库连接

1. 通过调用如下语句,可以释放结果集

(1) mysql_free_result ——释放结果内存。

格式:bool mysql_free_result (resource result)。

mysql_free_result()仅需要在考虑到返回很大的结果集而会占用多少内存时调用。在脚本结束后所有关联的内存都会被自动释放。

2. 关闭数据库链接

(1) mysql_close——关闭 MySQL 链接。

格式:bool mysql_close ([resource link_identifier])。

mysql_close()关闭指定的链接标志所关联的到 MySQL 服务器的链接。如果没有指定 link_identifier,则关闭上一个打开的链接。通常不需要使用 mysql_close(),因为已打开的非持久链接会在脚本执行完毕后自动关闭。

实例:

```php
<? php// 链接,选择数据库
$ con = mysql_connect('mysql_host', 'root', '')
or die('Could not connect: '. mysql_error());
mysql_select_db('my_database') or die('Could not select database');
//执行 SQL 查询
$ query = 'select * from my_table';
$ result = mysql_query( $ query) or die('Query failed: '.mysql_error());
……
mysql_free_result( $ result);// 释放结果集

mysql_close( $ con);// 关闭连接
?>
```

（七）错误处理函数

当 MySQL 操作发生错误时，PHP 可以调用内建的错误处理函数来传回进一步的错误资讯，错误处理函数有：

mysql_errno——返回上一个 MySQL 操作中的错误信息的数字编码。

int mysql_errno（[resource link_identifier]）

mysql_error ——返回上一个 MySQL 操作产生的文本错误信息。

string mysql_error（[resource link_identifier]）

实例：

```
〈html〉
〈head〉
〈title〉错误处理函数使用范例〈/title〉
〈/head〉
〈body〉
〈? php
$ Link_State = mysql_connect（"localhost"，"root"，""）;
//开启错误的资料库
$ DB_State = mysql_select_db（"books"，$ Link_State）;
//使用错误处理函数
echo mysql_errno（）. "："; //传回错误代码
echo mysql_error（）. "〈br〉"; //传回错误讯息
?〉
〈/body〉
〈/html〉
```

（八）其他数据库处理函数

mysql_pconnect ——打开一个到 MySQL 服务器的持久链接。

mysql_create_db ——新建一个 MySQL 数据库。

mysql_drop_db ——删除一个 MySQL 数据库。

mysql_fetch_object ——从结果集中取得一行作为对象。

mysql_affected_rows ——取得前一次 MySQL 操作所影响的记录行数。

◎ 第四节　ASP 应用

一、ASP 基础

（一）什么是 ASP

ASP 是 Active Server Pages 的缩写，它是一种全新的电子商务开发语言。严格地说,ASP 应该算是 CGI 程序的一种,但更准确地说,ASP 是 CGI 程序的加强改进版。它和 CGI 程序的运行方法一样,直接在服务器端运行,最后将运算的结果写入 HTML 文件后送给浏览者。我们之所以称 ASP 是 CGI 程序的加强版,有以下一些主要的原因。

第一,ASP 将 CGI 程序常用的功能对象化。

在一般的 CGI 程序中,最麻烦的工作就是解析接收到的上传资料,然而在 ASP 中我们却可以直接利用 ASP 中的 Request 对象来取得上传的资料,同时运用其他对象,如 Server、Application、Session、Response、ObjectContext 和 ASPError 等,让网页设计者可以更快速地完成开发工作。

第二,ASP 是标准的文本文件。

ASP 的编写采用一般文本文件的格式,因此它可以直接内嵌到 HTML 文件中,无需特殊的编译过程,初学者可以更快上手。

第三,ASP 是完全免费的技术。

由于 ASP 是利用文本格式进行编写的,因此网页开发者可以运用一般的文本编辑器进行设计。

第四,ASP 支持 VBScript 和 JavaScript。

在 ASP 中我们可以结合使用多种 Script,如 VBScript、JavaScript 等。

第五,ASP 可以使用 Windows 中的 ActiveX 对象。

ASP 的对象并不多,但如果加上 Windows 系统中的 ActiveX 对象的话,那么 ASP 所能使用的资源就非常多了。在 ASP 中可以引用 Windows 下所开发的大部分 ActiveX 对象,特别是针对数据库和网络所开发的对象,如 ADO(ActiveX Data Object)。

(二) ASP 的工作原理

了解了 ASP 的基本概念之后,使用者或许很想知道 ASP 究竟是怎样工作的。要搞清楚这个问题,我们不妨把 Web Server 对普通静态页面的处理过程与对 ASP 动态页面的处理过程做一个对比。先看看 Web Server 是如何处理对静态页面的请求的。

◆ 当一个用户从浏览器网址栏中输入所要浏览的 Web 页面的地址并按"Enter"键后,这个页面请求便通过浏览器送到对应的 Web 服务器。

◆ 服务器接到这个请求并根据.htm 或者.html 的扩展名判断出被请求的页面是一个 HTML 文件。

◆ 服务器从目前内存或硬盘上读取相对的 HTML 文件并将其传回给用户端浏览器。

◆ 浏览器将接收到的 HTML 程序解释运行并将结果提供给用户。

这是个简化后的例子,实际情况可能会复杂一些。但这个例子基本上概括了静态页面的处理过程。

下面我们来说明 ASP 动态页面的处理过程。

◆ 用户向 Web 服务器传送一个.asp 的页面请求。

◆ 服务器在接到请求后根据其.asp 的扩展名判断出用户要浏览的是一个 ASP

文件。

◆ 服务器从内存或硬盘上读取相对的 ASP 文件。

◆ 这个 ASP 程序被传送给服务器上的 asp.dll 并被编译运行,产生标准 HTML 文件。

◆ 产生的 HTML 文件作为用户请求的响应传回给用户端浏览器,并由浏览器解释运行。

由此看来,Web 服务器处理 ASP 页面比处理静态 HTML 页面多了一个程序编译的步骤,而对于用户端来说,浏览 HTML 页面与浏览 ASP 页面几乎没有任何区别。因为传回客户端的程序都是标准的 HTML 文件,因而完全没有必要担心用户的浏览器是否支持你编写的 ASP 程序——ASP 适用于任何浏览器。

需要注意的是,上面 ASP 的处理过程也是经过简化的,实际应用中可能还会涉及诸如 FORM 消息提交、ASP 页面的动态产生和数据库操作等一系列复杂的问题。此外,Web 服务器并不是在接到每一个 ASP 页面请求后都会重新编译该页面,当某个页面再次接收到和前面完全相同的请求时,服务器会直接去缓冲区中读取编译的结果,而不是重新运行。

(三) ASP 的环境要求

1. Microsoft IIS 的安装与设置(以 Windows7 系统为例)

(1) 如图 4-4-1 所示,打开 Windows"开始"菜单中的"控制面板"选项,进入控制面板窗口。

(2) 在如图 4-4-2 所示的控制面板中,双击"程序"图标,点击"打开或关闭 Windows 功能",出现如图 4-4-3 所示的内容。

(3) 勾选"Internet 信息服务",然后单击确定按钮,系统将开始安装软件,安装过程如图 4-4-4 所示。

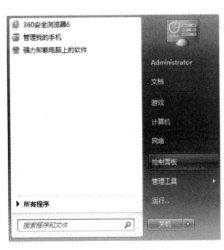

图 4-4-1 "开始"菜单

图 4-4-2 控制面板

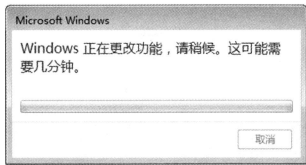

图 4-4-3 打开或关闭 Windows 功能对话框　　　　**图 4-4-4 安装过程**

（4）安装完成以后，重新点击"开始"菜单，选择"所有程序"，再点击"管理工具"，出现如图 4-4-5 所示的界面，点击"Internet 信息服务（IIS）管理器"，出现如图 4-4-6 所示的窗口。

图 4-4-5 管理工具菜单　　　　**图 4-4-6 Internet 信息服务（IIS）管理器窗口**

（5）点击窗口左侧的标有计算机名称旁边的 ▷ 图标，展开列表，如图 4-4-7 所示。右键点击"网站"，在弹出的菜单中选择"添加网站"选项，出现如图 4-4-8 所示的窗口。

图 4-4-7 列表展开　　　　**图 4-4-8 添加网站对话框**

（6）在"添加网站"对话框中,添加网站名称及物理路径,单击"确定"按钮,如果端口没有改动,系统默认为"80",此端口将和系统中的默认网站冲突,出现如图 4-4-9 所示的界面情况。

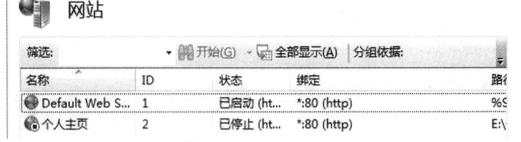

图 4-4-9　网站列表

（7）如果默认网站不需要启动,则右键单击"已启动"处,在弹出的菜单中选择"管理网站"选项,在弹出的菜单中选择"停止"选项;再右键单击"个人主页"的"已停止",在弹出的菜单中选择"管理网站",单击"启动",将出现如图 4-4-10 所示的内容。

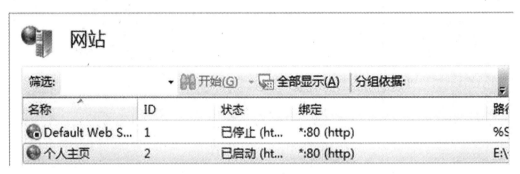

图 4-4-10　网站启动及停用设置

（8）然后单击"功能视图",在窗口中双击"目录浏览",如图 4-4-11 所示。在右侧出现如图 4-4-12 所示的窗口,单击"启用"选项,才能使刚刚设置的物理目录生效。

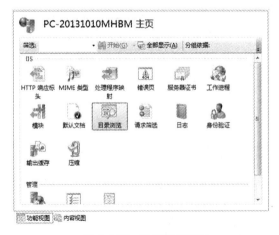

图 4-4-11　功能视图窗口

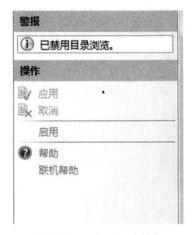

图 4-4-12　启用目录浏览

260

（9）个人网站的基本设置完成。

（四）ASP 与传统 CGI 比较

作为最初的 Web 应用程序开发方式，CGI 曾受到很多网站开发人员的青睐。然而，随着互联网的飞速发展，用传统的 CGI 来开发 Web 站点逐渐成了程序设计人员的噩梦，这是因为传统的 CGI 本身存在以下一些缺陷。

第一，CGI 对开发人员的要求非常高。能用 CGI 开发 Web 应用程序的人基本上都是程序设计高手，这使得很多初次涉足 Web 程序设计的人望而却步。

第二，CGI 开发出来的 Web 应用程序的程序代码复用率很低。开发人员不得不为每一个查询编写一个 CGI 程序，这使得用它来开发结构复杂的 Web 应用几乎成为泡影。

第三，当多个用户同时运行一个 CGI 程序时，服务器端会运行该程序的多个副本，这就造成服务器资源的浪费，降低了用户的存取速度。

第四，使用 CGI 开发的 Web 应用程序虽说已能动态地产生页面，但它只能进行单一的资料操作，无法满足用户控制和管理大型数据库的需要。

上面这些令开发人员头疼的问题在 ASP 中被轻而易举地解决了。

第一，ASP 的门槛相对来说要低得多。只要掌握一门程序语言（如 VBScript、JavaScript 等）和 ASP 的内建对象及组件，就可以编写出一个不错的 Web 应用程序。当掌握了 ASP 的一些高级组件之后，就可以独立开发一些功能复杂的 Web 应用了。

第二，ASP 拥有两个易于使用且功能强大的内建对象 Application 和 Session。

Application 对象可以让用户在同一应用程序的多个用户之间实现信息共享，而 Session 对象则可以帮用户实现在同一个用户所存取的多个页面之间共享资料。与传统的 CGI 技术相比，这不仅节约了大量的服务器系统资源，而且给用户之间的资料共享带来了极大的方便。

第三，使用 ASP 的 ActiveX 数据对象（Active Data Object）能使用户方便地存取和管理诸如 MS Access、MS SQL Server、Oracle 等大型数据库。

正是由于 Active Server Pages 拥有这些强大的功能且简单便捷，现在许多 Web 应用程序开发者已经开始放弃使用传统的 CGI 方式，而逐步转向使用 ASP 来开发他们的 Web 站点。

注意：在 ASP 文件中，HTML 标记是可以与 ASP 程序区段共同存在的。也就是说，用户可以将 ASP 文件看成是 HTML 文件与 ASP 程序区段相结合的网页文件，其中〈%…%〉代表 ASP 程序区段的范围，而〈%＝ASP 中的对象或变量%〉则是直接将该对象或变量的结果加入到 HTML 文件中。

二、ASP 对象与插件

（一）ASP 的 Server 对象

Server 对象为我们提供了一些 Web 服务器的工具，下面就对 Server 对象的属性和方法做详细说明。

1. ScriptTimeOut 属性

该属性决定了一个 ASP 脚本运行的最长时间。举个例子,假如要把一个脚本运行的最长时限定为 50s,那么可以在该脚本文件开始处加入如下程序代码:

〈％ServerTimeOut＝50％〉

需要注意的是,默认时间单位为秒。

2. CreateObject 方法

这是 Server 对象最为重要的方法,通过这个方法可以产生一个对象或组件的实例,其格式为:Server.CreateObject(progID)。

其中 progID 用来说明所产生对象的类型。请看下面的例子:

〈％Set MyAd＝Server.CreateObject(MSWC.AdRotator)％〉

这段程序代码产生一个广告轮回显示组件(MSWC.AdRotator)的实例并将其指定给变量 MyAd。由于这里是对一个实例指定值,因此 Set 语句是不可少的。

使用该方法时,需要特别注意的地方有三点。

首先,不能使用该方法产生一个相同名称的实例。例如下面这段程序代码就是错误的:

〈％Set Response＝Server.CreateObject("Response")％〉

其次,默认情况下,由该方法产生的对象实例只在它所在的页面范围内有效,因此该页面运行完毕时,服务器会自动结束该实例并释放其占用的资源。这样看来,尽量建立页面范围内的实例,对减轻服务器负担、提高运行速度大有帮助。

最后需要指出的是,尽管可以使用 VBScript 的 CreateObject 方法建立实例,但是这样做并不值得提倡,因为这样往往会带来意想不到的问题。

3. HTMLEncode 方法

该方法用来对指定字符串进行 HTML 编码,其格式为:Server.HTMLEncode(string)。

这里的 string 是要转换的字符串。我们还是来看一个范例。假设由于某种特殊的原因,必须在客户端浏览器上显示一段带有 HTML 标记的文字(甚至是一个 HTML 源文件),该怎么处理呢? 可以像下面这样处理:

〈％Response.Write("使用〈b〉和〈/b〉可以显示加粗了的文字。")％〉

然而,另外一种情况出现了,客户端浏览器上显示的却是如图 4-4-13 所示的结果,其中"和"字被加粗显示,为什么会这样呢? 我们再来仔细看看这段程序代码,原来〈b〉…〈/b〉〉是 HTML 置标语言,这样编写程序代码的话,浏览器会如实反映〈b〉…〈/b〉〉的作用。

262

图 4-4-13　显示结果(一)

这个时候只能使用 HTMLEncode 方法了,代码改为:

〈%Response. Write(Server. HTMLEncode("使用〈b〉和〈/b〉可以显示加粗了的文字。"))%〉

这样结果就是正确的了,如图 4-4-14 所示。

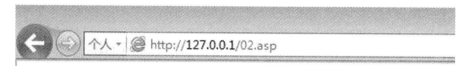

图 4-4-14　显示结果(二)

(二) 利用 ASP 的 Response 和 Request 对象实现 Web 交互

1. 从 Form 中接收信息

对于很多 Web 网站来说,每天处理得最多的也许就是用户提交的窗体(Form)。利用 Request 对象处理窗体信息其实是一件很轻松的事情,因为它专门为此提供了一个叫 Form 的资料集,其中存储着用户窗体中的各项资料信息,可以通过使用 Request. Form (name)来获取这些数据,其中的 name 是 Form 中各控件相应的名称。下面就来看一个含有 Form 的 HTML 文件。

```
〈html〉
〈body〉
〈form method="post" action="simpleform. asp"〉
〈p〉First Name:〈input type="text" name="fname" /〉〈/p〉
〈p〉Last Name:〈input type="text" name="lname" /〉〈/p〉
〈input type="submit" value="Submit" /〉
〈/form〉
〈/body〉
```

263

〈/html〉

显示结果如图 4-4-15 所示。在文本框中分别输入"张"和"三",单击"Submit"按钮,出现如图 4-4-16 所示的结果。

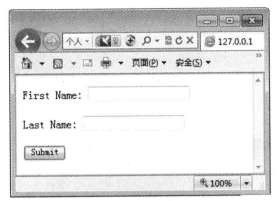

图 4-4-15　用户信息提交界面

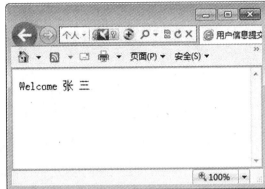

图 4-4-16　提交结果

其中,simpleform. asp 代码如下:

```
〈%
response. write(request. form("fname"))
response. write(" &" request. form("lname"))
%〉
```

2. 从 QueryString 中接收信息

(1) 处理相应单一值的 Query 字段。

在 Web 页面上,客户端的信息传送除了使用 Form 之外,还有一种很常见的方式,就是使用 Querystring,例如下面的例子:

```
〈html〉
〈head〉
〈title〉处理相应单一值的 Query 字段〈/title〉
〈meta http-equiv = " Content-Type" content = " text/html"; charset = "gb2312"〉
〈/head〉
〈body〉
〈p〉〈b〉〈font size="5"〉你需要的服务是:〈/font〉〈/b〉〈/p〉
〈p〉〈a href="Services. asp? choice=1"〉硬件服务 〈/a〉〈/p〉
〈p〉〈a href="Services. asp? choice=2"〉软件服务 〈/a〉〈/p〉
〈p〉〈a href="Services. asp? choice=3"〉其他服务 〈/a〉〈/p〉
〈/body〉
〈/html〉
```

运行结果如图 4-4-17 所示。

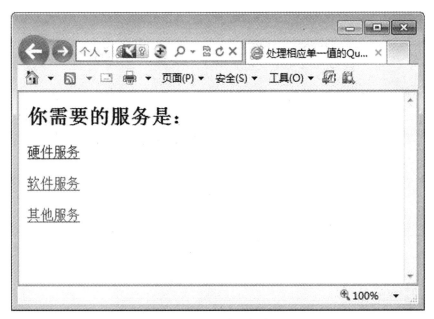

图 4-4-17　程序运行结果

当用户在页面上单击任意一个链接时，该链接相应的 Query 字段就被提交给服务器，服务器根据保存的 Request. Querystring（"choice"）中的值判断出用户的选择，并做出正确的响应。

（2）处理响应多值及参数的 Query 字段。

很多时候，Query 字段不止传递一个字段，例如：

〈a href ="http：//www. mickey. com/index. asp？ state = student& sex = male"〉mickey 是男生〈/a〉

由此可以看出，使用 Query 字段传递多参数实际上很简单，只需要使用"&"符号将参数连接起来就可以了。在此例中，所传递的 Query 字段值分别被保存在 Requets. Querystring（"state"）和 Request. Querystring（"sex"）两个变量中。

类似的 Query 字段相应值的情况，也是在每个参数之间加上"&"符号解决的。不同的是，这里各个参数的字段名称都是一样的，当它们传递到服务器时，会被保存为数组的形式。例如：

〈a
href="http：//www. mickey. com/index. asp？ nickname = mickey& nickname =jiajia& nickname＝yellow〉 mickey
〈/a〉

在这段程序代码中，"nickname"字段名称对应着 3 个不同的值。在服务器上，这 4 个值都被保存在 Request. Querystring（"nickname"）中，可以采用循环语句输出这些值，例如：

```
〈%
第一种输出方式
For each name in Request. Querystring("nickname")
Response. Write(name&"〈br〉")
Next
%〉
〈p〉
〈%
第二种输出方式
For i=1 to Request. Querystring("nickname"). Count
Response. Write(Request. Querystring("nickname")(i)&"〈br〉")
Nex
%〉
```

在第二种输出方式中，利用了 Request. Querystring 的 Count 属性，这一点和 Request. Form 非常类似。需要注意的是：第一，Query 字段中的信息是完全公开的（例如它会被完整显示在浏览器的网址栏中），因此不要使用它来传递诸如用户密码之类的内容；第二，Query 字段不能用来传递大容量的信息，而且其信息长度是由浏览器类型和版本决定的，因此如果需要传递的信息量过大（一般情况下，浏览器支持的最大长度不超过 2KB），那么就应该考虑改用 Form 实现了。

3. 利用 Response 返回信息

在 ASP 文件中，任何位于 ASP 脚本分隔符"〈% %〉"或"〈script〉〈/script〉"标记之外的内容都将被传送至用户的浏览器。如果想将分隔符之间或处理程序中的内容返回浏览器，那么就需要用到 Response 对象。

（1）用 Write 方法实现简单互动。

Response 对象的 Write 方法用于将 ASP 脚本分隔符或程序中的内容传送到用户浏览器。其格式为：Response. Write("string")。

这里的 string 是需要传送到浏览器的字符串。在前面的一些范例中，我们已经使用过这个方法了，下面我们看一个比较特殊的用法：

```
〈%
Response. Write("〈b〉请注意：〈/b〉〈p〉    当字符串中不含 HTML 标记时，浏览器会对其进行解释.")
%〉
```

这段程序代码的运行结果如图 4-4-18 所示。

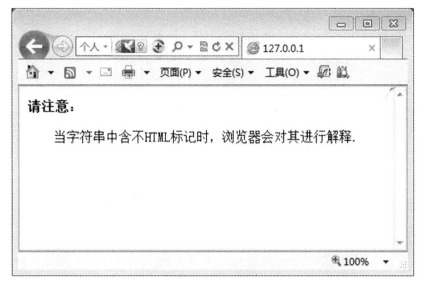

图 4-4-18　运行结果

从这个例子可以看出，如果 Write 方法输出的字符串中含有 HTML 标记，这些标记就会对浏览效果产生影响，因此不仅可以利用 Write 方法输出一个简单的字符串，同时还可以利用它来输出一段格式化的文字甚至整个 HTML 文件。如果需要输出的是 HTML 的程序代码怎么办呢？我们还可以将上面的程序修改如下：

〈%

Response. Write(Server. HTMLEncode("〈b〉请注意：〈/bxp〉 ； ； ； ；当字符串中含有 HTML 标记时，浏览器会对其进行解释。"))

%〉

其运行结果如图 4-4-19 所示。

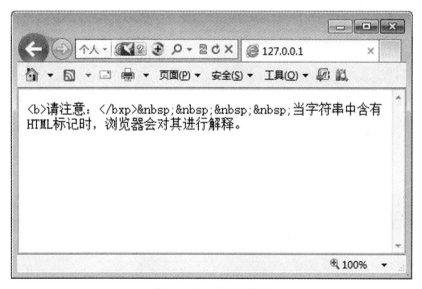

图 4-4-19　运行结果图

（2）设置内容类型。

当 Web 服务器将某个文件返回给浏览器时，如果它告诉浏览器在文件中包含了什么类型的内容，那么浏览器就可以决定是自己来处理该文件还是必须调用其他应用程序。例如：如果 Web 服务器返回一个 Excel 工作表，浏览器必须激活一个 Excel 来显示该页。Web 服务器将文件扩展名映像到 MIME 类型列表，然后识别文件的类型。要激活 Excel，浏览器需要确认 application/vnd. ms-excel MIME 类型。

可以使用 Response 对象的 ContentType 属性给所要传送的内容设置 HTTP 内容类型字符串。例如，下面的命令给 IE 频道定义设置内容类型：

〈%Response. ContentType＝"application/x-cdf"%〉

其他通用内容类型是 text/plain（用于返回文字而不是 HTML 语句的内容）、image/gif（用于 GIF 图像）、image/jpeg（用于 JPEG 图像）、video/quicktime（用于 Apple QuickTime 格式的视频文件），以及 text/xml（用于 XML 文件）。另外，Web 服务器或浏览器还可以支持自定义的 MIME 类型。要查看已经由 Microsoft Web Server 定义的内容类型，可以使用 IIS 打开 Web 站点的属性内容，在"文件"选项中了解。

4. 页面的重导向

在 Web 网站的建设过程中，经常会碰到处理重导向客户端浏览器的问题，例如用户还未填写完注册单就单击了"提交"按钮，这时就需要将用户浏览器重新定位到注册页面。在 ASP 中它的解决方法很多，下面我们介绍几种比较常用的办法。

（1）使用 Redirect 方法导向浏览器。

Response 对象的 Redirect 方法专门用来重新导向浏览器到其他 URL。如果我们在程序中加入下面的程序代码，当用户忘记填写出生年月日时，这段程序代码就会将它们重新定向到注册页面：

```
〈%
If Request. Form("birthday")＝""Then
Response. Redirect "Register. asp"
Else Response. Write("〈b〉Welcome To mickey's Studio〈/b〉")
End If
%〉
```

Redirect 方法，应当放在所用文字或 HTML 标志符之前，以确定不向浏览器返回任何内容，否则就会出现错误。如果的确需要将 Redirect 方法放在这些内容后面，那么就应该选择缓冲输出的方式，关于这方面的内容将在后面介绍。

使用 Redirect 方法可以将客户端浏览器重导向到互联网上任何一个指定的 URL，而不用理会它所在的 Web 服务器是否支持 ASP，也不用管它究竟是位于本地还是远程主机。然而，使用 Redirect 方法有时候也会碰到一些问题，例如它所传送的信息不能被一些低版本的浏览器正确解释，于是会出现一些错误，在这种情况下，可以考虑其他方法。

（2）利用文件含入处理浏览器重导向。

首先，我们介绍一下如何处理服务器端文件含入（Server-Side Includesh）。学过 C 或者 C++语言的读者一定不会对"Include"感到陌生吧，在 C 或者 C++语言中，它被用来含入预先处理文件。ASP 处理文件包含的方法也类似这样的概念，其格式为：⟨!—#include virtual="path"—⟩或⟨!—#include file="path"—⟩。

其中，path 用来指明所包含文件的路径。如果该路径是一个虚拟路径，那么就应该使用 virtual 关键词；如果是一个物理路径，则应该使用 file 关键词。现在我们看下面这个例子，假设服务器的主目录位于 D:\Inetpub\wwwroot，主文件 index.asp 和含入文件 prefile.inc 均位于该目录下面。

  ⟨!—#include file="prefile.inc"—⟩

或者

  ⟨!—#include flle="D:\Inetpub\wwwroot\prefile.inc"—⟩

或者

  ⟨!—#include virtual="prefile.inc"—⟩

上面的程序代码都可以实现将 prefile.inc 包含在 index.asp 中，其中第一行是一个相对路径，而第二行则是 prefile.inc 的绝对路径，第三行给的是它的虚拟路径。

使用文件含入时，需要注意以下几点。

首先，include 命令应直接嵌入 HTML 程序代码中，而不是放于 ASP 分隔符之间，除此之外，不能将 ASP 分隔符放在主文件和含入文件中。例如：在主文件中打开 ASP 分隔符"⟨%"，而在含入文件中关闭 ASP 分隔符"%⟩"，ASP 分隔符必须是一个完整的单元。因此，下面这种形式的程序代码运行时将会出现错误：

⟨!—错误程序代码—⟩
⟨%
If Request.Form("User_age")⟩50 Then
⟨!—#include virtual=n/process_age/Isoldman.inc—⟩
Else
⟨!—#include virtual="/process_age/Isoldman.inc"—⟩
End If
%⟩

但是，将程序代码修改为下面的形式，运行时就不会出现错误了：

⟨!—正确程序代码—⟩
⟨%If Request.Form("User_age")⟩50 Then %⟩

〈！—＃include virtual＝"/process_age/Isoldman.inc"—〉

〈％Else％〉

〈！—＃include virtual＝"/process_age/Isyoungman.inc"—〉

〈％End If％〉

其次，含入文件是先于程序代码运行的，因此不能通过脚本程序取得所要包含文件的路径。例如下面这样的例子。

〈！—错误脚本二—〉

〈％filename＝Request.Form（"Service"）&"."inc"％〉

〈！—＃include file＝"〈％＝filename％〉"—〉

最后，使用含入文件尽管可以避免不必要的重复开发，但如果处理得不好，则会带来系统资源的浪费。因此，编写含入文件时应将其拆分成若干个文件，并且只包含服务器端脚本必需的内容，否则那些多余的变量或函数经常被调用的话，服务器的性能就会急剧下降。

下面介绍如何利用它实现浏览器的重导向。

利用文件含入处理浏览器重导向的原理实际上很简单，就是将目标文件包含在请求处理的文件中，然后当目标文件运行完毕便返回主文件。我们来看下面的范例：

〈％If Request.Form（"User_name"）＝""Then％〉

〈！—＃include file＝"Register.asp"—〉

〈％Response.End

End If％〉

这里利用了 Response 对象的 End 方法，该方法结束脚本的处理并返回目前的处理结果。由上面这个例子可以看出，利用文件含入处理重导向完全是在服务器端完成的，因此能适合各种类型和版本的浏览器，避免了使用 Redirect 方法带来的兼容性问题。

5. ASP 页面缓冲

在默认情况下，IIS 5.0 会将 ASP 文件中的所有脚本命令处理完毕之后再把内容传送到用户浏览器，在这之前的处理结果都将被放到服务器的缓冲中。这样做的好处就在于可以在可能的情况下（如脚本处理不正确或用户没有正确的授权证书）终止传送 Web 页，然后将用户重导向到其他页面去；或者先清空缓冲区，再向用户传送新的内容。下面就介绍 Response 对象中用于缓冲处理的属性和方法。

（1）Buffer 属性。

Response 对象的 Buffer 属性用来激活或禁止缓冲功能，当它的值为 True 时，缓冲被激活；当它的值为 False 时，缓冲将被禁止。某些属性和方法，如 Response.Expires 和 Response.Redirect，可以用来修改 HTTP 标头。在使用 Buffer 属性时应当注意，"〈％Response.Buffei＝Ture（或 False）％〉"这一句应当放在任何脚本程序之前，否则运行时就会出错；如果脚本的 Buffer 属性设置为 True，并且没有调用 Flush 方法将缓冲中的内容立即输出，那么服务器将保留客户端发出的保持请求。用这种方法编写脚本的好处就在于能提高服务器的性能，这是因为服务器不必为每一个客户端请求都建立新的链接。然而，这种方法的一个潜在缺点是缓冲阻止了服务器返回给用户的响应，并且直到完成整个脚本的处理。对于长而复杂的脚本，用户在看见页面之前可能会经历很漫长的时间。

（2）Clear 方法。

Clear 方法是在不将缓冲中的内容输出的前提下清除目前页面的缓冲，其格式为：Response. Clear。

需要注意的是，如果在禁止缓冲的文件中调用了 Clear 方法和下面将要介绍的 Flush 方法，那么就会产生运行错误。

（3）Flush 方法。

Flush 方法用来将缓冲中的内容立即传送到浏览器上，其格式为：Response. Flush。

（三）（ASP）的内建组件

ASP 包括如下内建组件。

- ◆ FileSystem object
- ◆ Browser Capabilities object
- ◆ Content Linking object
- ◆ Connection object
- ◆ Recordeset object
- ◆ Command object
- ◆ Dictionary object
- ◆ Ad Rotator

对于建立一个组件，ASP 提供了 CreateObject 的方法，JavaScript 与 VBScript 脚本语言的调用方法都是这样的。

1. 使用 File Access 组件

File Access 组件实际上表示了一个对象的集。这些对象是：

◆ FileSystemObject：包含了操作文件系统的基本方法。

◆ TextStream：用于读写一个文件。

◆ File：表示一个单独的文件。

◆ Folder：表示一个文件夹（一个目录）。

◆ Drive：表示一个磁盘驱动器或网络共享。

例如：为了创建一个文件，需要使用 FileSystemObject 对象和 TextStream 对象。用户可以使用 FileSystemObject 对象返回 TextStream 对象的一个实例并使用 TextStream 对象的方法写文件的内容。

在下面的程序中说明了如何使用这两个对象创建一个新的文件。

```
〈html〉
〈body〉
〈%
Set fs＝Server. CreateObject("Scripting. FileSystemObject")
Set textfile＝fs. CreateTextFile(Server. MapPath(". /test. txt"))
textFile. WriteLine("Hello world! ")
textFile. Close
%〉
〈/body〉
```

运行这个程序，就会在该程序同目录下创建一个名为 test. txt 的文件，并且文件的内容为"Hello world!"，如图 4-4-20 和图 4-4-21 所示。

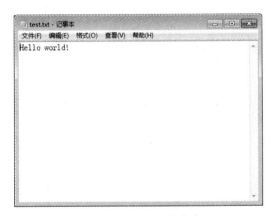

图 4-4-20 生成"test. txt"文件   图 4-4-21 文件内容

FileSystemObject 对象的 CreateTextFile()方法用于创建一个新的文件并返回引用值 TextStream 对象，CreateTextFile()方法有一个必须使用的参数和两个可选参数如下。

◆ FileSpecifer：此参数是必选的。它用于声明创建文件的路径，如果路径中的目录不存在，则将返回出错信息"File Not Found"。

◆ Overwrite：此参数是可选的。默认情况下它的值为 true。调用 CreateTextFile ()方法将自动覆盖以前存在的同名文件。如果将这个参数设置为 false，那么若文件已经存在，则将发生错误。

◆ Unicode：此参数是可选的。默认情况下它的值为 false，说明将创建使用 ASC Ⅱ 字符集的文件。如果这个参数设置为 true，那么将创建使用 Unicode 字符集的文件。

例如，如果要创建一个不覆盖已经存在的同名文件且使用了 Unicode 字符集的文件，则可以使用以下语句：

textfile＝fs. CreateTextFile(Server. MapPath(". /test. txt"),false,true)

当使用 CreateTextFile()方法创建了 TextStream 对象的一个实例以后，可以使用 TextStream 对象的一个方法来将信息实际写到文件中。当写文件时，TextStream 对象的以下三个方法是非常有用的。

◆ Write(string)：此方法用于将字符串写到文件中。

◆ WriteLine([string])：此方法将字符串写到文件且追加一个新行字符。其中的字符串参数是可选的。如果将其省略，则该方法只是简单地在文件中添加一个新行字符。

◆ WriteBlankLines(lines)：此方法用于将声明的空行数（新行字符）写到文件中。在创建了一个新的文件以后，需要用一个方法读取它。这时又可以使用 FileSystemObject 对象和 TextStreamObject 对象。例如，在下面程序中的脚本读取了一个文件，并将其内容显示在 ASP 网页中。

```
〈html〉
〈head〉
〈title〉File Contents〈/title〉
〈/head〉
〈body〉
〈%
Set fs＝Server. CreateObject("Scripting. FileSystemObject")
Set textfile＝fs. OpenTextFile(Server. MapPath(". /test. txt"))
While Not textfile. AtEndOfStream
Response. Write textfile. ReadLine
Response. Write "〈br〉"
Wend
textfile. Close
%〉
〈/body〉
〈/html〉
```

这个程序首先打开文件 test. txt，然后将文件里面的内容逐行读出，最后利用 ASP 中 Response 的 Write 方法将读取的文件内容输出到网页中，如图 4-4-22 和图 4-4-23 所示。

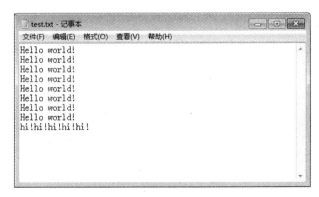

图 4-4-22　事先修改的文本内容

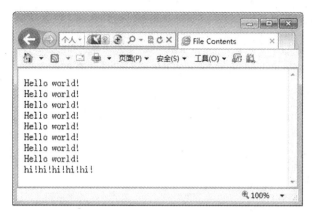

图 4-4-23　程序将文件内容输出到网页中

当读取一个 i 文件时,FileSystemObject 的以下四个属性是非常有用的。

◆ AtEndOfLine:这个属性用于说明是否到达文件的某个行的末尾。当检测到新行字符串时,这个属性值为 true。

◆ AtEndOfStream:这个属性用于说明是否到达整个文件的末尾。在到达整个文件的末尾之前,这个属性值为 false,到达以后这个属性值为 true。

◆ Column:这个属性用于说明当前字符在某个行的位置。它返回一个整型值。

◆ Line:这个属性用于说明当前行在文件中的位置。它返回一个整型值。

当读取一个文件时,TextStream 对象的以下五个方法也是非常有用的。

◆ Read(character):这个方法用于从文件中读取指定的字符数目。

◆ ReadLine:这个方法用于从文件中读取单个行(不返回新行字符)。

◆ ReadAll:这个方法用于返回整个文件的内容。

◆ Skip(character):这个方法用于在文件中跳跃指定的字符数。

◆ SkipLine:这个方法用于在文件中跳跃单个行。

可以使用 ReadAll 方法抓取整个文件的内容并将它指定给一个变量。在针对大的文件时,使用这个方法一定要当心。

在实际使用过程中,经常需要向一个已经存在的文件追加新的内容。为此,可以使用 OpenTextFile()方法,并且传递一个可选参数。我们看下面的程序:

```
〈html〉
〈head〉
〈title〉File Contents〈/title〉
〈/head〉
〈body〉
〈%
Set fs＝Server. CreateObject("Scripting. FileSystemObject")
Set textfile＝fs. openTextFile(Server. MapPath(". /test. txt"),8,true)
textfile. WriteLine("Goodbye!")
```

textfile. Close

%〉

〈/body〉

这段程序的功能是在已存在的文件 test. txt 中添加一个新行,如图 4-4-24 所示。

图 4-4-24　程序为文件增加内容

在使用 OpenTextFile( )方法时,需要使用 OpenTextFile()的一些参数:

◆ FileSpecifer:此参数是必选的。它用于声明打开文件的路径。

◆ IOMode:此参数是可选的。它用于说明文件打开的方式:读取、写和追加。其默认值为 1,即为读取。若为写文件而打开,则应将这个值设置为 2。为追加文件而打开,则应将这个值设置为 8。

◆ Create:此参数是可选的。它说明声明文件不存在时是否创建那个文件。默认情况下,这个参数的值为 false。

◆ Format:此参数是可选的。它用于声明文件的格式。默认情况下,文件是使用 ASCⅡ字符集。值为－1 时可以使用 Unicode 字符集,值为－2 时可以使用系统默认值。

◆ FileSystemObject:该对象有一些用于管理文件的重要方法,可以使用这些方法拷贝文件、移动文件、删除文件和检查文件是否存在。

为了拷贝文件,可以使用 FileSystemObject 对象的 CopyFile()方法。这个方法接受两个必选参数和一个可选参数。

◆ Source:想要拷贝文件的全路径和名字。在 Source 参数中,使用指代字符便可以一次拷贝多个文件。

◆ Destination:新创建文件的全路径和名字。

◆ Overwrite:用于说明已存在的文件是否可以覆盖的可选参数。这个参数可以拥有的值是 true 和 false。

2. 使用 Content Linking 组件

我们在浏览网页时,经常会使用浏览器上的“后退”“前进”功能,这两个功能是浏览器自带的功能,如果我们需要在网页的内容中建立"上一页""下 一页"等相互关联的链接时,就可以使用 Content Linking 组件了。

那么,什么是 Content Linking 组件呢? 它是一个由动态链接库文件 netlink. dll 和一个文件组成的。

文件一般记录三个参数。

第 1 个参数是 URL 参数,记录网页链接的绝对路径。

第 2 个参数是对 URL 的描述性文字,简单地说就是说明文字。

第 3 个参数是注释。

创建文件时要注意文本格式,参数之间用"Tab"键间隔,每一个记录行用硬回车间隔。

Content Linking 组件包含以下一些方法。

◆ GetNthURL 方法:用于提取在文件中的 URL 地址,可以指定顺序号。

◆ GetNthDesciption 方法:用于提取在文件中的 URL 地址的描述文字,可以指定顺序号。

◆ GetPreviousURL 方法:用于在文件中取得前一个 URL 地址。

◆ GetNextURL 方法:用于在文件中取得后一个 URL 地址。

◆ GetPreviousDescription 方法:用于在文件中取得前一个 URL 地址的描述文字。

◆ GetNextDescription 方法:用于在文件中取得后一个 URL 地址的描述文字。

◆ GetListCount 方法:用于取得文件中所有 URL 的个数,返回一个数值。

◆ GetListLndex 方法:用于取得文件中的序列值,返回一个数值。

3. 使用 Browser Capabilities 组件

ASP 提供的组件 Browser Capabilities,可以用来查看不同浏览器对网页的支持,同时还可以根据不同的情况显示不同的页面。

首先了解一下文件 browscap. ini(浏览器特性记录文件),它记录了各种不同的浏览器的信息,其格式为:

〔;Comment 说明文字〕

〔HTTPUserAgentHeader〕

〔parent=BrowserDefine 浏览器的定义〕

〔property1=value1 属性 1 赋值〕

〔propertyN=valueN 属性 N 赋值〕

〔Default Browser Capability Setting 默认浏览器设置〕

〔defaultproperty 1 =default Value 1 〕

〔defaultpropertyN=defaultValueN〕

其中 HTTPUserAgentHeader 表示客户端的标题信息,可以通过 Request 对象的 ServerVacation 方法用 HTTP_USER_AGENT 参数取得客户端的标题信息。

三、与 ASP 有关的数据库

（一）Microsoft Access

1. Access 基本知识

与其他关系型数据库系统相比，Access 所提供的各种工具既简单又方便，更重要的是 Access 提供了强大的自动化功能。

以下是 Access 数据库系统的几个显著特点。

◆ 在 Access 中，用户可以方便地存取由 dBASE、FoxPro、Paradox 等各种数据库系统产生的数据库，并且支持 ODBC（Open Database Connectivity）标准。

◆ Access 为用户提供了强大的引导向导，利用引导向导，用户可以非常方便、轻松地创建 Access 的各种对象；同时，Access 为用户提供了大量常用的数据库模板，用户可以非常方便地在此基础上创建自己的数据库系统。

◆ Access 提供了功能强大的 VBA（Visual Basic for Application）语言，利用它，用户可以编写复杂的数据库应用程序。

◆ 利用 OLE 技术，用户还可以在数据库中插入各种对象，增加数据库的效果。

◆ 用户还可以在窗体或报表中使用图形控制组件，将资料用图标的方式表示出来。

2. 创建一个自己的 Access 数据库

在了解了 Access 的基本概念之后，我们就来创建一个自己的 Access 数据库，其操作步骤如下。

（1）如图 4-4-25 所示，在 Windows"开始"→"所有程序"→"Microsoft office"中选择"Microsoft Access"选项，进入如图 4-4-26 所示的 Access 窗口。

图 4-4-25 选择程序目录览

图 4-4-26　程序开始界面

（2）在 Microsoft Access 窗口中单击左上角 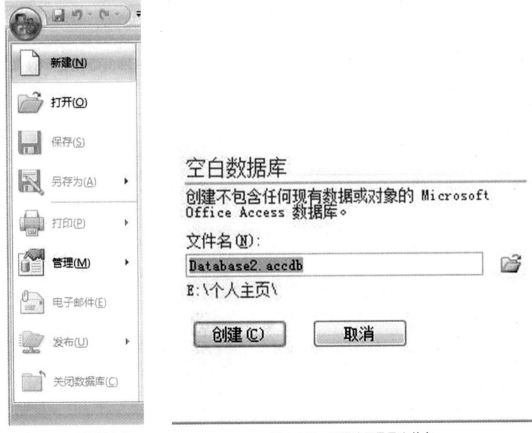 图标，在下拉菜单中，选择"新建"选项，如图 4-4-27 所示，在窗口的右下角将出现如图 4-4-28 所示的内容，用户可以更改默认的用户目录，然后单击"创建"按钮即可创建空白的数据库，如图 4-4-29 所示。

图 4-4-27　"新建"菜单　　　　　　　　图 4-4-28　可更改目录及文件名

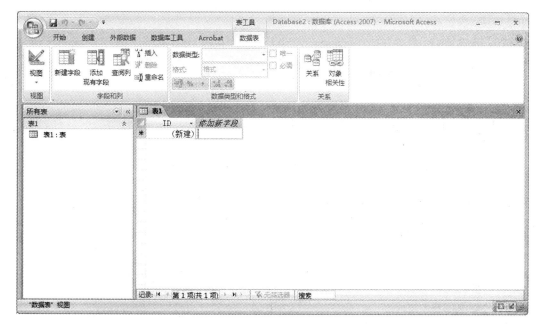

图 4-4-29 创建空白数据库

（二）Microsoft SQL Server

1. SQL Server 基础

Microsoft SQL Server 是一种客户/服务器模式的关系型数据库管理系统，使用 Transact-SQL 语句在服务器和客户端之间传送资料请求。其资料关系模式如图 4-4-30 所示。

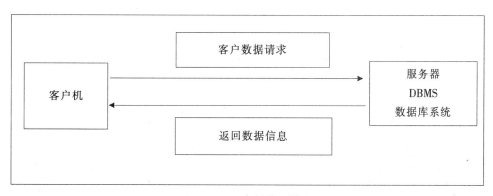

图 4-4-30 资料关系模式

客户端实现对服务器端资料的操作，实际上是通过客户端传送资料请求，服务器端数据库管理系统（DBMS）经过资料的统一整理返回给客户端所需信息。SQL Server 使用 C/S 体系结构，把所有的工作负荷分解为在服务器上的任务和在客户端上的任务。

所谓关系型数据库管理系统（RDBMS），是负责管理数据库的结构。其内容主要包括维护数据库中资料之间的关系、确定资料存储的正确性及在系统失败时恢复全部资料。

Transact-SQL 是 SQL Server 使用的一种数据库查询语言。SQL 是结构化查询语言的缩写形式,是由美国国家标准协会(ANSI)和国际标准化组织(ISO)定义的一个标准。使用 Transact-SQL 语句可以查询、修改和管理关系数据库系统。SQL Server 可以在许多操作系统上执行,它包括了 3 个服务,分别为 MS SQL Server、SQL Server Agent 和 Microsoft Distributed Transaction Coordinator (MSDTC)服务。

2. 创建数据库

(1) 使用企业管理器创建数据库。

使用企业管理器创建数据库操作步骤如下。

◆ 在 Windows"开始"菜单中启动企业管理器,进入 SQL Server Enterprise Manager 窗口,如图 4-4-31 和图 4-4-32 所示。

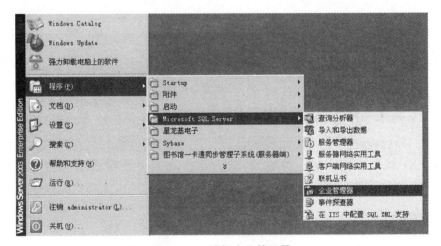

图 4-4-31　选择企业管理器

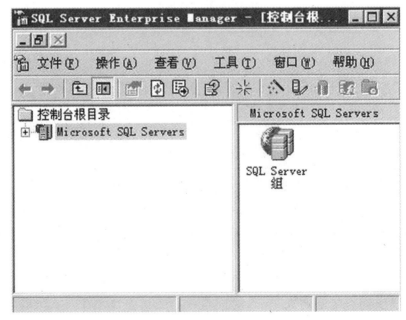

图 4-4-32　进入管理器界面

◆ 在控制台根目录下展开"Microsoft SQL Server"→"SQL Server Group"选项,选取一个 SQL Server 注册,展开数据库如图 4-4-33 所示。

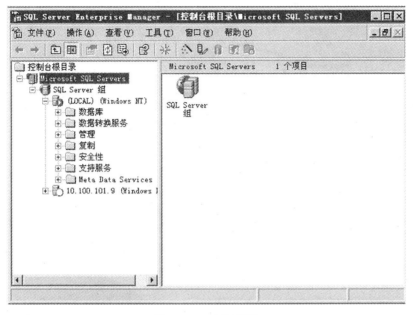

图 4-4-33 目录展开

◆ 用鼠标右键单击数据库,如图 4-4-34 所示,在弹出的快捷菜单中选择"新建数据库"命令,弹出如图 4-4-35 所示的数据库属性窗口。在常规选项卡中,可以输入要创建数据库的名称;在数据文件选项卡中,可以输入数据库文件的名称及其存放路径;在事务日志选项卡中,可以输入记录该数据库事务日志的文件名称及其存放路径。单击"确定"按钮,一个数据库就创建好了。

图 4-4-34 快捷菜单

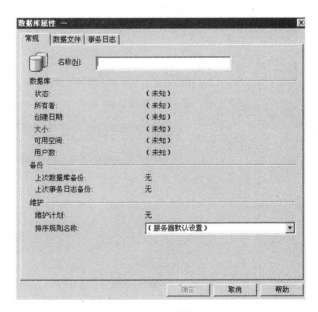

图 4-4-35 属性窗口

◆ 选取已经创建好的数据库，单击鼠标右键，如图 4-4-36 所示，在弹出的快捷菜单中选择"新建"→"表"选项，弹出如图 4-4-37 所示的窗口，在该窗口中用户就可以创建表了。

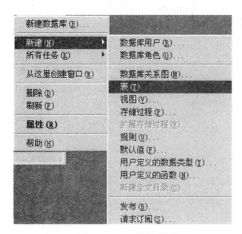

图 4-4-36　快捷菜单

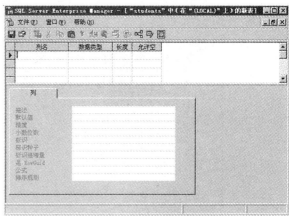

图 4-4-37　新建表界面

（2）使用查询分析创建数据库。

使用查询分析创建数据库的操作步骤如下。

◆ 如图 4-4-38 所示，在 Windows"开始"功能菜单中启动"查询分析器"选项，在如图 4-4-39 所示的连接到 SQL Server 窗口中输入 SQL Server 数据库服务器名称、用户及其密码，进入如图 4-4-40 所示的 SQL 查询分析器窗口。

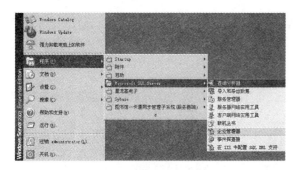

图 4-4-38　选择"查询分析器"选项

图 4-4-39　连接服务器对话框

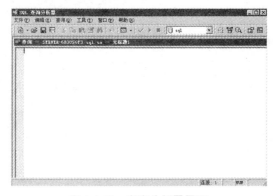

图 4-4-40　查询分析器界面

◆ 在这里我们是通过命令行的方式创建数据库及表。在查询分析器窗口中输入下列命令：

　　create database BookStore

然后单击工具栏上的▶按钮。

◆ 创建好数据库以后，我们就可以在数据库中创建表了。同样，还是采用命令行的方式。在 Query Analyzer 窗口中输入下列新的命令：

　　use BookStore

然后单击工具栏上的▶按钮，接下来还是在查询分析器窗口中输入下列新的命令：

```
create table UserInfo
id int not null identity,
username varchar(15) not null,
userpasswd varchar(15) not null,
tele varchar(20),
mobile varchar(20),
email varchar(50),
address varchar(50),
primary key(id)
```

然后单击工具栏上的▶按钮。这样，我们就创建好一个表了。

（三）ASP 存取和管理数据库

1. 创建链接

使用数据源 ODBC 产生数据库链接的操作步骤如下。

（1）如图 4-4-41 所示，在控制面板中的管理工具面板启动数据源管理器，然后在如图 4-4-42 所示的窗口中选择系统 DSN 选项卡。

图 4-4-41　管理工具窗口　　　　　　　　**图 4-4-42　数据源管理器窗口**

（2）单击"添加"按钮，选择"Driver do Microsoft Access"，然后单击"完成"按钮，如图 4-4-43 所示。

（3）输入一个数据源名称，如 myAccessDSN 及对此链接的描述，然后单击"确定"按钮，如图 4-4-44 所示。

图 4-4-43　创建数据源对话框　　　　　　　图 4-4-44　创建 DSN

（4）创建了系统 DSN 之后，就可以在位于同一台计算机的任何 ASP 中使用它了。在 ODBC 中创建文件 DSN 步骤如下。

（1）在数据源管理器窗口选择"文件 DSN"选项卡，如图 4-4-45 所示。

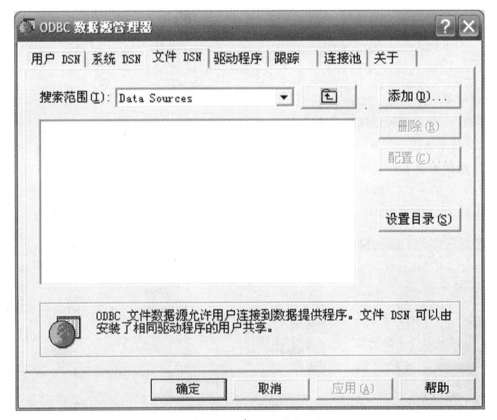

图 4-4-45　"文件 DSN"选项卡

（2）单击"添加"按钮，在列表中选择"Driver do Microsoft Access"，单击"下一步"，如图 4-4-46 和图 4-4-47 所示。

图 4-4-46　选择数据源

图 4-4-47　键入数据源名称

（3）单击"下一步"，出现如图 4-4-48 所示的对话框，单击"确定"按钮，出现如图 4-4-49 所示的对话框。

图 4-4-48　创建新数据源

图 4-4-49　"确定"后出现的对话框

（4）单击"选择"按钮，在弹出的如图 4-4-50 所示的"选择数据库"对话框中选择即可。

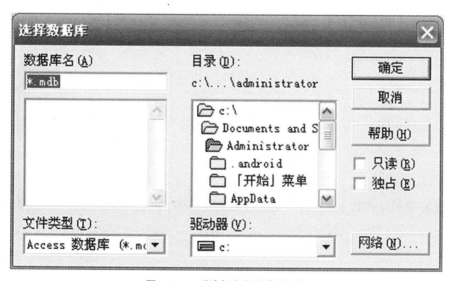

图 4-4-50　"选择数据库"对话框

2. 创建表

在联机到数据库以后,就可以利用 ASP 程序在指定的数据库中创建需要的表, 例如:

```
〈%
Set Con＝Server. CreateObject("ADODB. Connection")
filePath＝Server. MapPath(". . /BookStore. mdb")
Con. Open＝"DRIVER＝{Microsoft Access Driver ( * . mdb)); DBQ＝"&
filepath Con. Execute"create table test(id counter not null, name varchar(15) not
null)"
Con. Close
%〉
```

其中,我们用到了一条 SQL 语句:

```
create table test(id counter not null, name varchar(15) not null)
```

需要注意的是,如果该程序执行时数据库中已经有了要创建的表,则网页将显示错误信息。因此,我们通常在编写好创建表的 ASP 程序以后,只执行一次来创建所有需要的表就可以了。

3. 修改表的结构

很多时候我们会对已经创建的表进行一些修改,主要是指对表结构的修改。我们先看下面这段程序:

```
〈%
Set Con ＝ Server. CreateObject ("ADODB. Connection") filePath ＝ server.
MapPath(". . /BookStore. mdb")
Con. Open＝"DRIVER＝{Microsoft Access Driver ( * . mdb)}; DBQ＝"&
filepath Con. Execute"alter table test ADD sex varchar(8) not null"
Con. Close
%〉
```

在这段程序中,我们使用了 SQL 的更新表结构语句。

```
alter table test ADD sex int not null
```

4. 插入资料

设计好表的结构以后,我们就要开始往这个表中添加资料了。实务中,对表中资料的操作是非常重要的。我们先看下面这个程序:

```
〈%
Set Con ＝ Server. CreateObject ("ADODB. Gonncction") filePath ＝ server.
```

MapPath("../BookStore.mdb")

 Con.Open = "DRIVER = {Microsoft Access Driver (* .mdb)}；DBQ = "
& filepath

 query="insert test(name,sex) values('mickey','Vmale')"

 Con.Execute query

 Con.Close

 %〉

在这段程序中,我们使用了 SQL 的插入资料记录语句。

 insert test(name,sex) values('mickey','male')

5. 修改资料

对于已经输入的资料,如果有不正确的地方,那么用户肯定非常希望能够直接在原有记录中进行修改,而不是将原有记录删除,然后创建一条新的资料记录。我们看下面这段程序：

 〈%

 Set Con＝Server.CreateObject("ADODB.Connection")

 filePath＝server.MapPath("../BookStore.mdb")

 Con.Open = "DRIVER = {Microsoft Access Driver (* .mdb)}；DBQ = "
& filepath

 query="update test set name='mickeyoung', sex='female', where name='mickey'" Con.Execute query

 Con.Close

 %〉

在这段程序中,我们使用了 SQL 的更新资料记录语句。

 update test set name='mickeyoung',sex='female' where name='mickey'

并且在这个 SQL 语句中,还使用了一个 where 条件判断。

6. 删除资料

当确实不需要某些记录资料时,用户还可以将这些资料记录删除。我们看下面这段程序：

 〈%

 Set Con＝Server.CreateObject("ADODB.Connection")

 filePath＝server.MapPath("../BookStore.mdb")

 Con.Open = "DRlVER = {Microsoft Access Driver (* .mdb)}；DBQ = "
& filepath

```
query="delete from test where name='mickeyoung'"
Con. Execute query
Con. Close
%>
```

在这段程序中,我们使用了 SQL 的删除资料记录语句。

delete from test where name='mickeyoung'

7. 资料检索

当资料记录变得非常多时,用户怎样才能找到自己所需要的资料呢?这个时候就需要对表中的资料记录做条件查询。我们看下面这段程序:

```
<%
Set Con = Server. CreateObject ("ADODB. Connection") filePath = server.
MapPath("../BookStore. mdb")
    Con. Open = "DRIVER = {Microsoft Access Driver (*. mdb)}; DBQ="
& filepath
    query="select * from test where name='mickeyoung'"
Con. Execute query
Con. Close
%>
```

在这段程序中,我们使用了 SQL 的查询资料记录语句。

select * from test where name='mickeyoung'

经过本节的介绍,各位读者现在已经可以开始利用 ASP 进行数据库的程序设计了。ASP 数据库程序设计是非常重要的内容,在实际的应用中也常会需要用到这些技巧。

本章小结

本章主要讲述了 HTML、HTML5、PHP 及 ASP 等语言的基本语法及使用方法,并通过实例分析了各种语言的使用技巧以及注意事项,通过以上几种语言的学习,能够了解动态网页制作的各个工具,并通过工具软件的使用完成动态网页的设计与制作。

思考与练习

1. HTML5 语言的主要功能有哪些?
2. PHP 基本语法有哪些?
3. ASP 与 SQL 数据库怎样连接?

第五章　网站与网页设计案例

学习目标

通过网页设计案例的学习,使学生能够综合运用前面所学的工具软件及各种动态网页设计与制作的语言,并培养学生具有新时期、新媒体环境下的设计理念及设计能力。

第一节　数字相册制作案例

一、网站规划

(一)网站的结构

1. 总体架构

总体架构如图 5-1-1 所示。

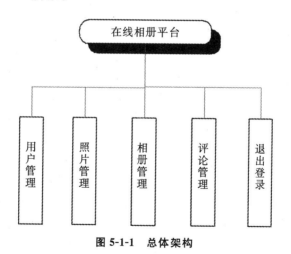

图 5-1-1　总体架构

2. 用例图

用例图就是把网站各个用户的动作分解一下,再用画图软件把它画出来,如图 5-1-2 所示。电子相册系统的角色之一是注册用户。

用例名称:用户登录　　　执行者:用户

目的:完成注册用户登录后的一系列操作的完整过程。

(1)用户输入登录名、密码,系统识别用户信息的有效性。

(2)对用户信息进行识别。

(3)用户完成相册列表,新建相册修改资料等一系列操作。

（4）退出系统。

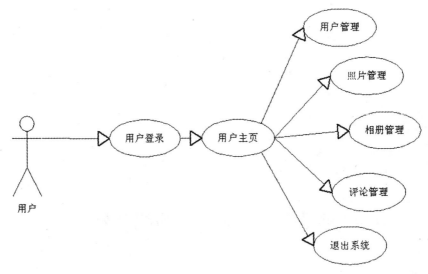

图 5-1-2　用例图

（二）功能模块的结构

1．照片管理模块

（1）业务描述：用户登录后能发布并删除、修改发布的照片。

（2）业务流程：用户可以浏览相关相册的照片，获取照片的列表和分页（某个用户某个分类中的照片），以缩略图及全图两种模式来显示选择的某张照片，在该页面中用户可以根据自己的需要上传相应的图片，为图片取名、分类，提交后返回相册列表。

（3）输入数据：记录编号是自增列不显示在前台页面；图片名称、文件简介分别以文本框的形式展示在前台页面中，由用户输入；图片的上传以一种数据流的形式出现，出现在前台时以一种需要用户单击选择的形式出现。

（4）角色说明：此功能主要由注册用户和非注册用户使用。

2．相册管理模块

（1）业务描述：新建相册，删除相册，修改相册，并获取列表和分页（某个用户个人分类）。

（2）业务流程：单击相册管理进入相册管理的主界面，根据提示输入相关的信息后选择提交，则可看到刚刚新添加的那个相册，然后可以根据自己的需要选择合适的操作。

（3）错误处理：在填写信息的过程中，不允许有不被填写的栏目，系统会给出相应的提示。

（4）输入数据：由用户输入相应的数据信息。

（5）输出结果：其输出结果为在相册列表中给予相应的显示。

（6）角色说明：此功能主要注册用户使用。

3．用户管理模块

（1）业务描述：用户以用户名及密码登录注册，可修改密码。对注册用户来讲，将自己的资料从后台数据库中读取出来然后根据用户的需要进行相应的修改,根据用户资料采集界面来采集相应的数据,根据这些数据来更新数据库中该用户的相应资料。如果是未注册的用户,可根据提示进行注册。

(2)业务流程:用户登录后进入"我的主页",可以浏览相册和最新 10 条相片评论信息,选择一个相册进入可以浏览相册的全部照片,并查看选中照片的放大图以及对其的评论信息,同时还可以查看每条评论的详细信息。

(3)错误处理:在填写信息的过程中,不允许有不被填写的栏目,系统会给出相应的提示。

(4)输入数据:由用户输入相应的数据信息。

(5)输出结果:无。

(6)角色说明:此功能主要供注册用户使用。

4.评论管理模块

(1)业务描述:在线网友(登录或游客)能欣赏照片并评论,照片的所有者及评论人能删除评论,获取评论的列表和分页。

(2)业务流程:进入评论管理界面,每页显示 10 条最新评论,包括评论人昵称、所属照片名、评论时间和评论内容,并可以删除评论。单击所属照片名,查看详细信息,同时还可以发表新评论。

(3)错误处理:所有字段必须逐一给出相应的数据信息。

(4)输入数据:由用户输入相应的数据信息。

(5)输出结果:评论信息。

(6)角色说明:此功能主要供注册用户使用。

(三)数据库模块

1.数据表创建

本系统中涉及的数据库主要包括注册用户、照片分类、照片信息及评论信息。

注册用户信息表保存在线相册系统的注册用户的基本信息,包括用户名、昵称、密码及注册时间等,如表 5-1-1 所示。

表 5-1-1　注册用户信息表(userInfo)

名称	类型	含义	说明
userid	Int(8)	主键	
username	varchar(100)	登录用户名	not null
password	varchar(100)	用户密码	
nickname	varchar(255)	用户昵称	
addTime	datetime	注册时间	

照片分类只有 4 个字段:主键、分类名称、描述信息及所属的用户 id,如表 5-1-2 所示。

表 5-1-2 照片分类信息(category)

名称	类型	含义	说明
categoryid	int(8)	主键	
name	varchar(50)	分类名称	not null
memo	varchar(255)	分类描述	
userid	intr(8)	所属用户 id	关联到 userInfo 表的 userid

照片信息表用于保存用户照片及其相关信息,包括照片标题、照片简介、照片上传时间、照片所属分类、照片保存的地址以及照片的文件名,如表 5-1-3 所示。

表 5-1-3 相册信息表(photo)

名称	类型	含义	说明
photoid	int(8)	主键	
Title	varchar(50)	照片标题	
memo	varchar(255)	照片描述	
catrgoryid	int(8)	照片分类	关联到 category 表的 categoryid
url	varchar(100)	照片保存地址	
pubTime	datetime	照片上传或最新修改时间	
filename	intr(8)	所属用户 id	

评论信息表则是网络相册的一大特征,用于保存网友对照片的评论信息。一张照片可能会有多条评价信息,因此应该保存评论的照片 id、评论时间、评论人的名称(或匿名)和评论的文字信息等,如表 5-1-4 所示。

表 5-1-4 评论信息表(comment)

名称	类型	含义	说明
commentid	int(8)	主键	
photoid	int(8)	照片 id	关联到 photo 表的 photoid
addname	varchar(100)	评论人姓名	
addTime	datetime	评论时间	
comment	Varchar(255)	评论内容	

2. 实现 DAO 组件

DAO 组件用于操作相应的数据库表,主要有 UserInfoDAO、CategoryDAO、PhotoDAO 及 CommentDAO,其实现如下:

（1）User InfoDAO。操作 userInfo 表，其方法如下。

boolean is UsernameExist(String username)：判断用户名是否存在，在用户注册检测用户时调用。

UserInfo addUser(UserInfo userInfo)：新增用户信息，如果不成功，则返回 NULL。

UserInfo Login (UserInfo userInfo)：用户登录信息验证，如果不成功，则返回 NULL。

UserInfo getUserInfoByid(int id)：通过 userid 来取得用户信息，如果不成功，则返回 NULL。

boolean updatePassword(int userid,String password)：修改用户密码。

（2）CategoryDAO。操作 category 表，其方法如下。

boolean is Categoryexist(Category category)：判断照片分类是否已经存在，在用户新增分类时调用。

boolean addCategory(Category category)：新增照片分类信息。

List⟨Category⟩getCategory(int start,int num,int userid)：通过 Userid 来查询此用户的分类信息并返回记录号为 start 到 num 之间分类记录，如果不成功，则返回 NULL。在查询分类信息并分页显示时调用。

List⟨Category⟩getCategory(int userid)：通过 userid 来取得用户的所有分类信息，如果不成功，则返回 NULL。

int getCategoryNum(int userid)：通过 userid 来取得用户的所有分类数目。

boolean deleteCategoryById(int categoryid,int userid)：通过 userid 和 categoryid 来删除用户的相应的分类。

Category getCategoryByid (int categoryid)：通过 categoryid 来取得相应的分类信息。

boolean updateCategory(Category category)：更新用户相片类信息。

（3）PhotoDAO。操作 Photo 表，其方法如下。

boolean addPhoto(Photo photo)：保存用户上传的照片及信息。

List⟨Photo⟩getPhoto(int start,int num,int categoryid,int userid)：通过 userid 及 categoryid 来查询此用户的照片信息并返回记录号为 start 到 num 之间分类记录，如果不成功，则返回 NULL。在查询分类信息并分页显示时调用。

int getPhotoNum(int categoryid,int userid)：通过 userid 及 categoryid 来取得并返回用户的照片数目。

boolean deletePhotoByid(int photoid)：通过 photoid 来删除用户相应的照片。

Phoo getPhoto(int photoid)：通过 photoid 来取得相应的照片信息，在查找照片时调用。

boolean updatePhoto(Photo photo)：更新用户相片信息。

（4）CommentDAO。操作 comment 表，其方法如下。

boolean addComment(Comment comment)：新增照片评论信息。

List〈Comment〉getComment（int start, int num, int photoid, int userid)：通过 userid 及 photoid 来查询此用户照片的评论信息并返回记录号为 start 到 num 之间分类记录，如果不成功，则返回 NULL。在查询评论信息并分页显示时调用。

Comment getCommentByid(int id)：通过 commentid 来取得指定的评论信息，如果不成功，则返回 NULL。

int getCommentNumByPhotoid(int photoid)：通过 photoid 来取得用户相应的照片的评论信息。

int getCommentNumByid(int userid)：通过 userid 来取得用户所有相应的评论信息。

boolean deleteCommentByid(int id)：通过 commentid 来删除指定的评论信息。

二、系统设计

（一）注册用户登录设计

注册用户登录的界面设计要简洁明了，登录一个主页面，首先进行的是验证，判断登录者的权限，注册用户登录界面如图 5-1-3 所示。

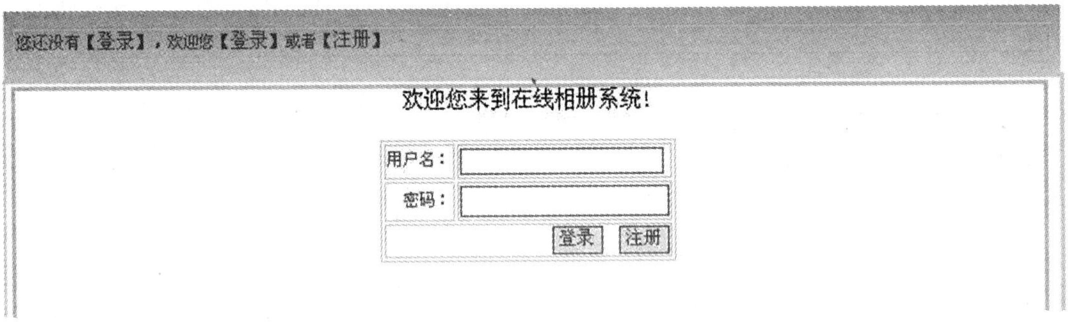

图 5-1-3　注册用户登录界面

1. 注册用户登录界面的创建

在页面表现上，采用 CSS 样式表的方式，用记事本编写一个 CSS 文件（style.css），每个 JSP 页面都引入这个文件，这样当需要变更页面图片背景等静态属性时，就直接修改 CSS 文件，而无须对页面本身进行任何改动，大大提高效率。除此之外，本系统平台引入了现在网络上较为流行 Ajax 的验证码机，也就是说注册用户除了给出用户名和密码外还要另外再填入给出的验证码（这里的验证码用于查看用户是否已存在）单击登录才能以用户的身份进入在线相册的主界面。

2. 注册用户登录界面

注册用户进入时，其登录成功界面如图 5-1-4 所示（这里以 2006112103 为用户名登录举例）。

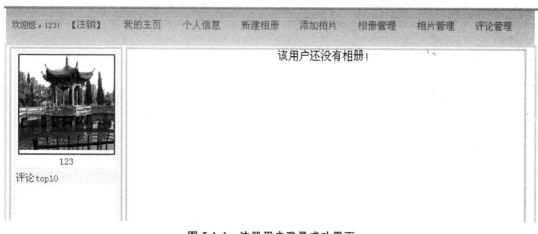

图 5-1-4 注册用户登录成功界面

在注册用户登录的 login. jsp 界面中：

〈form onsubmit＝"return checkFormBName('loginForm');"method＝"post" action＝"LoginServlet" name＝"loginForm"〉

LoginServlett. java

package jspbook. webalbum. servlet;

public class LoginServlet extends javax. servlet. http. HttpServlet implements javax. servlet. Servlet {

static final long serialVersionUID ＝ 1L;

public LoginServlet() {

super();

}

protected void doGet (HttpServletRequest request，HttpServletResponse response) throws ServletException，IOException {

// TODO Auto-generated method stub

doPost(request,response);

}

protected void doPost (HttpServletRequest request，HttpServletResponse response) throws ServletException，IOException {

// TODO Auto-generated method stub

ServletEncoding. setEncoding(request，response);

UserInfo userInfo＝new UserInfo();

userInfo. setUsername(request. getParameter("username"));

userInfo. setPassword(request. getParameter("password"));

userInfo＝UserInfoDAO. Login(userInfo);

HttpSession session＝request. getSession();

```
RequestDispatcher requestDispatcher＝null;
//response. getWriter(). print(request. getQueryString());
if(userInfo＝＝null){
//设置返回路径和错误信息
request. setAttribute("returnUrl","login. jsp");
request. setAttribute("errorMessage","账号或者密码不正确!");
requestDispatcher＝request. getRequestDispatcher("error. jsp");
//ServletContext sc＝this. getServletContext(). setAttribute("", arg1)
response. getWriter(). print(request. getRequestURI());
}else{
session. setAttribute("userInfo", userInfo);
requestDispatcher ＝ request. getRequestDispatcher ("GetDefaultInfo?  userid
＝"＋userInfo. getUserid());
}
requestDispatcher. forward(request, response);
}
}
```

从上面的代码可以看出,如果返回的是真值,也就是说验证正确的话,会跳转到 LoginServlet。在 LoginServlet 的 doPost()中首先设置编码格式为"GB2312",然后的 login. jsp 中 username 和 password 的输入信息,并通过 UserInfoDAO 的 Login()方法来 验证登录用户是否已经注册并核对密码信息。如果返回的 UserInfo 对象不为空,则表 示验证成功。把页面控制给 url 为/GetDefaultInfo,并附上 userid 的 request 信息。

GetDefaultInfo 目的是想在系统主页面中显示照片的用户信息、所有照片的分类信 息、每个相册的照片数目以及最新评论信息等关键信息。因此,在 doPost()方法中,首 先从 request 中得到登录相册的当前用户的 userid,把查询到的 userInfo 对象保存在 request 范围中供 JSP 调用并通过 userid 查询该用户的所有相册集相册数目。然后把查 询到的最新的 10 条评论信息保存到 List 中,并把这些信息保存到 request 中以供 JSP 页面显示。

通过其中粗体表示的 div class 可以知道该 JSP 主要实现显示用户信息、最新评论 及用户的相册。其中使用 JSTL 中的〈c：forEach〉元素来迭代 commentList 及 categoryList,并且使用 EL 语句来显示各项内容。

在本系统的 web. xml 文件中我们定义了各个 Servlet 的相关信息,包括 Servlet 的 名称、类路径及 url 映射名。在 JSP 及访问 Servlet 中,均要使用此 Servlet 的 url 映射 名。由映射名找到 Servlet 的类路径,从而导向至 Servlet。

在 JSP 页面中,使用了一些公共的方法,这些方法定义在 WebAlbum/WebRoot/js/ adjax. js 及 common. js 中,另外有关 jsp 的布局类定义在 WebAlbun/WebRoot/css/

style. css 中。

（二）未注册用户注册设计与创建

1. 未注册用户注册设计

未注册用户登录的界面设计要简洁明了，注册有一个主页面，首先进行的是填写注册信息，然后进行提交操作，如图 5-1-5 所示。

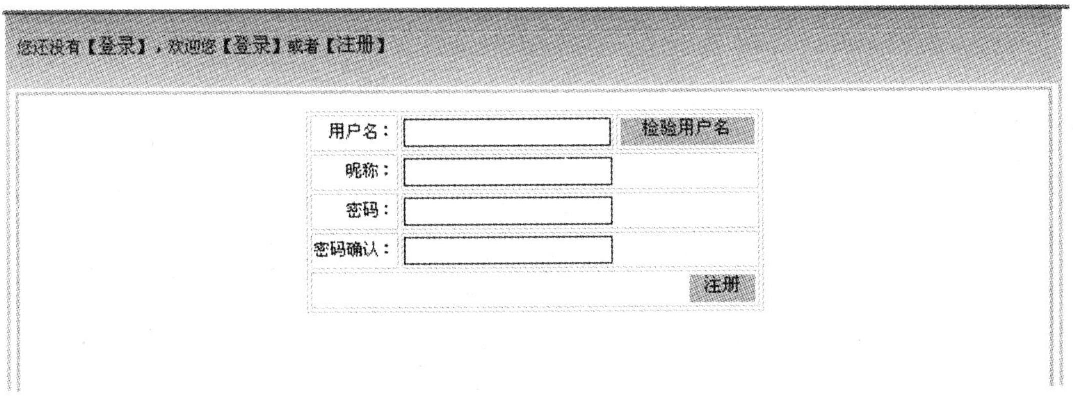

图 5-1-5　未注册用户登录启用目录浏览

验证用户 JavaScript。

```
function changeFieldToQueryString(formName,fieldName){
var args="";
var form=document. forms[formName];
args=form. elements[fieldName]. name+"="+form. elements[fieldName].
value；
return args；
}
//——————————————————————————将表单上某个字
段的值发送到服务器端，并返回结果
function sendFieldToServer(formName,fieldName,servletName){
sendMessageToServer(servletName, changeFieldToQueryString(formName,
fieldName))；
}
```

2. 未注册用户注册界面的创建

在页面表现上，采用 CSS 样式表的方式，用记事本编写一个 CSS 文件（style. css），每个 JSP 页面都引入这个文件，这样在需要变更页面图片背景等静态属性时，就直接修改 CSS 文件，而无须对页面本身进行任何改动，大大提高了效率。该模块完成用户注册的过程，用户注册后才能完成图书订阅等功能。

关于流程分析，本模块包含两个文件，addUser. jsp 完成用户注册信息录入，david.

jsp 完成检查数据的可靠性,符合要求的数据写入 userInfo 数据表。

在这个模块里,用户可以输入"用户名""昵称""密码""重复密码",然后单击"注册"按钮提交注册信息,如果注册所用的用户名已经存在于数据库中,那么系统会报错。如果用户数据的"新密码"和"新密码确认"内容不一致,则系统也会报错。用户一旦通过注册,就会在数据库中存储该用户的注册信息,该用户就可以凭此信息进行登录。

(三) 相册列表

添加相册的界面设计要简洁明了,添加相册有一个主页面,首先要进行相应的数据输入,然后提交操作。

相册列表有两种方式:一种是通过 defaultInfo. jsp 主页面中的分类列表或"相册管理"中相应照册的相片列表,另一种是直接通过"照片管理"来列出所有的照片列表。下面是几个主要的 Servlet 使命。

(1) GetCategoriseServlet. java:取得登录用户的相册,并把页面导向至categoryList. jsp,即"相册管理"页面。

(2) GetPhotoServlet. java:取得用户的所有相册并实现分页功能,把页面导向至photoList. jsp,即"相片管理"页面,如图 5-1-6 所示。

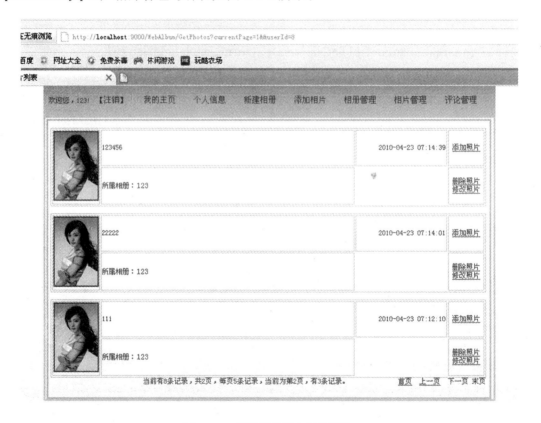

图 5-1-6 相册下的所有相片列表

(3) GetPhotos. java:取得用户指定的相册下的所有相片列表并实现发布功能,把页面导向至 photoListToAll. jsp,如图 5-1-7 所示。

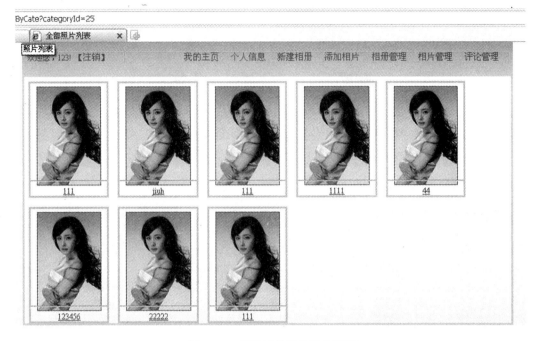

图 5-1-7　相册下的相片列表页面

如果代码实现了查询给用户指定的相关相册下的所有照片信息，并用 List 保存在 request 中，然后需要分页显示的一些相关数目，如当前页、照片总页数、总照片数及当前照片显示数目等，则 photoList.jsp 的代码如下：

〈div id＝"main"class＝"main"〉

〈div class＝"mainAdmin"〉

〈c:forEach var＝"category"items＝" ＄{requestScope.categoryList}"〉

〈table style＝"width：750px"〉

〈tr height＝"30"〉

〈td rowspan＝"2"

style＝"width：80px；height：100px；text-align：center；"〉

〈span〉

〈ahref＝"GetPhotos? categoryId＝ ＄{category.categoryid }"〉

〈img class＝"categoryPhoto"src＝"images\\category.JPG"/〉〈/a〉

〈/span〉

〈/td〉

〈td style＝"width：400px；text-align：left；"〉

〈span〉〈ahref ＝ " GetPhotos? categoryId ＝ ＄{ category.categoryid }"〉

＄{category.name}〔＄{category.photoNum

}张照片〕

〈/a〉

299

```
〈/span〉
〈/td〉
〈td style＝"text-align：right；width：121px"〉
$｛category.addTime｝
〈/td〉
〈td style＝"width：77px"〉
〈a href＝"GotoAddCategory"〉新建相册〈/a〉
〈/td〉
〈/tr〉
〈tr height＝"50"style＝"width：524px"〉
〈td style＝"width：500px；text-align：left；"colspan＝"2"〉
$｛category.memo｝
〈/td〉
〈td style＝"width：77px"〉
〈a onclick＝"return isDelete（）；"href＝"javascript：sendMessageToServer
（'DeleteCategory'，'id＝$｛category.categoryid｝'）"〉删除相册〈/a〉
〈br /〉
〈a href＝"GotoUpdateCategory? categoryId＝$｛category.categoryid｝"〉修
改相册〈/a〉
〈/td〉
〈/tr〉
〈/table〉
〈/c：forEach〉
```

在 photoList.jsp 中首先对 requestScope 中的 PhotoList 使用〈c：forEach〉迭代 photo 信息并显示照片的缩略图,其后实现分页。

GetPhotos 与 GetPhotosServlet.java 相似,唯一的不同之处在于前者是针对用户的某一相册下的照片的列表,后者是针对给用户的所有照片列表。

(四) 照片管理

1.添加照片

给系统中上传照片是关键功能,方法是把上传的照片文件以文件形式保存在 Web 应用程序下的 WebRoot/photos 目录下。对每张照片,以用户注册的用户名(username)及照片所属相册的 categoryid 来新建二级目录,然后在目录下保存照片,照片文件的名称仍使用上传的文件名。例如:用户名为"2006112101"的相册 id 为 2 的照片文件应上传保存在 WebRoot/photos/2006112101/2/目录下。

上传相片功能的主要流程如下:

(1) 取得用户提交的数据,生成要保存的 photo 对象。

（2）把照片文件上传至 Web 服务器保存。

（3）保存（增加或修改）照片的信息至数据库。

（4）根据上传的照片及保存信息的结果，设置不同的提示结果。

（5）跳转至照片显示或主页面的 Servlet。

上传照片的页面由 addPhoto.jsp 实现。

在 addPhoto.jsp 页面中，使用"file"型的浏览文件组件来供用户选择照片文件进行上传，而所属相册则是当前用户的所有相册列表。

由于用户在 addPhoto.jsp 提交的数据中包括了照片文件的信息，所以不能直接使用 getParameter()方法来获得用户提交的文件信息。因此，需要使用第三方提供的一个组件来完成这个功能。在这里选用的是 JspSmartUpload 组件，它是在前面章节中介绍过的专门用来处理文件上传下载的组件。

上传照片页面如图 5-1-8 所示。

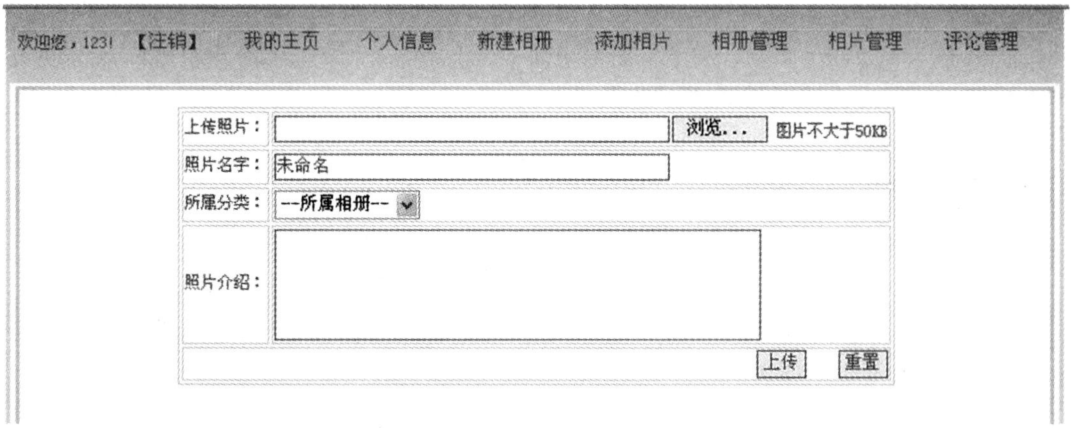

图 5-1-8　上传照片页面

首先使用 JspSmartUpload 上传组件来上传图片至服务器，上传成功后把照片信息保存至数据表 photo 中，这两步成功后才返回成功添加照片的信息。

在页面表现上，采用 CSS 样式表的方式，用记事本编写一个 CSS 文件（style.css），每个 JSP 页面都引入这个文件，这样当需要变更页面图片背景等静态属性时，就直接修改 CSS 文件，而无须对页面本身进行任何改动，大大提高了效率，页面布局和设计方面在此就不多加介绍。下面的部分主要介绍具体的实现过程。

```
addPhotoServlet.java
package jspbook.webalbum.servlet;
public class addPhotoServlet extends HttpServlet implements
javax.servlet.Servlet {
static final long serialVersionUID = 1L;
public addPhotoServlet() {
super();
```

```
}
protected void doGet(HttpServletRequest req，HttpServletResponse resp)
throws ServletException，IOException {
// TODO Auto-generated method stub
doPost(req，resp);
}
protected void doPost(HttpServletRequest req，HttpServletResponse resp)
throws ServletException，IOException {
TODO Auto-generated method stub
// 改变编码
ServletEncoding. setEncoding(req，resp);
HttpSession session = req. getSession();
PrintWriter out＝resp. getWriter();
if (session. getAttribute("userInfo") == null) {
// session 中没有保存用户信息
RequestDispatcher requestDispatcher = req
. getRequestDispatcher("login. jsp");
requestDispatcher. forward(req，resp);
} else {
doExecute(req，resp);
}
}
public void destroy() {
// TODO Auto-generated method stub
}
public void init() throws ServletException {
// TODO Auto-generated method stub
}
public void doExecute(HttpServletRequest request，
HttpServletResponse response) throws IOException，ServletException {
// TODO Auto-generated method stub
ServletEncoding. setEncoding(request，response);
Hashtable〈String，Object〉 paraTable = PhotoUpload. uploadPhoto(request.
getSession(). getServletContext()，
request，response，destFilePath);
boolean upload = true;
```

```
String savePhotoPath = "";
String photoFileName="";
int categoryid = 0;
SmartUpload smartUpload = new SmartUpload();
com.jspsmart.upload.Request inputRequest = null;
try{
smartUpload.initialize(request.getSession().getServletContext(), request,
response);
    // 只允许上传 jpg/gif/tmp 类型文件
smartUpload.setAllowedFilesList("jpg,gif,bmp,JPG,GIF,BMP,");
    // 设置允许上传文件的大小限制
smartUpload.setMaxFileSize(50000);
smartUpload.upload();
System.out.println("smartUpload.upload()");
Enumeration parameters = smartUpload.getRequest().getParameterNames
();
    while (parameters.hasMoreElements()){
String parameter = (String)parameters.nextElement();
paraTable.put (parameter, smartUpload.getRequest().getParameter
(parameter));
    }
    for (int i=0; i<smartUpload.getFiles().getCount(); i++){
inputRequest = smartUpload.getRequest();
categoryid = Integer.parseInt((inputRequest.getParameter("categoryid")).
trim());
String userName = UserInfoDAO.getUserNameByCate(categoryid);
if (userName == null){
throw new Exception("Get userName by categoryid failed!");
    }
    //构造保存照片的路径
String destFilePath = "photos\\"
+ userName
+"\\"+inputRequest.getParameter("categoryid").trim();
    //取得上载的文件
com.jspsmart.upload.FilemyFile= smartUpload.getFiles().getFile(0);
if (! myFile.isMissing())
```

```
{
//取得上载的文件的文件名
photoFileName＝myFile. getFileName();
if (photoFileName ＝＝ null || photoFileName. equals("")){
throw new Exception("Get photoFileName failed!");
}
//在服务端构建照片保存目录
java. io. File createdFile ＝ FileUtil. changePathToAbsol (request. getSession
(). getServletContext(), destFilePath);
if (createdFile ＝＝ null){
System. out. println("create file failed");
throw new Exception("Get photoFileName failed!");
}
System. out. println("create file succeed");
//保存路径
String aa＝getServletContext(). getRealPath("/")＋"chapter6\\upload\";
savePhotoPath＝destFilePath＋"\\"＋photoFileName;
//将文件保存在服务器
myFile. saveAs(savePhotoPath,SmartUpload. SAVE_VIRTUAL);
System. out. println("save file succeed");
paraTable. put("savePhotoPath",savePhotoPath);
paraTable. put("photoFileName",photoFileName);
}
}
upload ＝ true;
} catch (SmartUploadException se) {
se. printStackTrace();
upload ＝ false;
} catch (Exception e) {
e. printStackTrace();
upload ＝ false;
}
if (! upload){
request. setAttribute("errorMessage", "添加失败!");
request. setAttribute("returnUrl", "addPhoto. jsp");
request. getRequestDispatcher("error. jsp"). forward(request, response);
```

```
            }
    UserInfo   userInfo   =   （ UserInfo ） request. getSession （ ）. getAttribute
（"userInfo"）；
    if（userInfo == null）{
    int userid＝2；
    System. out. println（"get user id："＋ userid）；
    userInfo = UserBean. getUserInfoById（userid）；
    request. getSession（）. setAttribute（"userInfo"，userInfo）；
        }
    String photoUrl = request. getParameter（"photoUrl"）. trim（）；
    String photoFileName = FileUtil. getFileName（photoUrl）；
    request. getParameter（"photoName"）. trim（）；
    request. getParameter（"categoryid"）. trim（）；
    boolean upload = false；
    Photo photo＝new Photo（）；
    photo. setTitle（（inputRequest. getParameter（"photoTitle"））. trim（））；
    photo. setUrl（savePhotoPath）；
    photo. setCategoryId（categoryid）；
    photo. setMemo（（inputRequest. getParameter（"photoMemo"））. trim（））；
    photo. setFilename（photoFileName）；
    boolean added＝PhotoDAO. addPhoto（photo）；
    if（added）{
    request. setAttribute（"errorMessage"，"添加成功！"）；
    request. setAttribute （"returnUrl"，"GetPhotos? categoryId = "＋ photo.
getCategoryId（））；
    request. getRequestDispatcher（"error. jsp"）. forward（request，response）；
    }else{
    request. setAttribute（"errorMessage"，"添加失败！"）；
    request. setAttribute（"returnUrl"，"addPhoto. jsp"）；
    request. getRequestDispatcher（"error. jsp"）. forward（request，response）；
        }
        }
        }
```

可以通过两种方式来进入某一张照片的全图查看模式。

第一种 faultInfo. jsp 即主页面中进入用户的某一相册,然后在相册下的照片缩略图页面 photoListToAll. jsp 中单击某一照片后进入 photoInfo. jsp 页面来查看照片全图。

第二种 photoList.jsp,即"照片管理"主页面中进入用户的所有照片列表,然后在照片缩略图列表中单击某一照片后进入 photoInfo.jsp 页面来查看照片全图。

photoInfo.jsp 由 GetPhotoServlet.java 这个程序来完成,其主要任务是通过 request 中的 photoid 参数值来查询到 Photo 信息并保存到 request 中。photoInfo.jsp 页面的实现包括如下四个方面的内容。

(1) 全图大比例的显示保存在 Web 服务器中的照片文件。

(2) 显示照片的具体信息,包括照片名、所属相册、照片说明及上传时间等。

(3) 显示当前照片的所有评论信息。

(4) 为浏览此照片的网友提供发布评论的功能。

photoInfo.jsp 页面如图 5-1-9 所示。

图 5-1-9 photoInfo.jsp 页面

提示:控制图片大小 CSS 的函数如下。

```
function changeBig(v){
//var d=document.getElementById("imgDiv");
```

```
//d. className="divBig";
var p=document. getElementById(v. id);
p. className="imgBig";
}
function changeSmall(v){
var p=document. getElementById(v. id);
p. className="imgSmall";
```

2. 修改照片

修改照片的相关类及 JSP 页面如下。

（1）GotoUpdatePhotoServlet. java：转至修改照片信息的 updatePhoto. jsp 页面，这个程序的主要功能是验证当前用户是否是相册的主人，并通过 photoid 查询到照片的信息并显示在 updatePhoto. jsp 页面中。

（2）updatePhoto. jsp：显示照片的所有信息并使得除照片文件之外的所有信息均可修改。

（3）UpdatePhotoServlet. java：提交修改的照片信息至数据库。

修改照片页面如图 5-1-10 所示，其实现与上传照片页面 addPhoto. jsp 有相似之处。

图 5-1-10　修改照片页面

3．删除照片

删除照片的程序为 DeletePhotoServlet. java，在其中可删除照片文件及对应的数据库表的照片信息记录；同时，验证权限制确认当前用户是否为照片的主人，只有是照片主人时，才能执行修改及删除操作。

三、系统测试

（一）以注册用户身份进入用户相册界面进行测试

进入用户登录页面，在此页面上输入注册用户的昵称、密码、验证码后单击登录按钮可以进入用户的相册列表页面。

单击相册名称就可以进入到相应的相册，在照片列表页面，可以通过单击查看评论，相册添加、修改、删除等按钮实现相应的功能，如图 5-1-11 至图 5-1-14 所示。

（二）用户注册页面的测试

单击注册进入用户注册页面，在此页面上输入用户名称、昵称、密码后单击注册按钮可以进入登录页面。用户注册界面如图 5-1-11 所示。

图 5-1-11　用户注册界面

图 5-1-12　保存信息测试图

图 5-1-13　看评论界面

图 5-1-14　修改照片信息界面

◎ 第二节　新闻发布系统案例

一、网站规划

（一）网站架构

该系统设计流程：首先，创建新闻发布系统数据库；其次，设计该系统的功能；再次，编写源代码实现系统功能；第四，然后在表示层制作与用户对话的界面；第五，上传到互联网进入应用层，最后是用户使用该系统。该流程对应的系统构架为：数据层→设计数据服务→配置系统信息→表示层→应用层→用户接口层。系统总体框架图如图 5-2-1 所示。

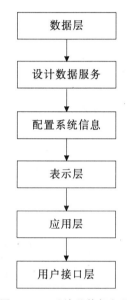

图 5-2-1　系统总体框架图

（二）网站功能模块设计

系统主要分为系统前台功能模块和系统后台功能模块两大功能模块，如图 5-2-2 和图 5-2-3 所示。

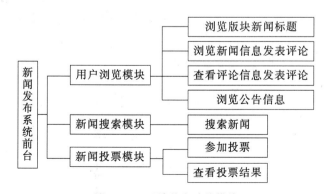

图 5-2-2　系统前台功能模块

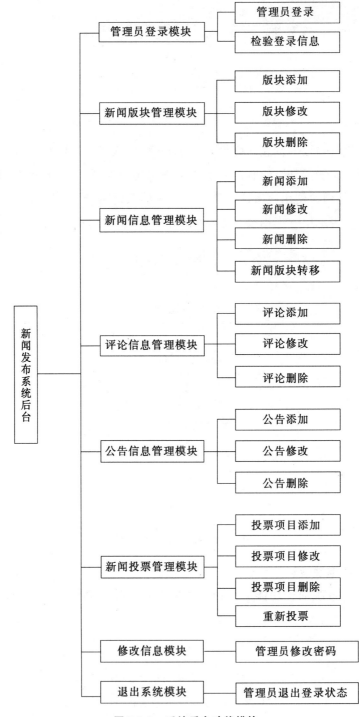

图 5-2-3　系统后台功能模块

二、数据库设计

(一) 数据库创建思想

系统采用 SQL Server2000 作为后台数据库。通过分析,要在数据库中存储以下基本信息。

（1）管理员信息：管理员编号、管理员账号和管理员密码。

（2）新闻版块信息：版块编号和版块名称。

（3）新闻信息：新闻编号、新闻所属类别编号、新闻标题、新闻内容、新闻图片相对路径、添加/修改时间和点击率。

（4）新闻评论信息：评论编号、评论对应的新闻编号、评论人姓名、评论内容和添加/修改时间。

（5）公告信息：公告编号、公告标题、公告内容、公告图片相对路径、添加/修改时间和点击率。

（6）投票项目信息：投票项目编号、投票项目名称和投票数。

（7）投票 IP 地址信息：IP 地址编号、IP 地址、投票时间。

通过以上的分析，该系统需要创建以下七个数据表。

第一，管理员信息表 adminInfo：用于存储管理员编号、管理员账号和管理员密码。

第二，新闻版块信息表 newsclassInfo：用于存储版块编号和版块名称。

第三，新闻信息表 newsInfo：用于存储新闻编号、新闻所属类别编号、新闻标题、新闻内容、新闻图片相对路径和添加/修改时间和点击率。

第四，新闻评论信息表 discussInfo：用于存储评论编号、评论对应的新闻编号、评论人姓名、评论内容和添加/修改时间。

第五，公告信息表 gonggaoInfo：用于存储公告编号、公告标题、公告内容、公告图片相对路径、添加/修改时间和点击率。

第六，投票项目信息表 VoteItem：用于存储投票项目编号、投票项目名称和投票数。

第七，投票 IP 地址信息表 VoteIP：用于存储 IP 地址编号、IP 地址和投票时间。

上述七个数据表的连接关系如下。

新闻信息表 newsInfo 与新闻版块信息表 newsclassInfo 通过版块编号建立连接关系。

新闻信息表 newsInfo 与新闻评论信息表 discussInfo 通过新闻编号建立连接关系。

注意：管理员信息表 adminInfo、公告信息表 gonggaoInfo、投票项目信息表 VoteItem 和投票 IP 地址信息表 VoteIP 这四个表是相互独立的，与其他数据表没有关联。

（二）创建数据表

本系统使用 SQL Server2000 作为数据库管理系统。安装 SQL Server2000，打开企业管理器，新建一个数据库，将其命名为 news。news 数据库中包含的数据表及其相应功能如表 5-2-1 所示。

表 5-2-1　news 数据库中包含的数据表及其相应功能

数据表	功能
adminInfo	存放管理员基本信息
newsclassInfo	存放新闻类别基本信息
newsInfo	存放新闻基本信息
discussInfo	存放新闻评论基本信息
gonggaoInfo	存放公告基本信息
VoteItem	存放投票项目基本信息
VoteIP	存放投票 IP 基本信息

1. 管理员信息表 adminInfo

该信息表用于存储管理员的基本信息,包括管理员编号(id)、管理员账号(name)和管理员密码(pwd)。在已创建的 SQL Server 数据库 news 中,创建一个表,名为"adminInfo",向表中添加字段,如表 5-2-2 所示。

表 5-2-2　管理员信息表 adminInfo

字段名	数据类型	长度	说明	备注
id	int	4	管理员 ID 号	设为主键且自动编号
name	varchar	20	管理员账号	不允许为空
pwd	varchar	20	管理员密码	不允许为空

注:管理员 ID 号(id)实现自动编号的方法是把字段设置成 int 型,在下面字段的属性里把标识改为"是",标识的种子改成"1",标识递增量改成"1"就可以自动编号。

2. 新闻版块信息表 newsclassInfo

该信息表用于存储版块的基本信息,包括版块编号(classid)和版块名称(classtitle)。在已创建的 SQL Server 数据库 news 中,创建一个表,名为"newsclassInfo",向表中添加字段,如表 5-2-3 所示。

表 5-2-3　版块信息表 newsclassInfo

字段名	数据类型	长度	说明	备注
classid	int	4	版块编号	设为主键且自动编号
classtitle	varchar	50	版块名称	不允许为空

注:版块编号(classid)实现自动编号的方法可参照本章表 5-2-5 下面的说明。

3. 新闻信息表 newsInfo

该信息表用于存储新闻的基本信息,包括新闻编号(newsid)、新闻所属版块编号(classid)、新闻标题(title)、新闻内容(content)、新闻图片相对路径(images)、添加/修改时间(newstime)、点击率(click)。

在已创建的 SQL Server 数据库 news 中,创建一个表,名为"newsInfo",向表中添加字段,如表 5-2-4 所示。

表 5-2-4　新闻信息表 newsInfo

字段名	数据类型	长度	说明	备注
newsid	int	4	新闻编号	设为主键且自动编号
classid	int	4	所属版块编号	不允许为空
title	varchar	50	新闻标题	不允许为空
content	varchar	6000	新闻内容	不允许为空
images	varchar	50	新闻图片相对路径	允许为空
newstime	datetime	8	添加/修改时间	默认值 getdate()
click	int	4	点击率	允许为空

注:新闻编号(newsid)实现自动编号。在 SQL Server2000 中,可以使用 char、varchar 和 text 三种数据类型存储非 Unicode 字符数据。Char 和 varchar 只能存储最多 8000 个字符,其中 char 用于存储固定长度的字符数据,varchar 用于存储可变长度的字符数据。如果需要存储的数据很大,则可以使用 text 数据类型,text 数据类型是可变长度的,最多可为 2147483647 个字符。

4. 新闻评论信息表 discussInfo

该信息表用于存储新闻评论的基本信息,包括评论编号(discussid)、评论对应的新闻编号(newsid)、评论者(name)、评论内容(content)和添加/修改时间(discusstime)。

在已创建的 SQL Server 数据库 news 中,创建一个表,名为"discussInfo",向表中添加字段,如表 5-2-5 所示。

表 5-2-5　评论信息表 discussInfo

字段名	数据类型	长度	说明	备注
discussid	int	4	评论编号	设为主键且自动编号
newsid	int	4	评论的新闻编号	不允许为空
name	varchar	20	评论者	不允许为空
content	varchar	2000	评论内容	不允许为空
discusstime	datetime	8	添加/修改时间	默认值 getdate()

注:评论编号(discussid)实现自动编号。在 SQL Server2000 中,可以使用 datetime 和 smalldatetime 两种数据类型存储日期时间数据。datetime 数据类型用于存储从 1753 年 1 月 1 日到 9999 年 12 月 31 日的日期和时间数据,精确到3.33ms; smalldatetime 数据类型用于存储从 1900 年 1 月 1 日到 2079 年 6 月 6 日的日期和时间数据,精确到分钟。有些程序员习惯使用 datetime 数据类型存储日期时间数据,其实在精度要求不高的情况下,使用 smalldatetime 数据类型就足够了。

5．公告信息表 gonggaoInfo

该信息表用于存储公告的基本信息，包括公告编号（id）、公告标题（title）、公告内容（content）、公告图片相对路径（images）、添加/修改时间（gonggaotime）和点击率（click）。在已创建的 SQL Server 数据库 news 中，创建一个表，名为"gonggaoInfo"，向表中添加字段，如表 5-2-6 所示。

表 5-2-6 公告信息表 gonggaoInfo

字段名	数据类型	长度	说明	备注
id	int	4	公告编号	设为主键且自动编号
title	varchar	50	公告标题	不允许为空
content	varchar	4000	公告内容	不允许为空
images	varchar	50	公告图片相对路径	允许为空
gonggaotime	datetime	8	添加/修改时间	默认值 getdate()
click	int	4	点击率	允许为空

6．投票项目信息表 VoteItem

该信息表用于存储投票项目的基本信息，包括投票项目编号（Id）、投票项目名称（Item）和投票数（VoteCount）。

在已创建的 SQL Server 数据库 news 中，创建一个表，名为"VoteItem"，向表中添加字段，如表 5-2-7 所示。

表 5-2-7 投票项目信息表 VoteItem

字段名	数据类型	长度	说明	备注
Id	int	4	投票项目编号	设为主键且自动编号
Item	varchar	50	投票项目名称	不允许为空
VoteCount	int	4	投票数	默认值设为 0

7．投票 IP 地址信息表 VoteIP

该信息表用于存储投票 IP 地址的基本信息，包括投票 IP 地址编号（Id）、投票 IP 地址（IP）和投票时间（VoteTime）。

在已创建的 SQL Server 数据库 news 中，创建一个表，名为"VoteIP"，向表中添加字段，如表 5-2-8 所示。

表 5-2-8 投票 IP 地址信息表 VoteIP

字段名	数据类型	长度	说明	备注
Id	int	4	投票 IP 地址编号	设为主键且自动编号
IP	varchar	50	投票 IP 地址	不允许为空
VoteTime	datetime	8	投票时间	默认值 getdate()

三、定义公用模块

（一）数据库连接页 Conn. asp

系统中几乎所有页面都要进行数据库的连接，把数据库连接代码保存在页面 Conn. asp 中，这样可以避免重复编程。

Conn. asp 的代码如下：

```
〈%@LANGUAGE＝"VBSCRIPT" CODEPAGE＝"936"%〉
〈%'数据库的连接
dim conn,connstr'定义 conn 和 connstr 变量
'连接数据库 news,设置用户名为 sa,密码为 1234567,服务器为 MYSERVER
connstr＝"Driver＝{sql server};uid＝sa;pwd＝1234567;database＝ news;
SERVER＝MYSERVER"
set conn＝server. createobject("ADODB. CONNECTION")    '创建一个 ADO
Connection 对象
conn. open connstr'打开数据库
%〉
```

在文件中引用此文件时，把该文件作为头文件直接调用即可，代码如下：

```
〈! —#include file＝"Conn. asp"—〉
```

页面设计效果：由于该页面没有任何 HTML 代码，也没有任何 ASP 的输出显示代码，所以浏览该页面时没有任何效果。

（二）层叠样式表文件 Css. css

为了使新闻发布系统的界面美观、风格统一、修改方便，创建一个层叠样式表文件 Css. css，对留言板系统所有网页文件中所标记的属性实行统一控制。

Css. css 的代码如下：

```
〈style type＝"text/css"〉
〈! —注释:a:link:设置超级链接的正常状态;a:visited:设置访问过的超级链接状态;
a:active:设置选中超级链接状态;a:hover:设置光标移至超级链接上时的状态——〉
〈! —
A:link {text-decoration: none; color:#0060FF}
A:visited {text-decoration: none; color:#0060FF }
A:active {text-decoration: none; color: #0060FF}
A:hover {text-decoration: underline; color: #ff0000}
```

```
body{
font-size＝9pt；
font：12px Tahoma，Verdana，"宋体"；
}
TH{FONT-SIZE：9pt}
TD{ FONT-SIZE：9pt}
—〉
〈/style〉
```

编写页面代码时，在每个页面的〈HEAD〉和〈/HEAD〉标记之间包含该样式的表文件，就可以起到统一页面风格的作用，具体代码如下：

〈Link href＝"Css. css" rel＝stylesheet〉

页面设计效果：由于该页面没有任何 HTML 代码，也没有任何 ASP 的输出显示代码，所以浏览该页面时没有任何效果。

（三）常量文件 adovbs. inc

adovbs. inc 是常量文件，是 IIS/PWS 所提供的文件，存放着 ADO 相关常数的定义，使用 inc 文件可以使我们的程序增加可读性，更易于开发和维护。这个文件在 C:\Program Files\Common Files\SYSTEM\ADO 下，使用时把它拷贝到虚拟目录下即可。

adovbs. inc 是将常用参数定义为常量放在包含文件中，使用该参数时，调用这个常量就可以了，这样在需要改变这个参数时就不需要修改程序，只要修改包含文件中常量的值。adovbs. inc 包含的是一些常用的 const 参数及其对应的值的对照声明，在使用这些 const 参数时必须包含 adovbs. inc，否则程序将无法获悉这些 const 参数的值是多少。

这个文件在下面讲解的数据转换和上传图片页 Function. asp 时将用到。调用 adovbs. inc 文件，代码如下：

〈! —＃include file＝"adovbs. inc"—〉

页面设计效果：由于该页面没有任何 HTML 代码，也没有任何 ASP 的输出显示代码，所以浏览该页面时没有任何效果。

（四）数据转换和上传图片页 Function. asp

系统中还需要一些转换函数进行数据转换，以及获取服务器端相对图片路径，上传图片等。由于这些函数在后面的几个页面中被多次用到，所以将它们单独取出来，保存在 Function. asp 中。

Function. asp 的代码如下：

〈! —＃include file＝"adovbs. inc"—〉
〈％'功能：取得服务端相对图片路径使图片能正常显示
'定义一个 GetFileName 函数，该函数的作用是取得服务端相对图片路径

'设置一个参数 imagespath,该参数指图片路径

Function GetFileName(imagespath)

'如果图片不为空,则取得服务端图片相对路径

If imagespath 〈〉 "" Then

GetFileName="UpImages/"

&year(now)&month(now)&day(now)&hour(now)&minute(now)&second (now)&Right(imagespath,4)

Else

'如果图片为空,则取得服务端图片相对路径为空

GetFileName ＝""

End If

'返回值:图片路径

End Function

'功能:用 stream 组件上传图片

'定义一个 upImages 函数,该函数的作用是上传客户端图片

'设置一个参数 imagespath,该参数指客户端图片路径

Function upImages(imagespath)

Set objStream ＝ Server. CreateObject("ADODB. Stream") '创建上传组件对象

objStream. Type ＝ 1　　　'指定或返回的数据类型

objStream. Open　　　'打开上传组件对象

objStream. LoadFromFile imagespath　　'把客户端图片路径装入上传组件对象中

'将客户端图片路径写到服务端的文件中

objStream. SaveToFile Server. MapPath(GetFileName(imagespath)),

adSaveCreateOverWrite

objStream. Close

If ERR. number〈〉0 Then'如果上传失败返回 0

upImages ＝ 0

Else'如果上传,成功返回 1

upImages ＝ 1

End If

End Function

'定义一个 unHtml 函数,该函数的作用是将字符串的一些换行符和回车符等转换成 HTML 格式,使其在显示时能够按正常格式显示。

```
Function unHtml(content)'设置一个参数 content,该参数指信息内容
unHtml=content'给函数 unHtml 赋值为信息内容 content
```

'如果信息内容不为空,则把信息内容中的一些字符转换成 HTML 格式

```
If content 〈〉 "" Then
unHtml=replace(unHtml,"&","&amp;")'把信息内容中的"&"转换成
```
HTML 格式
```
unHtml=replace(unHtml,"〈","&lt;")'把信息内容中的"〈"转换成 HTML
```
格式
```
unHtml=replace(unHtml,"〉","&gt;")'把信息内容中的"〉"转换成 HTML
```
格式
```
unHtml=replace(unHtml,chr(34),"&quot;")'把信息内容中的引号转换成
```
HTML 格式
```
unHtml=replace(unHtml,chr(13),"〈br〉")'把信息内容中的换行符转换成
```
HTML 格式
```
unHtml=replace(unHtml,chr(32)," ")'把信息内容中的空格转换成
```
HTML 格式
```
End If
'返回值:字符串中的空格与回车符等被转换成 html 语法格式
End Function
%〉
```

在文件中引用此文件时把该文件作为头文件直接调用即可,代码如下:

```
〈! —#include file="Function.asp"—〉
```

页面设计效果:由于该页面没有任何 HTML 代码,也没有任何 asp 的输出显示代码,所以浏览该页面时没有任何效果。

(五) 公共页面 Out. asp

Out. asp 是 Default. asp、List. asp、View. asp 和 ViewGonggao. asp 页面的公共页面部分。由于 Default. asp、List. asp、View. asp 和 ViewGonggao. asp 页面的顶部和左部设计都是相同的,所以将这两个部分的代码单独取出来放在 Out. asp 中。Out. asp 的主要代码如下:

```
〈% '定义页面顶部 %〉
〈% Sub Top() %〉
〈table width="100%"border="0" cellpadding="0" cellspacing="0" style=
"border-color:#000000;border-top-style:solid;border-top-width:1"〉
〈tr〉
```

```
<td height="25" bgcolor="#EFEFEF"> <a href="Default.asp">首页</a>|
<%'在页面上部显示每个新闻版块名称
Set Rs = Server.CreateObject("ADODB.Recordset")
'创建记录集对象
'把新闻版块信息从新闻版块信息表中取出来
Sql="Select * From newsclassInfo"
Rs.Open Sql,conn,3,3 '把取出的信息放在记录集对象中
Do While not Rs.EOF '循环显示新闻版块名称
%>
<%'显示新闻版块名称并设置链接 %>
<a href="List.asp?classid=<%=Rs("classid")%>"><%=Rs("classtitle")%></a>|
<%
Rs.MoveNext
Loop
Rs.Close
Set Rs=nothing
%><a href="Search.asp">新闻搜索</a>|<a href="Vote.asp">参加投票</a>|<a href="Login.asp">登录</a>
<%'如果管理员登录后访问该系统,则显示管理、退出%>
<% If Session("name")<>"" Then %>
|<a href="AdminBoard.asp">管理</a>|<a href="Logout.asp">退出</a>
<% End If %>
</td>
</tr>
</table>
</td>
</tr>
<tr>
<td><table width="100%" border="0" cellpadding="0" cellspacing="0"
style="border-color:#000000;border-bottom-style:solid;border-bottom-width:1;border-top-style:
solid;border-top-width:1">
<tr>
```

```
〈%'创建表单 login,采用隐式传递,提交目标网页 ChkLogin. asp%〉
〈form name="login" method="post" action="ChkLogin. asp"〉
〈td width="6%" background="Images/bg. gif"〉 〈/td〉
〈td width="94%" height="25" background="Images/bg. gif"〉
用户名:〈input name="name" type="text" size="15"〉
〈%'定义一个文本框控件 name%〉
密码:〈input name="pwd" type="password" size="15"〉
〈%'定义一个密码框控件 pwd%〉
〈input type="submit" name="Submit" value="登录"〉
〈%'定义一个登录按钮 %〉
〈/td〉
〈/form〉
〈%'表单结束标记%〉
〈/tr〉
〈/table〉
〈% End Sub %〉
〈%'定义页面左部%〉
〈% Sub Lefts() %〉
〈table width="100%"border="0" cellspacing="0" cellpadding="0" ID=
"Table2"〉
〈%'在页面左侧显示每个新闻版块的名称
Dim classid
Set Rs1 = Server. CreateObject("ADODB. Recordset")'创建记录集对象
'把新闻版块信息从新闻版块信息表中取出来
Sql1="Select classid,classtitle From newsclassInfo"
Rs1. Open Sql1,conn,3,3'把取出的信息放在记录集对象中
Do While not Rs1. EOF'循环显示新闻版块名称
%〉
〈tr〉
〈td〉〈table width="100%"border="0" cellspacing="0" cellpadding="0"
style = "border-color: #666666; border-bottom-style: solid; border-bottom-
width: 1" ID="Table3"〉
〈tr align="center"〉
〈td height="25" colspan="2" background="Images/bg. gif"〉 
〈font size="2"〉〈%=Rs1("classtitle")%〉〈/font〉
〈/td〉
```

〈/tr〉

〈%'在页面左侧显示每个新闻版块下的对应的新闻信息

classid＝Rs1("classid")'获取新闻版块编号

Set Rs2 ＝ Server. CreateObject("ADODB. Recordset")'创建记录集对象

'以接收的新闻版块编号为条件把该版块下的对应的点击率最高的前三位新闻信息从新闻信息表中取出来

Sql2＝"Select Top 3 * From newsInfo Where classid＝"&classid&." Order by click Desc"

Rs2. Open Sql2,conn,3,3'把取出的信息放在记录集对象中

'如果记录集为空,则显示"本版块暂无新闻!"

If Rs2. Eof And Rs2. Bof Then

Response. Write"〈tr bgcolor='＃DAE0DF'〉

〈td height='20' width='6'〉 〈/td〉〈td align＝center〉"

Response. Write "本版块暂无新闻!"

Response. Write "〈/td〉〈/tr〉"

Else

'如果记录集不为空,则循环显示该版块新闻标题名称

Do While not Rs2. EOF

%〉

〈tr bgcolor＝"＃FFFFFF"〉

〈td width＝6％ height＝"20" bgcolor＝"＃FFFFFF"〉 〈/td〉

〈td bgcolor＝"＃FFFFFF"〉〈img src＝"Images\02. gif"〉

〈a href＝"View. asp? classid＝〈%＝Rs2("classid")%〉&newsid＝〈%＝Rs2("newsid")%〉" target＝"_blank"〉

〈%'如果新闻标题超过11个字符,则显示前10个字符

If Len(Rs2("title"))〉11 Then

Response. Write Left(Rs2("title"),10) & "…"

Else

'如果新闻标题没超过11个字符,则显示新闻标题

Response. Write Rs2("title")

End If

%〉〈/a〉

〈font color ＝ ＃ ff0000〉[〈%＝Rs2("click")%〉]〈/font〉〈%'显示新闻点击率%〉

〈/td〉

〈/tr〉

```
〈%
Rs2. MoveNext
Loop
End If
Rs2. Close
Set Rs2＝nothing
%〉
〈tr align＝"right" bgcolor＝"＃FFFFFF"〉
〈td height＝"20" colspan＝"2" bgcolor＝"＃FFFFFF"〉
〈%'插入 more 按钮并设置链接 %〉
〈a href＝"List. asp? classid＝〈%＝Rs1("classid")%〉"〉
〈img src＝"Images/more. gif" width＝"30" height＝"16" border＝"0"〉〈/a〉
〈/td〉
〈/tr〉
〈/table〉
〈%
Rs1. MoveNext
Loop
Rs1. Close
Set Rs1＝nothing
%〉
〈/td〉
〈/tr〉
〈%'在页面左侧的下方显示出新闻总条数
Set Rs ＝ Server. CreateObject("ADODB. Recordset")'创建记录集对象
Sql＝"Select title From newsInfo"'将该系统的所有新闻信息从新闻信息表中
取出来
Rs. Open Sql,conn,3,3'把取出的信息放在记录集对象中
%〉
〈tr〉
〈td height＝"50"〉
〈table width＝"100％"border＝"0" cellspacing＝"0" cellpadding＝"0"
style ＝ "border-color：＃666666; border-bottom-style：solid; border-bottom-
width：1" ID＝"Table4"〉
〈tr align＝"center"〉
〈td height＝"30" colspan＝"2" background＝"Images/bg. gif"〉
```

〈font color＝#ffffff〉新闻统计〈/font〉

〈/td〉

〈/tr〉

〈tr bgcolor＝"#FFFFFF"〉

〈td width＝"10%" height＝"20" bgcolor＝"#FFFFFF"〉 〈/td〉

〈td width＝"90%" bgcolor＝"#FFFFFF"〉

新闻总条数:〈%＝Rs.RecordCount%〉条 〈%'显示新闻总条数%〉

〈/td〉

〈/tr〉

〈%

Rs.Close

Set Rs＝nothing

%〉

〈%'在页面左侧的下方显示出新闻类别数

Set Rs ＝ Server.CreateObject("ADODB.Recordset")'创建记录集对象

'将该系统的所有新闻版块信息从新闻版块信息表中取出来

Sql＝"Select classtitle From newsclassInfo"

Rs.Open Sql,conn,3,3'把取出的信息放在记录集对象中

%〉

〈tr bgcolor＝"#FFFFFF"〉

〈td height＝"20" bgcolor＝"#FFFFFF"〉 〈/td〉

〈td bgcolor＝"#FFFFFF"〉

新闻总类别:〈%＝Rs.RecordCount%〉类

〈%'显示新闻总类别数%〉

〈/td〉

〈/tr〉

〈%

Rs.Close

Set Rs＝nothing

%〉

〈/table〉

〈/td〉

〈/tr〉

〈/table〉

〈% End Sub %〉

由于 Default.asp、List.asp、View.asp 与 ViewGonggao.asp 页面的顶部和左部设计

都是相同的,所以将这两个部分的代码单独取出来,这样在其他页面要用到此部分时,只是先按下面方法加载一次:

〈! —＃include file＝"Out. asp"—〉

然后在页面的相应位置按如下方法调用 Out. asp 页面的相应过程即 Top( )、Lefts( )即可:

〈％ call Top( ) ％〉或 〈％ call Lefts( ) ％〉

这样做有两个好处:一是节省了代码行数,减少工作量;二是便于修改。

页面设计效果:由于该页面没有任何 HTML 代码,也没有任何 ASP 的输出显示代码,所以浏览该页面时没有任何效果。

四、用户浏览模块制作

(一) 系统首页 Default. asp

Default. asp 是新闻发布系统首页。在系统首页显示企业或者个人信息最新公告,最新公告像"跑马灯"一样由右至左动态显示。在系统首页显示所有新闻类别及最新新闻动态和热贴排行。当单击新闻动态上的更多链接时,转到新闻标题页面,显示更多的新闻信息。在页面的左下方显示系统当前访问量。

在新闻系统首页的右侧主要显示了三部分的信息:一是热点新闻,即每个新闻类别中点击率最高的新闻;二是最新公告,采用滚动的方式显示公告标题并设置超链接;三是每个新闻类别中最新的三条新闻。系统首页显示效果图如图 5-2-4 所示。

图 5-2-4 系统首页显示效果图

当管理员登录后访问该页面时,其他部分不变,只是导航栏上显示管理和退出按钮,如图 5-2-5 所示。

图 5-2-5　系统首页显示效果图

下面介绍 Default. asp 的主要代码。

页面代码分析如下。

1. 连接数据库、定义页面风格、进行数据转换和调用导航栏

页面设计:此系统的设计是把所有的新闻信息和版块信息等全部保存在数据库中,此页面要显示新闻信息版块的名称等内容,就必须和数据库相连,所以此页面要引用数据库连接页。由于该页面从数据库读取信息时需要把 unHTML 格式的字符转换成 HTML 格式的字符使其能正常显示,所以要进行数据转换。为了使该留言板系统界面美观、风格统一,所以要统一定义页面风格。

代码如下:

〈! —♯include file=“Conn. asp”—〉〈%'调用 Conn. asp 文件连接数据库%〉

〈Link href =“Css. css” rel =stylesheet〉〈%'调用 Css. css 文件定义页面风格%〉

〈! —♯include file=“Function. asp”—〉〈%'调用 Function. asp 文件进行数据转换%〉

2. 调用公共版面部分

页面设计:此页用到了版面的公共部分,所以要引用版面公共页。首先调用 Out. asp 页面,然后在相应位置调用 Top()和 Lefts()。

代码如下:

〈! —♯include file=“Out. asp”—〉 〈%'调用 Out. asp 页面%〉

〈td〉〈table width=“100%” border=“0” cellspacing=“0” cellpadding=“0”〉

〈tr〉

〈td〉〈% Call Top() %〉〈/td〉〈%'在相应位置调用 Top()%〉

〈/tr〉

〈tr〉

```
〈td height＝"192" valign＝"top"〉
〈table width＝"100％" height＝"159"  border＝"0" cellpadding＝"0"
cellspacing＝"0"〉
〈tr〉
〈td width＝"200" height＝"159" valign＝"top" bgcolor＝"＃FFFFFF"〉
〈％ Call Lefts() ％〉〈％'在相应位置调用 Top()％〉
〈/td〉
```

3. 显示热点新闻

页面设计:热点新闻显示每个新闻类别中点击率最高的新闻。采用动态循环显示出所有新闻类别中点击率最高的新闻标题并设置相应的超链接。在程序中首先从新闻版块信息表 newsclassInfo 中把每个新闻版块取出来,然后根据版块编号在新闻信息表 newsInfo 中把相应的点击率最高的新闻信息取出来,最后在热点新闻栏中显示版块名称、相应新闻标题、新闻添加/修改时间和点击率。

代码如下:

```
〈％'首先取出所有新闻版块信息
Dim classid
Set Rs ＝ Server.CreateObject("ADODB.Recordset") '创建记录集对象
'把新闻版块信息从版块信息表 newsclassInfo 中取出来
Sql＝"Select classid,classtitle From newsclassInfo"
Rs.Open Sql,conn,3,3  '把取出的信息存放在记录集中
％〉
〈tr〉
〈td〉〈table width＝"100％"  border＝"0" cellspacing＝"0" cellpadding＝"0"〉
〈tr〉
〈td height＝"30" colspan＝"2" background＝"Images/tbj.jpg"〉
＆nbsp;＆nbsp;＆nbsp;＆nbsp;＆nbsp;〈b〉热点新闻〈/b〉〈/td〉
〈/tr〉
〈％'循环显示出新闻版块信息
Do While not Rs.EOF
classid＝Rs("classid")    '获取新闻版块编号
'根据新闻版块信息把相应的点击率最高的新闻信息取出来
Set Rs1 ＝ Server.CreateObject("ADODB.Recordset")'创建记录集对象
'根据新闻版块编号把相应的点击率最高的新闻信息取出来
Sql1＝"Select ＊ From newsInfo Where classid＝"＆classid＆" Order by click
Desc"
```

Rs1. Open Sql1,conn,3,3 '把取出的信息存放在记录集中

'如果记录集为空,则说明该版块暂时还没有新闻信息,不显示

If Rs1. Eof And Rs1. Bof Then

Response. Write ""

Else '若记录集不为空,则显示所属该新闻版块的新闻信息

%〉

〈tr〉

〈td width="5%" height="20"〉 〈/td〉

〈td width="95%"〉〈img src="Images\01. gif"〉

〈font color="#999966"〉[〈%=Rs("classtitle")%〉]〈/font〉

〈%'显示版块名称%〉

〈a href="View. asp? classid=〈%=Rs1("classid")%〉&newsid=〈%=Rs1
("newsid")%〉" target="_blank"〉

〈%'如果新闻有图片,则显示[图]新闻标题;若无图片,则显示新闻标题

If Rs1("images")〈〉"" Then

Response. Write "〈font color='#3399cc'〉[图]〈/font〉 "

End If

'如果标题字数大于19,则显示标题前18个字

If Len(Rs1("title"))〉19 Then

Response. Write Left(Rs1("title"),18) & "…"

Else

'如果标题字数不大于19,则显示新闻标题

Response. Write Rs1("title")

End If

%〉〈/a〉

 〈font color="#999966"〉[〈%=Rs1("newstime")%〉]〈/font〉

〈%'显示新闻添加/修改时间%〉

 〈font color=#3399cc〉[点击:〈%=Rs1("click")%〉次]〈/font〉

〈%'显示新闻点击率%〉

〈/td〉

〈/tr〉

〈%

End If

Rs1. Close

Set Rs1=nothing

Rs. MoveNext

327

```
Loop
Rs. Close
Set Rs＝nothing
％〉
```

在程序清单中使用了一个 do while…loop 循环语句,用来循环输出新闻版块信息。其中在输出相应的点击率最高的新闻信息时,在 select 语句中使用了版块编号 classid,并以点击率进行降序排列。这样保证了在此新闻版块中显示点击率最高的新闻信息。

4. 显示最新公告

最新公告一般用来公布站点性质、站点用途和重大事件等信息。实现动态显示站点最新公告非常简单,在站点的首页面可以把一个包含文件代码的文件放到要显示最新公告的地方,就可以很快捷地实现这种效果。

页面设计:把最新公告从公告信息表 gonggaoInfo 中取出来,滚动显示公告标题并设置相应的链接。当单击公告标题时,即可进入链接页面。

代码如下:

```
〈td height＝"30" colspan＝"2"〉   〈font color＝"＃FF0000" size＝"2.5"〉最新公告〈/font〉
〈％ '把公告信息取出来,动态显示公告标题并设置相应的链接
'设置水平至左滚动,滚动两次之间的延迟时间为 10 秒,滚动字幕一次滚动的距离为 1 字符
response. write "〈marquee direction＝""left"" scrolldelay＝""10"" scrollamount＝""1""
'鼠标移动到滚动字幕时停止 500 秒,鼠标移开滚动字幕时停止 10 秒
width＝""400""height＝""20""
onmouseover＝""this. scrollDelay＝500"" onmouseout＝""this. scrollDelay＝10""〉"
set Rs＝server. CreateObject("adodb. recordset")'创建记录集对象
'把公告信息取出来
sql＝"select * from gonggaoInfo"
Rs. open sql,conn,1,1'把取出的公告信息放在记录集中
Do While not Rs. EOF'循环显示公告标题并设置链接
response. write "〈a href＝Viewgonggao. asp? id＝"&Rs("id")&"〉" & Rs("title") & "  〈/a〉"
Rs. MoveNext
loop
rs. close
```

```
set rs＝nothing
response. write "〈/marquee〉"
％〉
```

滚动字幕参数说明。

◆ direction：属性设置字幕内容的滚动方向。

◆ scrollamount：用于设定活动字幕一次滚动的距离。

◆ scrolldelay：用于设定滚动两次之间的延迟时间。

◆ onmouseOver 事件设置鼠标移动到滚动字幕时的动作，常设置为停止滚动。

◆ onmouseOut 事件设置鼠标离开滚动字幕时的动作，常设置为开始滚动。

◆ loop：用于设定滚动的次数，当 loop＝－1 时，表示一直滚动下去，直至页面更新。

在程序清单中，使用 response. write 方法输出 HTML 代码，其中 marquee 为运动字幕标签，只要把其 direction 属性值设置为 left，字幕就会由右至左水平滚动。然后创建 Rs 记录集，调用数据库中的最新公告信息，使用 response. write"&Rs("title") " 方法，把此信息动态输出到公告栏中。

5. 显示最新新闻动态

在站点首页，新闻动态用来显示所有发布的新闻信息中的最新情况。在新闻动态中，每一个类别只显示最新的三条新闻信息。而任何一个类别中没有添加新闻时，会在新闻类别中显示本新闻版块暂无新闻信息。

页面设计：把新闻类别从版块信息表 newsclassInfo 中取出来，动态循环显示类别名称；然后根据版块编号在新闻信息表 newsInfo 中把相应的最新三条新闻信息取出来；最后在最新新闻动态栏中显示相应的新闻标题和新闻添加/修改时间。

代码如下：

```
〈％'显示每个新闻类别的名称
Dim classid1
Set Rs1 = Server. CreateObject("ADODB. Recordset") '创建记录集
'把新闻类别信息从数据表中取出来
Sql1＝"Select classid,classtitle From newsclassInfo"
Rs1. Open Sql1,conn,3,3'把取出的信息放在记录集中
Do While not Rs1. EOF'循环显示新闻类别信息
％〉
〈tr〉
〈td〉〈table width="100％"  border="0" cellspacing="0" cellpadding="0"〉
〈tr〉
〈td height="30" colspan="2" background="Images/tbj. jpg"〉
```

     最新<%=Rs1("classtitle")%>

</td>

</tr>

<%'根据版块编号把相应的新闻信息取出来

classid1=Rs1("classid")

'在页面右侧显示每个新闻类别下的相应新闻信息

Set Rs2 = Server.CreateObject("ADODB.Recordset") '创建记录集

'把新闻信息表中最新的三条信息取出来

Sql2="Select Top 3 * From newsInfo Where classid="&classid1&" Order By newstime Desc"

Rs2.Open Sql2,conn,3,3   '把取出的信息放在记录集中

'如果记录集为空,则显示"本新闻版块暂无新闻信息!"

If Rs2.Eof And Rs2.Bof Then

Response.Write "<tr><td width='5%' height='20'> </td><td width='95%'>"

Response.Write "本新闻版块暂无新闻信息!"

Response.Write "</td></tr>"

Else

'如果记录集不为空,则循环显示最新三条新闻信息

Do While not Rs2.EOF

%>

<tr>

<td width="5%" height="20"> </td>

<td width="95%"><img src="Images\02.gif">

<a href="View.asp? classid=<%=Rs2("classid")%>&newsid=<%=Rs2("newsid")%>" target="_blank">

<%'如果新闻有图片,则显示[图]新闻标题;若无图片,则显示新闻标题

If Rs2("images")<>"" Then

Response.Write "<font color='#3399cc'>[图]</font>"

End If

'如果标题字数大于30,则显示标题前29个字

If Len(Rs2("title"))>30 Then

Response.Write Left(Rs2("title"),29) & "…"

Else

'如果标题字数不大于30,则显示新闻标题

Response.Write Rs2("title")

End If

%〉〈/a〉 ；

〈font color＝"#999966"〉[〈%＝Rs2("newstime")%〉]〈/font〉

〈%'显示新闻添加/修改时间%〉

〈/td〉

〈/tr〉

〈%

Rs2. MoveNext

Loop

End If

Rs2. Close

Set Rs2＝nothing

%〉

〈tr align＝"right"〉

〈td height＝"20" colspan＝"2"〉

〈a href＝"List. asp? classid＝〈%＝Rs1("classid")%〉"〉〈em〉更多〈/em〉〈/a〉
 ； ； ； ；

〈/td〉

〈/tr〉

〈/table〉〈/td〉

〈/tr〉

〈%

Rs1. MoveNext

Loop

Rs1. Close

Set Rs1＝nothing

Conn. Close

Set Conn＝nothing

%〉

在程序清单中动态循环显示出所有的新闻类别,这样摆脱了一次次重复使用代码来显示新闻类别。在程序清单中使用了两个 do while…loop 循环语句,第一个用来循环输出新闻类别,第二个用来在新闻类别中循环输出此类别的新闻信息。其中,在输出新闻信息时,在 select 语句中使用了 top 3,并以时间进行降序排列。这样既保证了在此新闻类别中显示三条新闻信息,又保证了显示的是最新信息。

(二) 版块新闻浏览页 List. asp

List. asp 是版块新闻浏览页,可以显示相应版块的所有新闻信息。单击首页的

more 链接或者单击导航栏相应的新闻类别名称即可直接链接到该页面。

该页面将数据库中的新闻信息标题以列表的形式显示出来,这样可以在页面中显示更多的新闻信息,并且在此页面提供链接,可以打开页面浏览新闻的详细内容。版块新闻浏览页面显示效果图如图 5-2-6 所示。

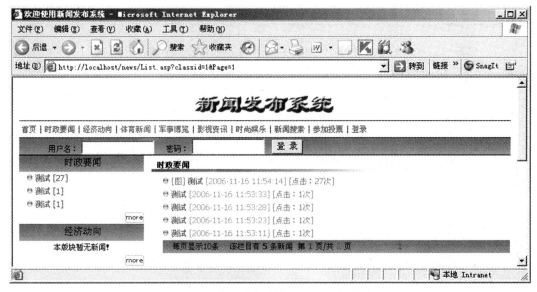

图 5-2-6　版块新闻浏览页面显示效果图

当管理员登录后访问该页面其他部分不变,只是导航栏上显示管理和退出按钮。

下面介绍 List.asp 的主要代码。

页面代码分析如下:

〈! —#include file＝"Conn.asp"—〉〈%'调用 Conn.asp 文件连接数据库%〉

〈Link href＝"Css.css" rel＝stylesheet〉〈%'调用 Css.css 文件定义页面风格%〉

1. 根据接收的版块编号,查询属于本版块的所有新闻信息并显示出来

页面设计:首先接收单击首页的 more 链接或者单击导航栏相应的新闻类别名称所传递过来的版块编号,然后根据版块编号从数据库的新闻信息表 newsInfo 中查询版块的所有新闻信息。为了避免新闻篇数过多而引起的页面过长,页面采用当新闻标题超过 10 条时页面自动实现分页的方法。

代码如下:

〈%'接收传递过来的版块编号参数

Dim classid'声明变量

classid＝Request("classid")'获取新闻版块编号

%〉

〈tr〉

〈td〉〈table width＝"100%"　border＝"0" cellspacing＝"0" cellpadding＝"0"〉

```
〈% '根据接收的版块编号查询相应的版块信息
Set Rs1 = Server.CreateObject("ADODB.Recordset")  '创建记录集对象
'根据接收的新闻版块编号把该版块信息从版块信息表 newsclassInfo 中取
出来
Sql1="Select classtitle From newsclassInfo Where classid="&classid&""
Rs1.Open Sql1,conn,3,3  '把取出的信息存放在记录集对象中
%〉
〈tr〉
〈td height="30" colspan="2" background="Images/tbj.jpg"〉
     〈b〉〈%=Rs1("classtitle")%〉〈/b〉
〈% '显示所属版块名称%〉
〈/td〉
〈/tr〉
〈%
Rs1.Close
Set Rs1=nothing
%〉
〈%'根据接收的版块编号查询所有相应的新闻信息
Dim i,j    '声明变量
Dim Page
Set Rs = Server.CreateObject("ADODB.Recordset")  '创建记录集对象
'把新闻信息按照新闻编号的降序从数据表中取出来
Sql="Select * From newsInfo Where classid="&classid&" Order By newsid
Desc "
Rs.Open Sql,conn,1,3  '把取出的信息存放在记录集对象中
'处理不合法的页码
If IsNumeric(Request("Page"))=false Or Request("Page")="" Then
Page=1
Else
'读取参数 page,表示当前的页码,使用 CInt 将其转换为整型
Page=CInt(Request("Page"))
End if
'设置分页显示,每页显示 10 条新闻信息
Rs.PageSize=10
'如果记录集 Rs 为空,则显示"本版块暂无新闻!"
If Rs.Eof And Rs.Bof Then
```

Response. Write "〈tr〉〈td width＝'5％' height＝'20'〉 〈/td〉〈td width＝'95％' align＝'center'〉"

Response. Write "本版块暂无新闻！"

Response. Write "〈/td〉〈/tr〉"

Else

myPageSize＝Rs. PageSize   '设置参数 myPageSize 并且赋值

Rs. AbsolutePage＝Page   '设置当前页码为 Page

Do While not Rs. Eof And myPageSize〉0 '循环显示当前页的记录

％〉

〈tr〉

〈td width＝"5％" height＝"20"〉 〈/td〉

〈td width＝"95％"〉〈img src＝"Images\02. gif"〉

〈a href＝"View. asp? classid＝〈％＝Rs（"classid"）％〉&newsid＝〈％＝Rs（"newsid"）％〉" target＝"_blank"〉

〈％'如果新闻有图片,则显示［图］和新闻标题,否则只显示新闻标题并设置链接％〉

〈％ If Rs（"images"）〈〉"" Then

Response. Write "〈font color＝'＃3399cc'〉［图］〈/font〉"

End If

'如果标题字数大于 19,则显示标题前 18 个字

If Len（Rs（"title"））〉19 Then

Response. Write Left（Rs（"title"）,18）& "…"

Else

'如果标题字数不大于 19,则显示新闻标题

Response. Write Rs（"title"）

End If

％〉〈/a〉

〈font color＝"＃999966"〉［〈％＝Rs（"newstime"）％〉］〈/font〉

〈％'显示新闻添加/修改时间％〉

〈font color＝＃3399cc〉［点击:〈％＝Rs（"click"）％〉次］〈/font〉

〈％'显示新闻点击率％〉

〈/td〉

〈/tr〉

〈％

myPageSize＝myPageSize－1

i＝i＋1

Rs. MoveNext

Loop

%〉

〈tr〉

〈td width＝"5％" height＝"20"〉 /td〉

〈td width ＝ "95％" background ＝ "Images/bg. gif"〉

　每页显示〈%＝Rs. PageSize%〉条

　〈%'每页显示新闻数%〉

　该栏目有 〈b〉〈%＝Rs. RecordCount%〉〈/b〉 条新闻
 〈%'显示新闻总数%〉

　〈%'显示第几页、共几页%〉

　第 〈font color＝#ff0000〉〈b〉〈%＝Page%〉〈/b〉〈/font〉 页/共
 〈font color ＝ #ff0000〉〈b〉〈% ＝ Rs. PageCount%〉〈/b〉〈/font〉
 页

在程序清单中同样先判断是否有此版块新闻信息,如果无,则显示"本版块暂无新
闻!",如果有则用循环语句 Do While not Rs. Eof And myPageSize＞0 把相应版块的所
有新闻信息显示出来。

2. 显示分页页码并设置相应的链接

页面实现分页的重要步骤就是传递参数。由于此页面是根据版块编号来显示相应
的新闻信息,所以该页面实现分页要传递的参数必须为版块编号 classid 和页码 page。

页面设计:总页数小于或等于 4 时,则显示 1、2、3、4 阿拉伯数字,当单击下一页时,
则显示◀◀1 2 3 4;总页数大于 4 时,则显示 1 2 3 4▶▶;当单击下一页时,则显示◀◀1
2 3 4▶▶。

代码如下:

　〈%'如果页码 page 大于 1,则显示首页图标和上一页图标并把参数 page 和
classid 传递给链接页

　If Page＞1 Then

　Response. Write "〈a href＝'List. asp? classid＝"&classid&"&Page＝1' title
＝'首页'〉

　〈font face＝webdings〉" & 9 & "〈/font〉〈/a〉"

　Response. Write "

　〈a href＝'List. asp? classid＝"&classid&"&Page＝"&Page-1&"'title＝'
上一页'〉

　〈font face＝webdings〉"& 7 &"〈/font〉〈/a〉"

End If

If Rs. PageCount<= 4 Then   '如果总页数不大于 4

For j=1 To Rs. PageCount '设置循环显示页数'显示页码并把参数 page 和 classdid 传递给链接页

Response. Write " <a href= 'List. asp? classid= "&classid&" &Page="&j&"'>"& j &"</a>"

Next

Else   '如果总页数大于 4,则

For j=1 To 4   '设置循环显示 1 至 4 页

'显示页码并把参数 page 和 classid 传递给链接页

Response. Write " <a href= 'List. asp? classid= "&classid&" &Page="&j&"'>"& j &"</a>"

Next

'如果当前页码小于总页数 ,则显示下一页图标和最后页图标并把参数 page 和 classid 传递给链接页

If Page<Rs. PageCount Then

Response. Write " <a href= 'List. asp? classid= "&classid&" &Page="&Page+1&"' title= '下一页'><font face=webdings>"&"8"&"</a></font>"

End If

Response. Write "

<a href= 'List. asp? classid= "&classid&" &Page= "&Rs. PageCount&"' title= '最后页'><font face=webdings>;</font></a>"

End If

%>

</td>

</tr>

<%

End If

Rs. Close

Set Rs=nothing

Conn. Close

Set Conn=nothing

%>

（三）新闻详细信息浏览页 View. asp

View. asp 是新闻详细信息浏览页,用于显示新闻内容和其他新闻信息。单击首页的新闻标题链接或者版块新闻浏览页的新闻标题链接即可直接链接到该页面。

该页面设置了发表评论表单,浏览者在浏览新闻的同时可直接发表评论。该页面还设置了查看新闻评论链接,浏览者在浏览新闻的同时还可单击查看新闻评论链接查看新闻评论。

新闻详细信息浏览页面显示效果图如图 5-2-7 所示。

图 5-2-7 新闻详细信息浏览页面显示效果图

当管理员登录后访问该页面时,其他部分不变,只是导航栏上显示管理和退出按钮。

新闻详细信息浏览页面控件及功能如表 5-2-9 所示。

表 5-2-9 新闻详细信息浏览页面控件及功能

对象	功能
表格	用于控制页面显示信息位置
表单	名称为 form1,提交目标网页为 discussSave.asp,数据采用隐式传递方式
文本框	名称为 name,用于输入评论者姓名
文本域	名称为 content,用于输入评论内容
按钮	单击"提交"按钮提交表单
按钮	单击"重置"按钮清空文本框控件或文本域控件的内容

下面介绍 View.asp 的主要代码。

页面代码分析如下：

〈! —#include file＝"Conn. asp"—〉〈%'调用 Conn. asp 文件连接数据库%〉

〈Link href ＝ "Css. css" rel ＝ stylesheet〉〈%'调用 Css. css 文件定义页面风格%〉

〈! —#include file＝"Function. asp"—〉〈%'调用 Function. asp 文件进行数据转换%〉

1. 根据接收的新闻编号和版块编号，查询新闻信息并显示出来

页面设计：首先接收单击新闻标题链接所传递过来的版块编号和新闻编号，然后根据版块编号从数据库的版块信息表 newsclassInfo 中查询相应的版块信息并显示版块名称，最后根据新闻编号从数据库的新闻信息表 newsInfo 中查询相应的新闻信息并显示出来。

代码如下所示：

```
〈%'根据接收的版块编号查询版块信息并显示版块名称
Dim classid  '声明变量
Dim newsid
'获取传递过来的数据
classid＝Request("classid")  '获取版块编号
newsid＝Request("newsid")  '获取新闻编号
Set Rs ＝ Server. CreateObject("ADODB. Recordset")  '创建记录集对象
'根据接收的版块编号把该版块信息从版块信息表 newsclassInfo 中取出来
Sql＝"Select * From newsclassInfo Where classid＝"＆classid
Rs. Open Sql,conn,3,3  '把取出的记录存放在记录集对象中
%〉
〈tr〉
〈td height ＝ "30" colspan ＝ "2" background ＝ "Images/tbj. jpg"〉     
〈b〉〈%＝Rs("classtitle")%〉〈/b〉  〈%'显示相应版块名称%〉
〈/td〉
〈/tr〉
〈%
Rs. Close
Set Rs＝nothing
%〉
〈%'根据接收的新闻编号查询新闻信息并显示新闻的具体内容
Set Rs ＝ Server. CreateObject("ADODB. Recordset")  '创建记录集对象
```

'根据接收的新闻编号把该新闻信息从新闻信息表 newsInfo 中取出来

Sql＝"Select ＊ From newsInfo Where newsid＝"＆newsid

Rs.Open Sql,conn,3,3 '把取出的记录存放在记录集对象中

％〉

〈tr〉

〈td width＝"5％" height＝"20"〉＆nbsp;〈/td〉

〈td width＝"95％" align＝"center"〉

〈b〉〈font size＝"4"〉〈％＝Rs("title")％〉〈/font〉〈/b〉〈％'显示新闻标题％〉

〈/td〉

〈/tr〉

〈tr〉

〈td width＝"5％" height＝"20"〉＆nbsp;〈/td〉

〈td width＝"95％" align＝"center"〉

〈font color＝"＃999966"〉[〈％＝Rs("newstime")％〉]〈/font〉〈％'显示新闻添加/修改时间％〉

＆nbsp;〈font color＝＃3399cc)[点击:〈％＝Rs("click")％〉次]〈/font〉 〈％'显示新闻点击率％〉

〈/td〉

〈/tr〉

〈tr〉

〈td width＝"5％" height＝"20"〉＆nbsp;〈/td〉

〈td width ＝ "95％"〉〈hr width ＝ "80％" size ＝ "1" noshade color ＝ "＃0099CC"〉〈/td〉

〈/tr〉

〈％'如果新闻有图片,则插入新闻图片％〉

〈％ If Rs("images")〈〉"" Then ％〉

〈tr〉

〈td width＝"5％" height＝"20"〉＆nbsp;〈/td〉

〈td width＝"95％" align＝"center"〉〈img src＝"〈％＝Rs("images")％〉"〉〈/td〉

〈/tr〉

〈％ End If ％〉

〈tr〉

〈td width＝"5％" height＝"20"〉＆nbsp;〈/td〉

〈td width＝"95％"〉〈p style＝"line-height:200％"〉

〈font size＝3〉〈％＝ Rs("content")％〉〈/font〉〈/p〉 〈％'显示新闻内容％〉

```
〈/td〉
〈/tr〉
〈tr〉
〈td width="5%" height="20"〉 〈/td〉
〈td width="95%" align="right"〉〈a href="JavaScript:window.close();"〉
[关闭窗口]〈/a〉〈/td〉
〈/tr〉
〈%'设置新闻点击率,用户浏览一次点击率加1
Rs("click")=Rs("click")+1
Rs.UpDate
newsid=Rs("newsid")
%〉
```

在程序清单中充分利用了单击新闻标题传递过来的版块编号和新闻编号两个参数。利用 ASP 技术动态生成网页,传递参数是非常重要的。

2. 设置发表评论表单

页面设计:利用网页表单把用户发表的评论信息提交给目标网页,由目标网页验证后保存到数据库。

代码如下:

```
〈%'创建表单 form1,采用隐式传递,提交目标网页 discussSave.asp 并传递参
数 newsid%〉
〈form name="form1" method="post" action="discussSave.asp? newsid=
〈%=Rs("newsid")%〉"〉
〈tr〉
〈td width="74" height="28" align="right"〉 评论者:〈/td〉
〈td width="348"〉 
〈input name="name" type="text" maxlength="20"〉
〈%'定义一个文本框控件 name%〉
〈/td〉
〈/tr〉
〈tr〉
〈td height="116" align="right"〉 评论内容:〈/td〉
〈td〉 
〈textarea name="content" cols="45" rows="8"〉〈/textarea〉
〈%'定义一个文本域控件 content%〉
〈/td〉
```

〈/tr〉

〈tr〉

〈td colspan＝"2" align＝"center"〉

〈input type＝"submit" name＝"Submit" value＝"提交"〉 〈%'定义一个提交按钮%〉

〈input type＝"reset" name＝"reset" value＝"重置"〉 〈%'定义一个重置按钮%〉

＆nbsp;＆nbsp;＆nbsp;＆nbsp;

〈%'设置查看新闻评论链接 %〉

〈a href＝"Show. asp? classid＝〈%＝Rs("classid")%〉＆newsid＝〈%＝Rs("newsid")%〉"〉查看新闻评论〈/a〉

〈/td〉

〈/tr〉

〈/form〉

〈%'表单结束标记%〉

在网页中进行数据传递利用网页表单来实现是很常见的,也是非常重要的。使用网页表单需要在网页中创建表单和表单控件(如文本框),而且必须对表单和控件进行必要的设置。

五、管理员登录模块制作

(一) 管理员登录页 Login. asp

Login. asp 是管理员登录页,用于管理员登录,此页面只对管理员开放。单击导航栏上的"登录"按钮即可进入该页面。管理员进入该页面,在该页面输入账号和密码单击"登录"即可。管理员登录页面显示效果图如图 5-2-8 所示。

图 5-2-8 管理员登录页面显示效果图

管理员登录页面控件及功能如表 5-2-10 所示。

表 5-2-10 管理员登录页面控件及功能

对象	功能
表格	用于控制页面显示信息位置
表单	名称为 form1,提交目标网页为 ChkLogin. asp,数据采用隐式传递方式
文本框	名称为 name,用于输入用户名
密码框	名称为 pwd,用于输入用户密码
按钮	单击"登录"按钮提交表单
按钮	单击"重置"按钮清空文本框和密码框内容

下面介绍 Login. asp 的主要代码。

页面代码分析如下：

〈Link href＝"Css. css" rel＝stylesheet〉〈％'调用 Css. css 文件定义页面风格％〉

页面设计:利用网页表单把用户输入的账号和密码提交给目标网页,由目标网页验证用户输入的信息。页面首先创建网页表单,并对表单控件进行设置。

代码如下：

〈％'创建表单 form1,采用隐式传递,提交目标网页 ChkLogin. asp％〉

〈form name＝"login"method＝"post" action＝"ChkLogin. asp"〉

〈tr align＝"center"〉

〈td height＝"30"colspan＝"2" align＝"left" background＝"Images/bg. gif"〉

〈b〉 管理员登录〈/b〉〈/td〉

〈/tr〉

〈tr bgcolor＝"♯FFFFFF"〉

〈td width＝"75" height＝"30"〉 用户名:〈/td〉

〈td width＝"203" height＝"30"〉

〈input type＝"text" name＝"name"〉〈％'定义一个文本框控件 name％〉

〈/td〉

〈/tr〉

〈tr bgcolor＝"♯FFFFFF"〉

〈td height＝"30"〉 密码:〈/td〉

〈td height＝"30"〉

〈input type＝"password" name＝"pwd"〉〈％'定义一个密码控件 pwd％〉

〈/td〉

〈/tr〉

〈tr align＝"center" bgcolor＝"＃FFFFFF"〉

〈td height＝"25" colspan＝"2"〉

〈input type＝"submit" name＝"Submit" value＝"登录"〉 〈％'定义一个登录按钮％〉

＆nbsp;＆nbsp;〈input type＝"reset" name＝"reset" value＝"重置"〉〈％'定义一个重置按钮％〉

〈/td〉

〈/tr〉

〈tr align＝"center" bgcolor＝"＃FFFFFF"〉

〈td height＝"25" colspan＝"2"〉〈B〉〈a href＝"Default. asp"〉返回〈/a〉〈/B〉〈/td〉

〈/tr〉

〈/form〉〈％'表单结束标记％〉

（二）检验管理员登录页 ChkLogin. asp

ChkLogin. asp 是检验用户登录页,用于检查用户登录信息并校验用户输入的账号和密码是否正确。登录成功就返回到系统首页,登录失败则给出相应的提示信息。这里的用户指的是管理员。下面介绍 ChkLogin. asp 的主要代码。页面代码分析如下:

〈! —＃include file＝"Conn. asp"—〉〈％'调用 Conn. asp 文件连接数据库％〉

页面设计:页面首先接收管理员登录页 Login. asp 传递过来的表单数据,然后判断登录账号和密码的合法性。若未通过密码和账号验证,则给出相应的提示信息;若通过了登录验证,则生成 Session 变量 name(用户名),并重定向到系统首页 Default. asp。

代码如下:

〈％ Dim name'声明变量

Dim pwd

'获取传递过来的表单数据

name ＝ Trim(Request. Form("name"))'获取用户账号

pwd ＝ Trim(Request. Form("pwd")) '获取用户密码

'判断登录账号与密码的合法性

If name ＝ "" Or pwd ＝ "" Then '如果密码或账号为空,则提示'请输入账号或密码!'

Response. Write "〈Script〉alert('请输入账号或密码!');history. go(－1);〈/Script〉"

Response. End

Else

```
'检验账号是否正确
Set Rs = Server.CreateObject("ADODB.Recordset")    '创建记录集对象
'以接收的用户账号为条件把管理员信息从管理员信息表中取出来
Sql = "Select * From adminInfo Where name = '"&name&"'"
Rs.Open Sql,conn,3,3    '把取出的信息放在记录集对象中
'如果记录集对象中无此账号记录,则提示"账号有误!"
If Rs.BOF Or Rs.EOF Then
Response.Write "<Script>alert('账号有误!');history.go(-1);</Script>"
Response.End
ElseIf
'如果账号和密码正确,则生成 Session 变量
name = Rs("name") And pwd = Rs("pwd") Then
Session("name")   = Rs("name")
Response.Redirect "Default.asp"
Else
'如果账号正确但密码错误,则提示"密码错误!"
Response.Write "<Script>alert('密码错误!');history.go(-1);</Script>"
Response.End
End If
End If
Rs.Close
Set Rs=nothing
Conn.Close
Set Conn=nothing
%>
```

在程序清单中,首先使用 Request.Form()方法取得表单传递过来的数据,并把数据赋值给所定义的变量,然后根据取得的值进行验证。首先验证用户账号和用户密码是否为空,然后验证该用户输入的信息是否正确。在各个步骤的验证过程中,若验证失败,则均给出相应的提示信息。

页面设计效果:由于该页面没有任何 HTML 代码,也没有任何 ASP 的输出显示代码,所以浏览该页面时没有任何效果。

(三) 修改信息页 ModifyAdmin.asp

ModifyAdmin.asp 是修改信息页,用于管理员修改登录的密码。这个页面只对管理员类用户开放。管理员登录后访问该系统时,单击导航栏上的"管理"按钮进入后台管理界面,单击后台管理界面导航栏上的"修改信息"按钮即可进入该页面。修改信息页面显示效果图如图 5-2-9 所示。

图 5-2-9　修改信息页面显示效果图

修改信息页面控件及功能如表 5-2-11 所示。

表 5-2-11　修改信息页面控件及功能

对象	功能
表格	用于控制页面显示信息位置
表单	名称为 form1,提交目标网页为 ModifyAdmin.asp,数据采用隐式传递方式
密码框	名称为 pwd1,用于显示原始密码
密码框	名称为 pwd2,用于输入新密码
密码框	名称为 pwd3,用于进行密码确认
按钮	单击"提交"按钮提交表单
按钮	单击"重置"按钮清空密码框中的内容

(四) 页面代码分析

下面介绍 ModifyAdmin.asp 的主要代码。页面代码分析如下:

〈! —#include file＝"Conn.asp"—〉〈%'调用 Conn.asp 文件连接数据库%〉

〈Link href＝"Css. css"rel＝stylesheet〉〈%'调用 Css. css 文件定义页面风格%〉

1. 利用网页表单提交数据

页面设计：利用网页表单将管理员修改的密码传递给目标网页。由目标网页将管理员修改的密码信息保存到数据库。该页面利用 Session("name")变量，用 select 语句把管理员登录信息取出来，然后创建网页表单把该管理员登录信息在网页表单的控件中显示出来，最后修改密码提交表单。页面创建网页表单必须对表单控件进行设置，使其初始值设为相应的管理员信息。

代码如下：

〈%'创建表单 myform，采用隐式传递，提交目标网页 ModifyAdmin. asp 并传递参数 action%〉

〈form name＝"form1"method＝"post"action＝"ModifyAdmin. asp? action＝Editadmin"〉

〈tr align＝"center"〉

〈td height＝"30" colspan＝"2" align＝"left" background＝"Images/bg. gif"〉

〈b〉 管理员修改信息〈/b〉〈/td〉

〈/tr〉

〈%'从数据表中把管理员登录信息取出来

Set Rs ＝ Server. CreateObject("ADODB. Recordset") '创建记录集对象

'利用 Session("name")变量把管理员信息取出来

Sql ＝ "Select * From adminInfo Where name ＝ '"&Session("name")&"'"

Rs. Open Sql，conn，3，3 '把取出的信息存放在记录集对象中

%〉

〈tr bgcolor＝"#FFFFFF"〉

〈td width＝"86" height＝"18" align＝right 〉用户名：〈/td〉

〈td width＝"161" height＝"18" align＝"left"〉

〈%＝Session("name")%〉 〈%'显示管理员账号%〉

〈/td〉

〈/tr〉

〈tr bgcolor＝"#FFFFFF"〉

〈td width＝"86" height＝"23" align＝right 〉原始密码：〈/td〉

〈td width＝"161" height＝"23" align＝"left" 〉

〈%'定义一个密码控件 pwd1 并显示原始密码%〉

〈input type＝"password" name＝"pwd1" value＝"〈%＝Rs("pwd")%〉"〉

〈/td〉

〈/tr〉

〈%Rs. close

Set Rs ＝ nothing

%〉

〈tr bgcolor＝"＃FFFFFF"〉

〈td width＝"86" height＝"23" align＝right 〉新密码：〈/td〉

〈td width＝"161" height＝"23" align＝"left" 〉 ；

〈input type＝"password" name＝"pwd2"〉〈%'定义一个密码控件 pwd2%〉

〈/td〉

〈/tr〉

〈tr bgcolor＝"＃FFFFFF"〉

〈td width＝"86" height＝"23" align＝right〉新密码确认：〈/td〉

〈td width＝"161" height＝"23" align＝"left"〉 ；

〈input type＝"password" name＝"pwd3"〉〈%'定义一个密码控件 pwd3%〉

〈/td〉

〈/tr〉

〈tr align＝"center" bgcolor＝"＃FFFFFF"〉

〈td height＝"25" colspan＝"2"〉

〈input type＝"submit" name＝"Submit" value＝"提交"〉　〈%'定义一个提交按钮%〉

〈input type ＝ "reset" name ＝ "reset" value ＝ "重置"〉〈%'定义一个重置按钮%〉

〈/td〉

〈/tr〉

〈/form〉〈%'表单结束标记%〉

在网页中进行数据传递利用网页表单来实现是很常见的，也是非常重要的。使用网页表单需要在网页中创建表单和表单控件(如文本框)，而且必须对表单和控件进行必要的设置。

2. 接收网页表单传递过来的数据并进行校验，验证成功把修改信息保存到数据库

页面设计：定义 Editadmin()过程用来接收、验证和保存管理员信息。首先根据页面返回的 action 值来调用相应的过程，然后接收传递过来的表单数据，然后判断修改信息的合法性。若未通过验证，则给出相应的提示信息；若通过了验证，则把修改信息保存到数据库，网页重定向到系统首页 Default. asp。

代码如下：

〈% '根据页面返回的 action 消息来调用相应的过程

```
If Request("action") = "Editadmin" Then
Call Editadmin()
End If
%>
<% '定义 Editadmin()过程用来接收、验证、保存用户修改的登录信息
Sub Editadmin()
Dim pwd2   '声明变量
Dim pwd3
'获取传递过来的表单数据
pwd2  = Trim(Request.Form("pwd2"))   '获取新密码
pwd3  = Trim(Request.Form("pwd3"))   '获取新密码确认
'检查修改信息的合法性
If pwd2 = "" Then   '如果新密码为空,则提示'请输入新密码!'
Response.Write "<Script>alert('请输入新密码!');</Script>"
Response.End
ElseIf pwd3 = "" Then   '如果新密码确认为空,则提示'您未进行新密码确认,请确认!'
Response.Write "<Script>alert('您未进行新密码确认,请确认!');</Script>"
Response.End
'如果新密码与新密码确认不同,则提示'您的新密码与确认密码不符,请重设!'
ElseIf pwd3 <> pwd2 Then
Response.Write "<Script>alert('您的新密码与确认密码不符,请重设!');</Script>"
Response.End
Else
'向数据库中保存修改的密码信息
Set Rs1 = Server.CreateObject("ADODB.Recordset")
Sql1 = "Select * From adminInfo Where name = '"&Session("name")&"'"
Rs1.Open Sql,conn,3,3
Rs1("pwd") = pwd2
Rs1.Update
Rs1.close
Set Rs = nothing
Conn.close
```

Set Conn = nothing

Session. Abandon

Response. Redirect"Default. asp"

End If

End Sub

%〉

在程序清单中首先使用 Request. Form()方法取得表单传递过来的数据,并把数据赋值给所定义的变量。然后验证管理员修改的密码信息,验证成功则把修改的信息保存到数据库,验证失败则给出相应的提示信息。

六、新闻信息管理模块制作

(一) 新闻信息管理页 AdminNews. asp

AdminNews. asp 是版块新闻信息管理页,用于管理员管理每个版块的新闻信息。这个页面只对管理员类用户开放。管理员登录后访问该系统时,单击新闻版块管理页 AdminBoard. asp 中的版块名称链接即可进入该页面。

管理员在该页面可以单击"修改"按钮进入修改新闻页面进行修改,可以单击"删除"按钮删除新闻信息和所有相应的评论信息,可以单击"添加新闻"按钮添加新的新闻信息,可以进行新闻版块转移。

版块新闻信息管理页面显示效果图如图 5-2-10 所示。

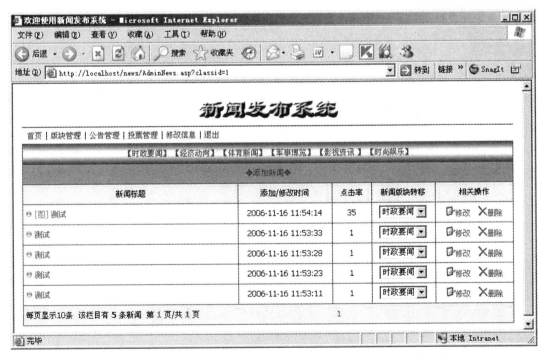

图 5-2-10 版块新闻信息管理页面显示效果图

版块新闻信息管理页面控件及功能如表 5-2-12 所示。

表 5-2-12　版块新闻信息管理页面控件及功能

对象	功能
表格	用于控制页面显示信息位置
表单	名称为 form1,提交目标网页为 AdminChangeClass. asp,数据采用隐式传递方式
下拉列表框	名称为 select,用于选择版块名称

下面介绍 AdminNews. asp 的主要代码。页面代码分析如下：

〈! —＃include file＝"Conn. asp"—〉〈％'调用 Conn. asp 文件连接数据库％〉

〈Link href＝"Css. css" rel＝stylesheet〉〈％'调用 Css. css 文件定义页面风格％〉

1. 分页显示版块新闻信息并利用网页表单进行新闻版块转移

页面设计：首先显示出所有相应版块的新闻信息。当新闻条数多于 10 条时,页面自动实现分页。然后利用网页表单进行新闻版块的转移。

代码如下所示：

〈％ '在页面上方显示数据库中已有的新闻版块名称

Set Rs ＝ Server. CreateObject("ADODB. RecordSet")　'创建记录集对象'把新闻版块信息从版块信息表 newsclassInfo 中取出来

Sql＝"Select ＊ From newsclassInfo"

Rs. Open Sql,conn,3,3'把取出的信息存放在记录集中

'循环显示出新闻版块信息

Do While not Rs. EOF

％〉

〈％'显示版块名称并设置相应链接％〉

href＝"AdminNews. asp? classid＝〈％＝Rs("classid")％〉"〉

〔〈％＝Rs("classtitle")％〉〕〈/a〉

〈％Rs. MoveNext

Loop

Rs. Close

Set Rs＝nothing

％〉

〈/td〉

〈/tr〉

〈tr align＝"center" bgcolor＝"＃99AAA7"〉

〈td height＝"30" colspan＝"5"〉

```
〈a href＝"AdminAdd.asp? action＝Add"〉◆ 添加新闻◆ 〈/a〉
〈/td〉
〈/tr〉
〈tr align＝"center" bgcolor＝"＃DAE0DF"〉
〈td width＝"44％" height＝"30" bgcolor＝"＃DAE0DF"〉新闻标题〈/td〉
〈td width＝"19％" bgcolor＝"＃DAE0DF"〉添加/修改时间〈/td〉
〈td width＝"8％" bgcolor＝"＃DAE0DF"〉点击率〈/td〉
〈td width＝"13％" bgcolor＝"＃DAE0DF"〉新闻版块转移〈/td〉
〈td width＝"16％" bgcolor＝"＃DAE0DF"〉相关操作〈/td〉
〈/tr〉
〈％'根据所选的新闻版块,接收传递过来的版块编号参数
Dim classid   '声明变量
classid＝Request("classid")      '获取新闻版块编号
Set Rs ＝ Server.CreateObject("ADODB.RecordSet")   '创建记录集对象
'根据接收的新闻版块编号把属于该版块的所有新闻信息从数据表中取出来
Sql＝ "Select  ＊  From newsInfo Where classid ＝" ＆classid＆ " Order By
newstime Desc"
Rs.Open Sql,conn,3,3      '把取出的信息存放在记录集对象中
'处理不合法的页码
If IsNumeric(Request("Page"))＝false Or Request("Page")＝"" Then
Page＝1
Else
'读取参数 page,表示当前的页码,使用 CInt 将其转换为整型
Page＝CInt(Request("Page"))
End if
Rs.PageSize＝10   '每页显示的 10 条新闻
'如果记录集 Rs 为空,则显示"该版块还没有新闻!"
If Rs.Eof And Rs.Bof Then
Response.Write
"〈tr〉〈td height＝'30' bgcolor＝'＃FFFFFF' colspan＝'5' align＝'center'〉
该版块还没有新闻!"
Response.Write "〈/td〉〈/tr〉"
Else
myPageSize＝Rs.PageSize'设置参数 myPageSize 并且赋值
Rs.AbsolutePage＝Page   '设置当前页码为 Page
'循环显示当前页的记录
```

Do While not Rs. Eof And myPageSize〉0

%〉

〈%'创建表单 form1,采用隐式传递,提交目标网页 AdminChangeClass. asp 并传递参数 newsid%〉

〈form name＝"form1" method＝"post" action＝"AdminChangeClass. asp? newsid＝〈%＝Rs("newsid")%〉

&classid＝〈%＝classid%〉 ID＝"Form1"〉

〈tr bgcolor＝"#FFFFFF"〉

〈td height＝"30" bgcolor＝"#FFFFFF"〉〈img src＝"Images/02. gif"〉

〈a href＝"View. asp? classid＝〈%＝Rs("classid"%〉&newsid＝〈%＝Rs("newsid")%〉" target＝"_blank"〉

〈%'如果新闻有图片,则显示[图]和新闻标题,否则只显示新闻标题并设置链接%〉

〈% If Rs("images")〈〉"" Then

Response. Write "〈font color＝'#3399cc'〉[图]〈/font〉"

End If

'如果新闻标题字数大于 26 个,则显示前 25 个字

If Len(Rs("title"))〉26 Then

Response. Write Left(Rs("title"),25) & "…"

Else

'如果新闻标题字数不大于 26 个,则显示新闻标题

Response. Write Rs("title")

End If

%〉〈/a〉

〈/td〉

〈td align＝"center" bgcolor＝"#FFFFFF"〉

〈%＝Rs("newstime")%〉 〈%'显示新闻添加/修改时间%〉

〈/td〉

〈td align＝"center" bgcolor＝"#FFFFFF"〉

〈%＝Rs("click")%〉 〈%'显示新闻点击率%〉

〈/td〉

〈td align＝"center" bgcolor＝"#FFFFFF"〉

〈%'定义一个下拉列表框控件 newclassid%〉

〈select name＝"newclassid" ID＝"Select1" onChange＝"JavaScript:submit()"〉

〈% '从 newsclassInfo 表中读取新闻类别,以便做新闻版块的移动操作

classid＝Rs("classid")

Set Rs1 ＝ Server. CreateObject("ADODB. RecordSet")

Sql1＝"Select ＊ From newsclassInfo"

Rs1. Open Sql1,conn,3,3

Do While not Rs1. EOF

％〉

〈option value＝"〈％＝Rs1("classid")％〉"

〈％ If Rs1("classid")＝Rs("classid") Then Response. Write "Selected" End If
％〉〉〈％＝Rs1("classtitle")％〉〈/option〉

〈％Rs1. MoveNext

Loop

Rs1. Close

Set Rs1＝nothing

％〉

〈/select〉

〈/td〉

〈td align＝"center" bgcolor＝"＃FFFFFF"〉

〈％'插入修改和删除按钮并设置相应链接％〉

〈a href＝"AdminEdit. asp? action＝Edit&classid＝〈％＝classid％〉&newsid
＝〈％＝Rs("newsid")％〉"〉

〈img src＝"Images/edit. jpg" width＝"15" height＝"15" border＝"0"〉修改〈/
a〉

〈a href＝"javascript:if(window. confirm('你确实要删除此项记录吗?')＝＝
true){window. location ＝

'AdminDel. asp? action＝Del&classid＝〈％＝classid％〉&newsid＝〈％＝Rs
("newsid")％〉';}"〉〈img src＝"Images/delete. jpg" width＝"15" height＝"15"
border＝"0"〉删除〈/a〉

〈/td〉

〈/tr〉

〈/form〉 〈％'表单结束标记％〉

〈％ myPageSize＝myPageSize－1

i＝i+1

Rs. MoveNext

Loop

％〉

〈tr〉

〈td height＝"30" align＝"left"colspan＝'5' bgcolor＝"＃DAE0DF"〉

每页显示〈%＝Rs. PageSize%〉条   〈%'每页显示新闻数%〉

该栏目有 〈b〉〈%＝Rs. RecordCount%〉〈/b〉 条新闻

〈%'显示新闻总数%〉

〈%'显示第几页、共几页%〉

第 〈font color＝＃ff0000〉〈b〉〈%＝Page%〉〈/b〉〈/font〉 页/共 〈

font color＝＃ff0000〉〈b〉〈%＝Rs. PageCount%〉〈/b〉〈/font〉 页

在程序清单中,显示版块新闻信息时,首先创建 Rs 记录集,使用 Select 语句把相应的版块新闻信息取出来,然后使用了一个 do while…loop 循环语句,用来循环输出版块新闻信息。

2. 显示分页页码并设置相应的链接

该页面设计分页页码与版块新闻标题浏览页 List. asp 相似,可参看版块新闻标题浏览页 List. asp 的分页讲解,这里就不讲解了。

(二) 新闻添加页 AdminAdd.asp

AdminAdd. asp 是新闻添加页,用于管理员添加新闻信息。管理员单击版块新闻信息管理页 AdminNews. asp 中的"添加新闻"链接即可进入该页面。新闻添加页面显示效果图如图 5-2-11 所示。

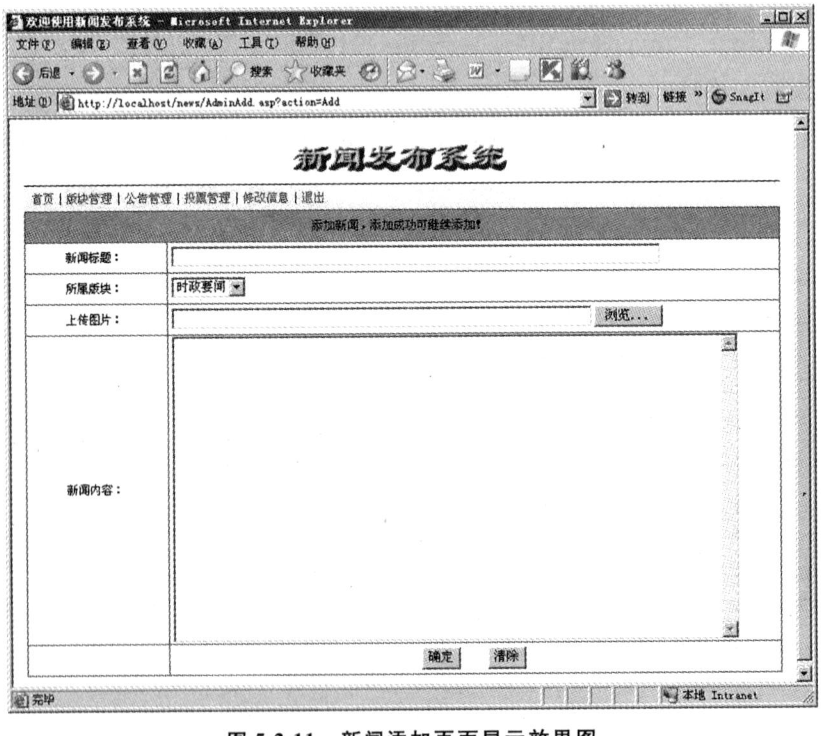

图 5-2-11 新闻添加页面显示效果图

新闻添加页面控件及功能如表 5-2-13 所示。

表 5-2-13　新闻添加页面控件及功能

对象	功能
表格	用于控制页面显示信息位置
表单	名称为 form1,提交目标网页为 AdminAdd. asp,数据采用隐式传递方式
文本框	名称为 title,用于输入新闻标题
下拉列表框	名称为 classid,用于选择所属版块
图像框	名称为 imagespath,用于上传新闻图片
文本域	名称为 content,用于输入新闻内容
按钮	单击"确定"按钮提交表单
按钮	单击"清除"按钮清空文本域中的内容

下面介绍 AdminAdd. asp 的主要代码。

页面代码分析如下:

〈! —#include file＝"Conn. asp"—〉〈%'调用 Conn. asp 文件连接数据库%〉

〈Link href＝"Css. css" rel＝stylesheet〉〈%'调用 Css. css 文件定义页面风格%〉

〈! —#include file＝"Function. asp"—〉〈%'调用 Function. asp 文件进行数据转换和上传图片%〉

1. 利用网页表单提交数据

页面设计:管理员输入的新闻信息利用网页表单提交给目标网页,由目标网页验证后保存到数据库。页面首先创建网页表单并对表单控件进行设置。

代码如下:

〈%'创建表单 form1,采用隐式传递,提交目标网页 AdminAdd. asp 并传递一个参数 action%〉

〈form name＝"form1" method＝"post" action＝"AdminAdd. asp? action＝SaveAdd" ID＝"Form1"〉

〈tr bgcolor＝"♯FFFFFF"〉

〈td height＝"30" align＝"center" bgcolor＝"♯FFFFFF"〉新闻标题:〈/td〉

〈td bgcolor＝"♯FFFFFF"〉

 〈input type＝"text" name＝"title" size＝"70"　ID＝"Text1"〉

〈%'定义一个文本框控件 title%〉

```
</td>
</tr>
<tr bgcolor="#FFFFFF">
<td height="30" align="center" bgcolor="#FFFFFF">所属版块:</td>
<td bgcolor="#FFFFFF"> 
<select name="classid" ID="Select1">
<%'定义一个下拉列表框控件 classid%>
<% '从版块信息表 newsclassInfo 表中读取新闻类别
Set Rs1 = Server.CreateObject("ADODB.RecordSet")
Sql1="Select * From newsclassInfo"
Rs1.Open Sql1,conn,3,3
Do While not Rs1.EOF
Response.Write "<option value=" & Rs1("classid") & ">" & Rs1
("classtitle") & "</option>"
Rs1.MoveNext
Loop
Rs1.Close
Set Rs1=nothing
%>
</select>
</td>
</tr>
<tr bgcolor="#FFFFFF">
<td height="30" align="center" bgcolor="#FFFFFF">上传图片:</td>
<td bgcolor="#FFFFFF"> 
<input type="file" size="60" name="imagespath" value="" ID="File1">
<%'定义一个图像框控件 imagespath %>
</td>
</tr>
<tr bgcolor="#FFFFFF">
<td height="30" align="center" bgcolor="#FFFFFF">新闻内容:</td>
<td bgcolor="#FFFFFF"> 
<% '定义一个文本域控件 content%>
<textarea name="content" cols="80" rows="20" id="Textarea1"></
textarea>
</td>
```

```
</tr>
<tr bgcolor="#FFFFFF">
<td width="19%" height="30" align="center" bgcolor="#FFFFFF">
 </td>
<td bgcolor="#FFFFFF" align="center">
<input type="submit" name="Submit" value="确定" ID="Submit1">
<%'定义一个确定按钮%>
<input type="reset" name="Reset" value="清除" ID="Submit2">    <%'
定义一个清除按钮%>
</td>
</tr>
</form><%'表单结束标记%>
```

在网页中进行数据传递利用网页表单来实现是很常见的,也是非常重要的。使用网页表单需要在网页中创建表单和表单控件(如文本框),而且必须对表单和控件进行必要的设置。

2. 接收网页表单传递过来的数据并进行校验,验证成功把新闻信息保存到数据库

页面设计:定义 SaveAdd()过程用来接收、验证和保存新闻信息。接收传递过来的表单数据,判断新闻信息的合法性。若未通过验证,则给出相应的提示信息;若通过了验证,则把新闻信息保存到数据库。

代码如下:

```
<%    '根据页面返回的 action 消息来调用相应的过程
If Request("action")="SaveAdd" Then
Call SaveAdd()
End If
%>
<%'定义 SaveAdd()过程用来接收、验证、保存新闻信息
Sub SaveAdd()
Dim title    '声明变量
Dim classid
Dim images
Dim content
'获取传递过来的表单数据
title=Request. Form("title")    '获取新闻标题
classid=Request. Form("classid")'获取新闻所属版块编号
content=Request. Form("content")    '获取新闻内容
```

```
images＝Request. Form("imagespath")'获取新闻图片
'上传新闻图片
If images〈〉"" Then
upImages(images)
End If
'判断新闻信息的合法性
If title ＝ "" Or content ＝ "" Then   '如果新闻标题或新闻内容为空,则提示
'请输入新闻标题或新闻内容!'
Response. Write "〈Script〉alert('请输入新闻标题或新闻内容!')〈/Script〉"
Else
'向数据库中保存添加的新闻信息
Set Rs ＝ Server. CreateObject("ADODB. RecordSet")
Sql＝"Select ＊ From newsInfo"
Rs. Open Sql,conn,3,3
Rs. AddNew
Rs("title")＝title
Rs("classid")＝classid
Rs("images")＝GetFileName(images)
Rs("content")＝content
Rs("click")＝0    '定义新闻点击率初始值为 0
Rs. UpDate
Rs. Close
Set Rs＝nothing
End If
End Sub
%〉
```

在程序清单中首先使用 Request. Form()方法取得表单传递过来的数据,并把数据赋值给所定义的变量。然后根据取得的值进行验证,验证用户输入的新闻信息是否为空,若不为空,则保存新闻信息;若为空,则给出相应提示信息。

(三) 新闻修改页 AdminEdit. asp

AdminEdit. asp 是新闻修改页,用于管理员修改新闻信息。管理员登录后进入该系统,单击新闻信息管理页 AdminNews. asp 中的"修改"按钮链接即可进入该页面。

新闻修改页面显示效果图如图 5-2-12 所示。

图 5-2-12　新闻修改页面显示效果图

新闻修改页面控件及功能如表 5-2-14 所示。

表 5-2-14　新闻修改页面控件及功能

对象	功能
表格	用于控制页面显示信息位置
表单	名称为 form1,提交目标网页为 AdminEdit.asp,数据采用隐式传递方式
文本框	名称为 title,用于输入新闻标题
下拉列表框	名称为 classid,用于选择所属版块
图像框	名称为 imagespath,用于上传新闻图片
文本域	名称为 content,用于输入新闻内容
按钮	单击"提交"按钮提交表单
按钮	单击"重置"按钮清空文本域中的内容

下面介绍 AdminEdit.asp 的主要代码。

页面代码分析如下:

〈！—＃include file＝"Conn.asp"—〉〈％'调用 Conn.asp 文件连接数据库％〉

〈Link href＝"Css.css" rel＝stylesheet〉〈％'调用 Css.css 文件定义页面风格％〉

〈！—＃include file＝"Function.asp"—〉〈％'调用 Function.asp 文件进行数据

转换和上传图片%〉

1. 创建网页表单

页面设计:利用网页表单将用户修改的新闻信息传递给目标网页。由目标网页将用户修改的新闻信息保存到数据库。该页面首先接收单击"修改"按钮传递过来的新闻编号,然后以新闻编号为条件把新闻信息取出来,再创建网页表单把该新闻信息在网页表单的控件中显示出来,最后修改新闻信息提交表单。页面创建网页表单必须对表单控件进行设置,使其初始值设为相应的新闻信息。

代码如下:

```
〈% '接收单击"修改"按钮传递过来的新闻编号
Dim classid '声明变量
Dim newsid
'接收单击"修改"按钮传递过来的参数
Classid = Request("classid")    '获取版块编号
newsid = Request("newsid")    '获取新闻编号
Set Rs = Server.CreateObject("ADODB.RecordSet")    '创建记录集对象
'利用接收的新闻编号把新闻信息从新闻信息表中取出来
Sql="Select * From newsInfo Where newsid="&newsid
Rs.Open Sql,conn,3,3    '把取出的信息存放在记录集对象中
%〉
〈%'创建表单form1,采用隐式传递,提交目标网页 AdminEdit.asp 并传递两个参数 action 和 newsid%〉
〈form name = "form1" method = "post" action = "AdminEdit.asp? action
=SaveEdit&
newsid=〈%=Rs("newsid")%〉" ID="Form1"〉
〈tr bgcolor="#FFFFFF"〉
〈td height="30" align="center" bgcolor="#FFFFFF"〉新闻标题:〈/td〉
〈td bgcolor="#FFFFFF"〉 
〈%'定义一个文本框控件 title 并设其初始值%〉
〈input type="text" name="title" size="70" value="〈%=Rs("title")%〉"
ID="Text1"〉
〈/td〉
〈/tr〉
〈tr bgcolor="#FFFFFF"〉
〈td height="30" align="center" bgcolor="#FFFFFF"〉所属版块:〈/td〉
〈td bgcolor="#FFFFFF"〉 
```

〈select name＝"classid" ID＝"Select1"〉

〈% '从 newsclassInfo 表中读取新闻类别

classid＝Rs("classid")

Set Rs1 = Server. CreateObject("ADODB. RecordSet")

Sql1＝"Select * From newsclassInfo"

Rs1. Open Sql1,conn,3,3

Do While not Rs1. EOF

%〉

〈option value = "〈%＝Rs1("classid")%〉"〈% If Rs1("classid")＝Rs("classid") Then

Response. Write "Selected" End If %〉〉〈%＝Rs1("classtitle")%〉〈/option〉

〈%Rs1. MoveNext

Loop

Rs1. Close

Set Rs1＝nothing

%〉

〈/select〉〈/td〉

〈/tr〉

〈tr bgcolor＝"＃FFFFFF"〉

〈td height＝"30" align＝"center" bgcolor＝"＃FFFFFF"〉 点击率:〈/td〉

〈td bgcolor＝"＃FFFFFF"〉

〈%＝Rs("click")%〉〈%'显示新闻点击率%〉

〈/td〉

〈/tr〉

〈tr bgcolor＝"＃FFFFFF"〉

〈td height＝"30" align＝"center" bgcolor＝"＃FFFFFF"〉添加时间:〈/td〉

〈td bgcolor＝"＃FFFFFF"〉

〈%＝Rs("newstime")%〉 〈%'显示新闻添加/修改时间%〉

〈/td〉

〈/tr〉

〈tr bgcolor＝"＃FFFFFF"〉

〈td height＝"30" align＝"center" bgcolor＝"＃FFFFFF"〉上传图片:〈/td〉

〈td bgcolor＝"＃FFFFFF"〉

〈input type＝"file" size＝"60" name＝"imagespath" ID＝"File1"〉

〈%'定义一个图像框控件 imagespath%〉

〈/td〉

〈/tr〉

〈%'如果新闻有图片,则插入新闻图片%〉

〈% If Rs("images")〈〉"" Then %〉

〈tr〉

〈td height="30" align="center" bgcolor="#FFFFFF"〉原始图片:〈/td〉

〈td align="center" bgcolor="#FFFFFF"〉〈img src="〈%=Rs("images")%〉"〉〈/td〉

〈/tr〉

〈% End If %〉

〈tr bgcolor="#FFFFFF"〉

〈td height="30" align="center" bgcolor="#FFFFFF"〉新闻内容:〈/td〉

〈td bgcolor="#FFFFFF"〉

〈%'定义一个文本域控件并显示新闻内容%〉

〈textarea name="content" cols="80" rows="20" ID="Textarea1"〉〈%=Rs("content")%〉〈/textarea〉

〈/td〉

〈/tr〉

〈tr bgcolor="#FFFFFF"〉

〈td width="19%" height="30" align="center" bgcolor="#FFFFFF"〉 〈/td〉

〈td bgcolor="#FFFFFF" align="center"〉

〈input type="submit" name="Submit" value="提交" ID="Submit1"〉〈%'定义一个提交按钮%〉

〈input type="reset" name="reset" value="重置" ID="Submit2"〉〈%'定义一个重置按钮%〉

〈/td〉

〈/tr〉

〈/form〉〈%'表单结束标记%〉

〈%Rs. Close

Set Rs=nothing

%〉

在网页中进行数据传递利用网页表单来实现是很常见的,也是非常重要的。使用网页表单需要在网页中创建表单和表单控件(如文本框),而且必须对表单和控件进行必要的设置。

2. 接收网页表单传递过来的数据并进行校验,验证成功把新闻信息保存到数据库

页面设计:定义 SaveEdit()过程用来接收、验证和保存新闻信息。接收传递过来的

表单数据,判断新闻信息的合法性。若未通过验证,则给出相应的提示信息;若通过了验证,则把新闻信息保存到数据库,网页重定向至 AdminNews.asp。

代码如下:

```
<% '根据页面返回的 action 消息来调用相应的过程
If Request("action")="SaveEdit" Then
Call SaveEdit()
End If
%>
<%'定义 SaveEdit()过程用来接收、验证、保存修改的新闻信息
Sub SaveEdit()
Dim title    '声明变量
Dim classid
Dim images
Dim content
'获取传递过来的表单数据
title=Request.Form("title")    '获取新闻标题
classid=Request.Form("classid")'获取新闻所属版块编号
content=Request.Form("content")'获取新闻内容
images=Request.Form("imagespath")'获取新闻图片
'上传新闻图片
If images<>"" Then
upImages(images)
End If
'判断新闻信息的合法性
If title = "Or content = "Then  '如果新闻标题或新闻内容为空,则提示'请
输入新闻标题或内容!'
Response.Write "<Script>alert('请输入新闻标题或内容!');history.go(-
1);</Script>"
Response.End
Else
'向数据库中保存修改的新闻信息
Set Rs = Server.CreateObject("ADODB.RecordSet")
Sql="Select * From newsInfo Where newsid="&newsid
Rs.Open Sql,conn,3,3
Rs("title") = title
Rs("classid") = classid
```

```
Rs("images")=GetFileName(images)
Rs("content")=content
Rs. UpDate
newsid=Rs("newsid")
Rs. Close
Set Rs=nothing
End If
Response. Redirect "AdminNews. asp? classid="&classid&""
End Sub
%>
```

在程序清单中首先使用 Request. Form() 方法取得表单传递过来的数据,并把数据赋值给所定义的变量。然后把修改的新闻信息保存到数据库。

（四）新闻删除页 AdminDel. asp

AdminDel. asp 是新闻删除页,用于管理员删除新闻信息及其评论信息。管理员登录后进入该系统,单击新闻信息管理页 AdminNews. asp 中的"删除"按钮链接即可进入该页面。

下面介绍 AdminDel. asp 的主要代码。

页面代码分析如下:

```
<!—#include file="Conn. asp"—><%'调用 Conn. asp 文件连接数据库%>
```

页面设计:页面接收单击"删除"按钮传递的新闻编号,然后根据新闻编号把相应的新闻信息和评论信息删除。操作成功网页重定向到论坛首页 AdminNews. asp。

代码如下:

```
<%'删除新闻信息及其评论信息
Dim classid'声明变量
Dim newsid
'获取传递过来的数据
classid=Request("classid")'获取删除的新闻所属的版块编号
newsid=Request("newsid") '获取删除的新闻编号
'删除相应的新闻信息
Set Rs = Server. CreateObject("ADODB. Recordset")
Sql="Select * From newsInfo Where newsid="&newsid
Rs. Open Sql,conn,3,3
'删除相应的新闻评论信息
Set Rs1 = Server. CreateObject("ADODB. RecordSet")
Sql1 = "select * from discussInfo where newsid="&newsid&""
```

```
Rs1. Open Sql1,conn,3,3
Do While not Rs1. Eof
Rs1. Delete
Rs1. MoveNext
Loop
Rs1. Close
Set Rs1 = nothing
Rs. Delete
Rs. Update
Rs. Close
Set Rs=nothing
Response. Redirect "AdminNews. asp? classid="&classid&""
%〉
```

页面设计效果:由于该页面没有任何 HTML 代码,也没有任何 ASP 的输出显示代码,所以浏览该页面时没有任何效果。

(五)退出系统模块 Logout. asp

此模块包括退出系统页。此模块只对登录系统后的用户负责,结束用户在登录模块所获得的 Session 变量,退出本系统,返回到论坛首页。此模块在本系统只对管理员类用户开放。Logout. asp 是退出系统页,用于管理员退出登录状态。管理员正常登录后进入该系统单击导航栏上的"退出"按钮即可进入该页面退出登录状态。Logout. asp 的代码如下:

```
〈%Session. Abandon            '结束用户在登录后获得的 Session 变量
Response. Redirect "Default. asp"   '网页跳转到系统首页 Default. asp
%〉
```

本章小结

本章主要讲述在线电子相册的制作和新闻发布系统的构建两个案例,并使用模块式方法讲解实例的内容,综合运用所学软件及其语言,重点练习 ASP 语言的应用,通过两个案例的学习,能够达到个人独立完成动态网页的设计与制作的要求。

思考与练习

1. 根据电子相册的制作方法,独立创建个人在线电子相册系统。
2. 根据新闻发布系统的制作方法,独立制作简单的新闻发布系统。

北京大学出版社
教育出版中心 精品图书

21世纪特殊教育创新教材·理论与基础系列

特殊教育的哲学基础	方俊明 主编	29元
特殊教育的医学基础	张 婷 主编	32元
融合教育导论	雷江华 主编	28元
特殊教育学	雷江华 方俊明 主编	33元
特殊儿童心理学	方俊明 雷江华 主编	31元
特殊教育史	朱宗顺 主编	36元
特殊教育研究方法（第二版）	杜晓新 宋永宁等 主编	39元
特殊教育发展模式	任颂羔 主编	33元
特殊儿童心理与教育	张巧明 杨广学 主编	36元

21世纪特殊教育创新教材·发展与教育系列

视觉障碍儿童的发展与教育	邓 猛 编著	33元
听觉障碍儿童的发展与教育	贺荟中 编著	29元
智力障碍儿童的发展与教育	刘春玲 马红英 编著	32元
学习困难儿童的发展与教育	赵 微 编著	32元
自闭症谱系障碍儿童的发展与教育	周念丽 编著	32元
情绪与行为障碍儿童的发展与教育	李闻戈 编著	32元
超常儿童的发展与教育	苏雪云 张 旭 编著	31元

21世纪特殊教育创新教材·康复与训练系列

特殊儿童应用行为分析	李 芳 李 丹 编著	29元
特殊儿童的游戏治疗	周念丽 编著	30元
特殊儿童的美术治疗	孙 霞 编著	38元
特殊儿童的音乐治疗	胡世红 编著	32元
特殊儿童的心理治疗	杨广学 编著	32元
特殊教育的辅具与康复	蒋建荣 编著	29元
特殊儿童的感觉统合训练	王和平 编著	45元
孤独症儿童课程与教学设计	王 梅 著	37元

自闭谱系障碍儿童早期干预丛书

如何发展自闭谱系障碍儿童的沟通能力	朱晓晨 苏雪云	29.00元
如何理解自闭谱系障碍和早期干预	苏雪云	32.00元

如何发展自闭谱系障碍儿童的社会交往能力	吕 梦 杨广学	33.00元
如何发展自闭谱系障碍儿童的自我照料能力	倪萍萍 周 波	32.00元
如何在游戏中干预自闭谱系障碍儿童	朱 瑞 周念丽	32.00元
如何发展自闭谱系障碍儿童的感知和运动能力	韩文娟，徐芳，王和平	32.00元
如何发展自闭谱系障碍儿童的认知能力	潘前前 杨福义	39.00元
自闭症谱系障碍儿童的发展与教育	周念丽	32.00元
如何通过音乐干预自闭谱系障碍儿童	张正琴	36.00元
如何通过画画干预自闭谱系障碍儿童	张正琴	36.00元
如何运用ACC促进自闭谱系障碍儿童的发展	苏雪云	36.00元
孤独症儿童的关键性技能训练法	李 丹	45.00元
自闭症儿童家长辅导手册	雷江华	35.00元
孤独症儿童课程与教学设计	王 梅	37.00元
融合教育理论反思与本土化探索	邓 猛	58.00元
自闭症谱系障碍儿童家庭支持系统	孙玉梅	36.00元

特殊学样教育·康复·职业训练丛书（黄建行 雷江华 主编）

信息技术在特殊教育中的应用	55.00元
智障学生职业教育模式	36.00元
特殊教育学校学生康复与训练	59.00元
特殊教育学校校本课程开发	45.00元
特殊教育学校特奥运动项目建设	49.00元

21世纪学前教育规划教材

学前教育管理学	王 雯	45元
幼儿园歌曲钢琴伴奏教程	果旭伟	39元
幼儿园舞蹈教学活动设计与指导	董 丽	36元
实用乐理与视唱	代 苗	35元
学前儿童美术教育	冯婉贞	45元
学前儿童科学教育	洪秀敏	36元
学前儿童游戏	范明丽	36元